Are We Smart Enough To Know How Smart Animals Are?

万智有灵

——超出想象的动物智慧

[荷] 弗朗斯·德瓦尔——著 严青——译

湖南科学技术出版社

图书在版编目（CIP）数据

万智有灵：超出想象的动物智慧 /（荷）弗郎斯·德瓦尔著；严青译 . 一长沙：湖南科学技术出版社，2019.8
书名原文：Are We Smart Enough to Know How Smart Animals Are
ISBN 978-7-5357-9393-5

Ⅰ . ①万… Ⅱ . ①弗… ②严… Ⅲ . ①动物学一研究 Ⅳ . ① Q95

中国版本图书馆 CIP 数据核字（2017）第 149093 号

WANZHIYOULING :CHAOCHU XIANGXIANG DE DONGWU ZHIHUI
万智有灵：超出想象的动物智慧

著者
[荷] 弗郎斯·德瓦尔
译者
严青
责任编辑
孙桂均 李蓓 吴炜 杨波
出版发行
湖南科学技术出版社
社址
长沙市湘雅路 276 号
http://www.hnstp.com
湖南科学技术出版社
天猫旗舰店网址
http://hnkjcbs.tmall.com
邮购联系
本社直销科 0731-84375808

印刷
长沙超峰印刷有限公司
（印刷质量问题请直接与本厂联系）
厂址
宁乡市金州新区泉洲北路100号
邮编
410600
版次
2019 年 8 月第 1 版
印次
2019 年 8 月第 1 次印刷
开本
880mm × 1230mm 1/32
印张
14.125
插页
4页
字数
291648
书号
ISBN 978-7-5357-9393-5
定价
68.00 元

献给凯瑟琳

——幸好我的智慧足够娶到你

书评
Book Review

“要了解动物的智慧，人类的才智够吗”？当你阅读弗朗斯·德瓦尔的这本书时，你会无数次想到这个问题。我可以保证一件事：当你读完这本书时，你会变得更富有智慧。这本书的覆盖面广得惊人，德瓦尔在书中对科学作了非凡的提炼。正如这本书所讲到的，我们在地球上有着许多富有才智的伙伴。

——卡尔·萨菲纳（Carl Safina），著有《更胜言语：动物如何思考及感受》（*Beyond Words*：*What Animals Think and Feel*）一书

弗朗斯·德瓦尔突破性的研究一直迫使科学家、哲学家和神学家重新思考人类在自然界中的位置。他的研究表明，我们并非唯一拥有策略性“政治”行为、同情心、正义感和高智商的物种。在这本书里，他不仅谈及了灵长动物，还谈到了许许多多其他的物种。这本书体现了他独特的能力，能将最新的科学发现转变为生动易读、引人入胜的图书，以供热爱思考的公众阅读。

——罗伯特·萨波尔斯基（Robert Sapolsky），著有《斑马为什么不得胃溃疡》（*Why Zebras Don't Get Ulcers*）一书

引人入胜而又激动人心……德瓦尔阐明了关于动物心智和感情的最新观点及思考……他的研究最终发现我们的心智能力是演化的产物，并且，从蜘蛛到章鱼到渡鸦再到猿类，所有的动物都是思考者，不过是以它们自己的方式思考而已——能否接受这一发现对我们来说是个挑战。同时，德瓦尔向我们提出了一个艰巨的问题——或许是一切问题中最艰巨的一个：人类的智慧真的足

以了解其他动物的心智吗？

——弗吉尼娅·莫雷尔（Virginia Morell），著有《动物的智慧：我们如何了解动物的思想和感受》（*Animal Wise：How We Know Animals Think and Feel*）一书

你会不由自主地发现，德瓦尔在行为主义的棺材上又钉上了一颗钉子。在各种不同的动物中，德瓦尔展示了动物智能的深度，并胜利地宣布：是的，我们拥有足够的智慧来看到这一切，而且线索一直在那儿。

——格雷戈里·伯恩斯（Gregory Berns），著有《狗狗如何爱我们》（*How Dogs Love Us*）一书

“弗朗斯·德瓦尔通过科学证据、发人深省的故事和常识，精彩地证明了智能——理解情境、推理、学习、情绪和情感方面的知识、交流、计划、创造力和解决问题的能力——的出现是由于连续的演化过程，我们必须对这一演化过程完全予以承认。这一演化过程还导致了其他奇妙的认知能力的出现，使得各种各样的物种能够各自以它们自己的方式得到最好的生存。如果你渴望超越人类中心主义和否认类人论带来的偏见，那么一定要读读这本书。

——马蒂厄·里卡德（Matthieu Ricard），著有《自闭症：用同情的力量改变自我和世界》（*Altruism：The Power of Compassion to Change Yourself and the World*）一书

序言
Prologue

人的头脑与高等动物的头脑固然有着许多不同，
但这些不过是程度上的差异，
二者的本质其实是相同的。
——查尔斯·达尔文（Charles Darwin, 1871）[1]

十一月初，天气渐冷。这天早晨，在荷兰阿纳姆市的布格尔 1
动物园（Burgers' Zoo），我注意到一只叫弗朗尼娅的母黑猩猩将
它卧室里的所有稻草都收集了起来。它将这些稻草夹在胳膊下，
走出房间，来到了动物园里一个挺大的岛上。它的行为令我十分
惊讶。首先，弗朗尼娅从未这样做过，我们也从未见过其他黑猩
猩将稻草拖到室外。其次，我们猜测弗朗尼娅这么做的目的是抵
御室外的寒意。倘若真是如此，那么它此前的行为——在有供暖
设备、暖和舒适的屋内收集稻草——就非常值得注意了。因为弗
朗尼娅的这一行为并非对户外严寒的直接反应，而是在为一个它
还未曾真正体验到的低温做好准备。对此，最为合理的解释是弗
朗尼娅能够通过之前寒冷的天气推断出今天户外可能的温度。不
管怎样，弗朗尼娅不一会儿便搭起了一个稻草小窝，和它的儿子
方斯一起享受着窝里的温暖惬意。

动物可以做出如此复杂的行为，那么它们的智力水平究竟有
多高？这是我一直想弄明白的一个问题。但我非常清楚，单凭一
个个例是不足以得出结论的。不过，正是这些个例启发了科学观 2
察与实验，使我们得以厘清背后的原理。据报道，科幻小说家艾
萨克·阿西莫夫（Issac Asimov）说过：“在科学研究中，代表着

新发现的欢呼通常并不是‘我终于发现了!’，而是‘这真奇怪……’”我对这种“这真奇怪”的反应非常熟悉。我们的研究经历了一个漫长的过程：观察动物，为它们的行为而惊讶而着迷，系统性地检验我们关于动物的观点，并与其他同事争论所获数据的实际意义。因此，我们不会很快地接受任何结论，而且见解上常有分歧。尽管最初观察到的动物行为非常简单（一只猿收集了一堆稻草），但其影响是巨大的——弗朗尼娅似乎是在为未来做打算，但动物真的会计划未来吗？这是当前困扰科学界的一个难题。当我们从科研角度探讨这一问题时，我们会讲到心理时间旅行（mental time travel）、时间统觉（chronesthesia）和自知感（autonoesis）。不过，在本书中，我会尽量避开难懂的专业术语，尝试用更通俗易懂的语言来解释科研进展。我会给出日常生活中关于动物智能的例子，并提供来自严谨科学实验的实际证据。尽管我知道个例读起来要比实验证据容易得多，但我认为两者同样重要——前者可以告诉我们认知能力的作用，后者则能帮助我们排除其他可能性。

想想另一个相关的问题：动物会与彼此说再见或相互问候吗？后者并不难理解——问候是对一个熟悉的个体在阔别一段时间后再次出现时所产生的反应。当你一进门，你的爱犬就扑上来迎接你，这就是一种问候。在网上的一些视频里，从海外归来的士兵会受到他们的宠物极其热烈的欢迎，这暗示着问候的强度与分离的时间长短有所关联。对我们来讲，这一联系很好理解，并不需要庞大的认知理论，因为问候强度与分离时间的联系同样反映在人类的行为中。那么，告别也像这样同时存在于人类和动物之中吗？

我们害怕与所爱之人告别。当我远渡大西洋离开家乡的时候，我的母亲伤心不已，尽管我们都清楚我还会回来的。告别是建立在对“分离”这一未来事件的认知之上的，也正因为如此，告别行为在动物中很罕见。不过，对此我同样有一个个例。我训练过 3
一只名叫凯芙的母黑猩猩，教它用奶瓶给我们收养的一只幼黑猩猩喂奶。凯芙对这只幼黑猩猩视如己出，但它自己没有足够的奶水来喂养这只幼崽。于是，我们将装有温牛奶的奶瓶交给凯芙，它会小心地把牛奶喂给幼崽。凯芙做得很棒，它甚至懂得在幼崽打嗝的时候把奶瓶暂时拿开，并且日夜将幼崽护在怀中。在这个项目里，每天白天，我们都会叫凯芙和幼崽进屋喂一次奶，这个时候猩群里的其他黑猩猩通常都在户外活动。一段日子后，我们注意到凯芙每次并不会直接进屋，而是会绕一段长长的远路。进屋前，它会走遍整个黑猩猩岛，与雄性和雌性首领还有它的好朋友们一一吻别。倘若其中某些黑猩猩在睡觉，凯芙会将它们唤醒进行告别。这一行为与弗朗尼娅的情形相似——行为本身相当简单，但在这一特定环境下却引人深思，令人好奇这背后的认知机制是什么。与弗朗尼娅一样，凯芙似乎也懂得为未来考虑。

不过，依然有人对此持怀疑态度，认为动物之所以是动物，就是因为它们只对当下有所认知，只有人类才有能力考虑未来。这是真的吗？这种观点确实是一个合理的科学假设吗，还是仅仅代表了人类对于动物能力的蒙昧无知？为什么人类通常倾向于贬低动物的智能呢？对于人类的某些能力，我们往往想当然地认为它们是人类独有的，习惯性地否认动物也可能拥有同样的能力。

这种想法背后的深层原因究竟是什么？在对其他物种智力水平的研究中，真正的挑战并不仅仅来源于动物本身，更来源于我们人类。人类的态度、创造力和想象力都是这些研究的重要组成部分。当我们提到某种我们重视的人类智能时，考虑到动物也可能有同种智能，哪怕仅仅是想象这种可能性，都会引起我们内心的抵触。所以，要探究动物是否有某些特定的智能，我们首先要做的，是克服这种内在的抵触。因此，本书要探讨的核心问题正是："要了解动物的智慧，人类的才智够吗？"

对于这个问题的简短回答是："足够了，但和你想象的不一样。"在 20 世纪的大部分时间里，科学界对于动物的智能都采取
4 了过于谨慎和怀疑的态度。人们往往认为动物也有意图和情绪，但科学界将这种观点看作民间传说式的无稽之谈——对于这个问题，我们科学家当然比大众清楚得多！像"我的狗吃醋了"或"我的猫很清楚它想要啥"之类的东西都是压根儿不存在的，更别提动物会反思过去或者理解彼此的痛苦这些更为复杂的事情了。动物行为的研究者们通常并不关心动物的认知，甚至极力反对整个"动物认知"的观念。他们中的大多数对这一话题都避犹不及。幸运的是，凡事总有例外——我会在本书中详细讨论这些例子，因为我热爱这个研究领域的历史。当时两个主流学派的思想要么将动物视作由于刺激而产生反应的机器，一切行为不过是为了获得奖励或避开惩罚；要么将动物当成基因编码的机器人，所有行为都来自遗传下来的本能。尽管这两个学派彼此都认为对方的观点过于狭隘，一直争论不休，但它们都有着机械论式的基本观点：这两个学派都认为关注动物的内心世界没多大必要，并嘲

笑那些关心动物想法的人不过是拟人化和浪漫主义，甚至是不科学的。

这段黑暗时期真的是动物智能研究的必经之路吗？更早期的思想其实要自由得多。查尔斯·达尔文对人与动物的情绪作了广泛的描述，19 世纪的许多科学家都急欲找到存在于动物中的高等智能。为什么这些努力突然都停滞了？笛卡尔曾认为，动物不过是愚笨的自动机器。而伟大的演化论者恩斯特·迈尔（Ernst Mayr）则认为笛卡尔的这一观点阻碍了生物学的发展，是生物学颈上的一块“磨石”[2]。可为什么那时候我们主动将一块沉重的“磨石”挂到了生物学的脖颈上？这一切依旧是谜。不过时代在变化。在过去的几十年里出现了雪崩式的知识爆炸，这些知识以互联网为依托迅速传播。几乎每周都会有关于动物认知的新发现。这些发现常常以引人入胜的录像作为证据，揭示动物认知之复杂。我们开始了解到，大鼠可能会后悔它们自己的选择，乌鸦能制造工具，章鱼能辨认人脸，还有，猴子有特殊的神经元使它们可以从彼此的错误中吸取经验。如今，我们能公开讨论动物的文化、它们的同情心及友谊，再没有关于动物智能这一话题的限制。即使是理性——它一度被认作是人性的特有标志——也不再被看作只有人类才能拥有的特征。

在这一切新发现中，我们常常将我们自己作为试金石，来比 5
较和对比动物与人类的智能。不过，我们需要认识到，这种比较和对比是一种过时的方法，因为这并非在比较人类和动物，而是在拿一个物种——我们人类——和许多其他物种相比较。尽管很多时候，为方便起见，我用“动物”这个词指代多个非人类物种，但不可否认，人类是动物的一种。因此，我们并不是在比较两个不同类别的智能，而是在考虑同一类别内部存在的差异——我将人类智能视为动物智能的一种。事实上，许多动物都有着特殊的智能，比如有的动物有 8 条手臂，每条都由不同的神经单独控制，能彼此独立地运动；还有的动物能够在飞行中探测自己叫声的回声，凭此来捕捉移动中的猎物。相比之下，我们人类的智能很可能并不特殊。

人类显然极为重视抽象思维和语言能力（我是不会嘲弄这种能力的——没有它我可没法写这本书!），但从长远来看，这并非对待生存问题的唯一办法。蚂蚁和白蚁凭借压倒性的数目和生物量来解决生存问题，它们做得或许比我们更好。它们所重视的，是蚁群成员的紧密协调而非个体思维，每个蚁群社会就是一个自组织的头脑——一个由数千只微小个体组成并运作的头脑。处理、组织和传播信息的方式有许多种，但直到最近，科学界才对此展现出了足够开放的态度，开始对这些不同的方式表现出好奇与惊异，而非驳斥与否认。

是的，人类的才智让我们足以评价和理解其他物种。但这是一个历时多年的过程，是建立在其间数以百计的事实证据的基础之上的。尽管这些证据一开始往往被嗤之以鼻，但正是它们的千锤百炼才让我们的榆木脑袋终于开窍。如今，我们不再那么人类中心主义了，也不再那样一叶障目了。这一切为什么会发生？又是如何做到的呢？这些问题值得反思。同时，在这个过程中，我们学到了些什么？当我回顾这些科学进展时，我自己的观点肯定会不可避免地掺杂其中。为了强调演化的连续性，我会放弃传统

的二元论。关于身体与头脑、人类与动物，以及理性与感性的二元论听着似乎挺有用，但会严重妨碍我们对全局的思考。作为一 6
名生物学家和动物行为学家，我对过去僵化的怀疑论没多少耐心——我们（包括我自己）已经为它浪费了太多笔墨。

我写作本书的目的并不是为演化认知领域提供一个全面而系统的概要。倘若读者有这方面的诉求，可以在其他更技术性的书籍里找到这方面的综述[3]。在本书中，我将从众多的科学发现、动物物种和科学家中挑选出一部分有代表性的例子，来描述过去 20 年间令人激动的科学进展。我的专业研究领域是灵长类动物的行为和认知。这一领域处于科学发现的前沿，对其他许多科研领域都有着巨大的影响。我自 20 世纪 70 年代起便是这一领域的一份子，也因此认识了这些科学进展中的许多重要成员——有人类也有动物——这让我的叙述带上了一点儿个人情怀。这个领域值得一谈的历史太多了。它的发展仿佛一场历险，如过山车般刺激而有趣；它的迷人之处无穷无尽，至今依然引人入胜。正如奥地利动物行为学家康拉德 · 洛伦茨（Konrad Lorenz）形容的那样：行为，是一切生命中生命力的最佳体现。

目录
Contents

第 1 章

魔法水井
Magic Wells

01

我们所观测到的并非自然本身，

而是自然根据我们的探索方法所呈现出来的现象。

——维尔纳·海森伯

Werner Heisenberg, 1958[1]

当你变成一只甲虫

当格里高尔·萨姆沙（Gregor Samsa）从睡梦中醒来时，他发现自己的身体变成了某种有着硬质外骨骼的不明动物。这只“巨大的甲虫”会躲在沙发下，会在墙上和天花板上爬上爬下，喜欢吃腐烂的食物。可怜的格里高尔，他的家人对他的变形感到非常难受，而且相当厌恶他。当格里高尔死去后，他们如释重负。 7

这是弗兰茨·卡夫卡（Franz Kafka）发表于 1915 年的作品《变形记》（*Metamorphosis*），它以一个荒诞的故事开启了 20 世纪的开端——这个世纪的思想不再像以往那样以人类为中心。作者选择了一个面目丑恶的生物来表达自己的隐喻，迫使读者从故事开头就开始想象一只甲虫的生活。在同一时期，德国生物学家雅各布·冯·于克斯屈尔（Jakob von Uexküll）使人们开始关注动物的视角——于克斯屈尔称其为**周遭世界**（Umwelt）。为了诠释这一新概念，于克斯屈尔带领读者在多种多样的世界里漫步。于克斯屈尔认为，每种生物都有着独特的方式来感受世界。壁虱没有眼睛，它们会爬到草茎上，静候哺乳动物皮肤所散发出的丁酸的气味。 8
实验表明，壁虱这种蛛形动物可以在没有食物的情况下生活 18

年，这给了它们充足的时间来守株待兔，直到遇上一只哺乳动物为止。然后，壁虱会跳到这只受害者身上，美美享用温暖的血液大餐。吃饱喝足后，壁虱便会产卵，然后死去。我们能够了解壁虱的周遭世界吗？对我们而言，壁虱的一生简单到不值一提，但于克斯屈尔认为这种简单恰恰是其优势所在：壁虱有着非常明确的目标，并极少被其他事情干扰。

于克斯屈尔也回顾了其他的例子。这些例子表明，单个环境可以提供数以百计的现实，每个物种都有其独特的现实。周遭世界这一概念和**生态位**（ecological niche）的概念大不相同：后者关注的是某种生物生存所需的栖息环境；前者则侧重于某一生物以其自我为中心的主观世界，且这只是所有存在的主观世界中的一个。根据于克斯屈尔的理论，对于所有构建这些主观世界的物种而言，这些多种多样的主观世界是"不可理解也无法识别的"[2]。例如，有些动物通过感知紫外线来感受世界；还有些则通过嗅觉，比如星鼻鼹在地下行进时就是通过嗅觉来摸索方向的；有些动物生活在橡树的枝丫上；有些生活在树皮下；还有些则在树根处刨出一个巢穴，狐狸中有一科就是这样——尽管这些动物都生活在同一棵树上，但它们对这棵树的知觉全然不同。

我们可以试着想象一下其他生物的周遭世界。我们人类是高度依赖视觉的物种。我们会通过智能手机软件来感受色盲者眼里的彩色照片；我们也会蒙上眼睛四处行走来模拟盲人的周遭世界，以体现自己的同情心。但这类经历中令我最难忘的一次来自我饲养寒鸦的体验。寒鸦是一种小型乌鸦。我养过两只寒鸦，它们从我的宿舍窗户里飞进飞出。我的宿舍在学生宿舍的四楼，因此我可以从高处观察它们的举动。当它们尚且年幼，还没有什么飞行经验时，我就像所有的好家长一样，带着极大的不安观察着它们。我们通常认为飞行是鸟类天然的本能，但其实这是鸟类需要学习才能掌握的一项技能。着陆是飞行中最难的部分，我总担心我的寒鸦们会撞上行进中的汽车。因此，我开始像鸟类一样思考，通 9
过观测环境来寻找最佳的着陆点，并以此为目的来判断某个远处的目标（树枝、阳台）是否适合着陆。安全着陆后，我的寒鸦们会开心地呱呱叫，然后我会把它们叫回来，重新开始这个“飞行—着陆—回家”的过程。当它们成为“飞行专家”后，会在风中翻滚玩耍。我很喜欢看它们这样，这让我感觉自己似乎在和它们一起翱翔——我进入了它们的周遭世界，尽管方式并不算高明。

虽然于克斯屈尔想要用科学的方法来探索和观测各个不同物种的周遭世界，且这一想法极大地鼓舞了研究动物行为的人们，即行为学家们，但是20世纪的哲学家们对这一想法相当悲观。1974年，托马斯·内格尔（Thomas Nagel）提出疑问：“做一只蝙蝠是什么感觉？”他的结论是，我们永远也不会知道这一点[3]。他说，我们是无法进入另一个物种的主观生活的。内格尔并不关心如何让一个人拥有和蝙蝠一样的感受，他只想理解蝙蝠是如何获得其自身的感受的。后者确实超出了我们的理解范畴。奥地利哲学家路德维希·维特根斯坦（Ludwig Wittgenstein）也记述过这种动物与人类之间的隔阂。他有句名言：“即便狮子会说话，我们也无法理解它。”这触怒了一些学者，他们抱怨说维特根斯坦对动物交流的微妙细节一无所知。但是，维特根斯坦这句名言的核心在于：由于我们自己的体验与狮子的体验如此不同，因此，即便百兽之王能够用我们的语言来说话，我们也不可能理解它。事实上，维特根斯坦的思想可以延伸到与我们有着不同文化的人类群体中——即便我们会说他们的语言，也不可能对他们的体验感同身受[4]。维特根斯坦的论点是，不管对方是一个外国人还是一种其他的生物，我们进入对方内心世界的能力都相当有限。

我并不打算解决这个棘手的问题，而是转而关注动物所生活的世界，以及动物是如何应对环境中的复杂性的。尽管我们无法体验它们的感受，但我们可以试着走出我们自己狭隘的周遭世界，用想象来体验它们的周遭世界。若不是科学家们尝试着想象做一只蝙蝠的感受，并成功地应用了这种想象，我们不可能发现蝙蝠的回声定位。而事实上，倘若内格尔从未听说过蝙蝠的回声定位，他压根不可能提出那些犀利的想法。蝙蝠回声定位的发现是一个伟大的胜利，标志着人类的思考跳出了自身知觉的局限。

当我还是乌得勒支大学（University of Utrecht）的一名学生时，我听我们的系主任斯文·戴克格拉夫（Sven Dijkgraaf）讲了他在我那个年纪的时候的故事。那会儿他的听力极其敏锐，能够听见伴随着蝙蝠超声波的轻微声响，全世界只有为数不多的几个人能做到这一点。在那一个多世纪以前，人们就已经知道瞎眼的蝙蝠照样能够找到方向并安全地在墙上或天花板上着陆，耳聋的蝙蝠却做不到这些——蝙蝠丧失了听力就仿佛人类丧失了视力。没人完全清楚这是为什么。于是，人们将蝙蝠的能力归结为某种“第六感”，但这对厘清这一问题毫无帮助。科学家们并不相信超感官知觉的存在，戴克格拉夫需要找出其他的解释。由于他能够听到蝙蝠的超声波叫声，并注意到这种叫声在反复遇到障碍物时发生得更为频繁，因此他提出，蝙蝠的叫声帮助它们在环境中来去自如。这个故事让我非常惊奇。但戴克格拉夫的声音里总有一丝遗憾，因为他并没有作为蝙蝠回声定位的发现者而受到承认。

蝙蝠回声定位发现者的荣誉属于美国行为学家唐纳德·格里芬(Donald Griffin)，可以说是实至名归。格里芬使用了一种装置，可以探测到高频声波，其频率比人类能听到的频率上限要高2万赫兹。利用这一装置，格里芬进行了最终的实验，进一步证明回声定位系统并非仅仅是一个碰撞预警系统。蝙蝠的超声波还用于寻找和追捕猎物——从大型飞蛾到小型蝇类。蝙蝠拥有的是一个多功能捕猎工具，其功能之强大令人叹为观止。

也难怪格里芬成了动物认知领域的早期领军人物。在20世纪80年代以前，科学家们认为“动物认知”是一个自相矛盾的术语——认知不就是信息处理吗？还有什么呢？**认知**(cognition)是一个头脑中的转化过程，在这个过程中，输入的感觉信号转化为关于外部环境的知识及对该知识的灵活应用。“**认知**”这一术语指完成这一切的过程，而“**智能**”(intelligence)一词则更多地是指成 11
功完成这一切的能力。尽管蝙蝠与我们完全不同，但它同样有着丰富的感觉输入信号。它的听觉皮质对目标物反弹回来的声音信号进行评估，然后用这一评估信息来计算其和目标之间的距离以及该目标的移动情况和速度。这已经很复杂了，但在此基础上，蝙蝠还会更正自己的飞行路线，并将自己声音的回声与附近其他蝙蝠的区分开来——这也是一种自我认知。为了躲避蝙蝠的探测，昆虫演化出了对超声波的听觉。但魔高一尺，道高一丈，有些蝙蝠改为使用在其猎物听力范围以下的较低频声波来达到“隐身”

效果。

我们所面对的是一个高端而复杂至极的信息处理系统，这一系统的基础是特化的脑，能将回声转化为精确的感知。格里芬追随的是实验主义者先驱卡尔·冯·弗里施(Karl von Frisch)的脚步。冯·弗里施发现蜜蜂用一种八字形舞蹈来交流远处食物源的位置。冯·弗里施曾说："蜜蜂的生活就像一口魔法水井，你从中汲取得越多，还能汲取的也就越多[5]。"对于格里芬来说，回声定位系统也是如此。格里芬把回声定位的能力视为另一个永不枯竭的奥秘与奇迹之源，也将其称为魔法水井[6]。

由于我研究黑猩猩、倭黑猩猩及其他灵长动物，因此当我谈及"认知"时，通常不大会遭到质疑。毕竟，人类也是灵长类，我们处理周围环境的方式和其他灵长动物是类似的。我们和其他灵长动物都有立体视觉，大拇指能与其他指头对握，能够攀爬和跳跃，而且能通过面部肌肉进行感情上的交流。因此，我们和其他灵长动物处于同样的周遭世界中。在英语中，我们将孩子们玩的攀爬架称为"猴架"(monkey bars)，将模仿行为称为"猿类行为"(aping)。同时，灵长动物也令我们感到了威胁。在电影里和搞笑连续剧里出现的猿类让我们捧腹大笑，但并非因为它们天生一副滑稽相——长颈鹿和鸵鸟等动物看上去要比它们滑稽得多——而是因为我们希望与其他灵长动物保持一定的距离。这就像在彼此接壤的国家中，两国的人会彼此嘲笑，尽管和其他国家的人相比，
12 他们之间的相似度是最高的。荷兰人不会觉得中国人或巴西人有什么可笑之处，但他们会兴致勃勃地讲有关比利时人的笑话。

但是，为何我们会认为只有灵长动物才拥有认知呢？每个物

种都能灵活地应对环境并通过自己的方式来解决问题，且各有千秋。因此，我们需要意识到，它们的能力、智能和认知都是多种多样的。认识到这一点有助于让我们避免用单一标准对认知进行比较。这种单一标准的比较源自亚里士多德提出的“**自然阶梯**”(scala naturae)：其顶层是上帝、天使和人类，接下来是其他哺乳动物、鸟类、鱼类、昆虫，底层是软体动物。沿着这一巨大阶梯上行或下行的比较一度在认知科学领域相当流行，但我实在想不出这种比较得出了哪些有意义的洞见。这类比较只不过是让我们用人类的标准来衡量动物，从而忽视了不同生物周遭世界的巨大差异。如果会数数对松鼠的生活毫无意义，那么用“能否数到十”来衡量一只松鼠的智力是极不公平的，松鼠所擅长的是找出藏起来的坚果。当然，有些鸟类对此更为擅长：北美星鸦会在秋天收集两万多粒松子，将其储藏在好几平方英里(1 平方英里约为 2.59 平方千米)范围内的几百个不同地点。这些松子大部分都能在冬季和春季被北美星鸦找到[7]。

要找藏起来的坚果，我们是比不过松鼠和北美星鸦的——我有时连自己把车停哪儿了都记不住。不过这没什么关系，因为我们人类并不需要靠这种能力维生，但森林里的动物却需要靠这种记忆来度过寒冷的冬季。蝙蝠需要通过回声定位系统在黑暗中找到方向，但我们不需要；射水鱼的视觉能够修正光线、空气和水之间的折射，以便其喷出水滴击落水面上的昆虫，但我们也不需要这种能力。动物有许许多多奇妙的认知适应性是我们不具有或不需要的。因此，在单一维度中对认知分出等级是毫无意义的。认知的演化中有着许多标志性的特化，其关键在于每个物种所处的生态环境。

在 20 世纪，人们对进入其他物种的周遭世界进行了史无前例的尝试，许多书的名字都反映出了这一点——比如《银鸥的世界》
13 （*The Herring Gull's World*）、《猿类的灵魂》（*The Soul of the Ape*）、《猴子看世界》（*How Monkeys See the World*）、《狗狗心事》（*Inside of a Dog*）、《蚁丘之歌》（*Anthill*）。其中，E. O. 威尔逊（E. O. Wilson）所著的《蚁丘之歌》以其一如既往的独特风格描述了蚂蚁眼里的社会生活及史诗般的战斗[8]。循着卡夫卡和于克斯屈尔的足迹，我们试图进入其他物种的内心，用它们的方式来理解它们。随着我们取得的成功，我们眼前逐渐展现出了一片自然风光，许多“魔法水井”点缀其中。

盲人摸象

相比于不可能的事情，认知研究更侧重可能性。不过，自然阶梯的视角诱使许多人得出结论说动物并没有特定的认知能力。我们听到过许多论断，说“只有人类才能做到这点”，这些论断和许多东西相关，比如展望未来（只有人类能思考未来）、关心其他个体（只有人类才会关心他人的幸福），还有度假（只有人类有休闲时间的概念）。我曾就最后一点与一位哲学家在一家荷兰报纸上展开了一场令我颇为振奋的辩论，争论在海滩上享受日光浴的游客与一只打盹的象海豹的行为之间究竟有何差别。那位哲学家认为这两者完全不同。

事实上，我认为在所有关于人类例外论的论断中，最好也最经得起检验的是那些幽默的说法，比如马克·吐温（Mark Twain）的名言："人是唯一会脸红的动物，或者说是唯一需要脸红的动物。"但这些论断中的大部分当然都是极端严肃的，并且自鸣得意。这类论断的清单不断拉长，每十年都会发生一些变化。但我们必须持怀疑的态度来对待这些论断，因为要找到它们的反证是非常不容易的。实验科学的信条依然是：没有证据并不能证明证据不存在。如果我们在某个物种中没能发现某种能力，我们的第一个念头应该是"我们是否忽视了什么"，第二个念头应该是"我们的测试适用于这个物种吗"。

关于这一点，长臂猿提供了一个生动的例子。人们一度认为长臂猿是一种愚钝的灵长动物。人们让长臂猿在各种杯子、绳子和棍子中选择工具来解决给定的问题，但在无数次测试中，长臂 14
猿的表现都比其他物种要差得多。例如，在一个关于工具使用的测试里，研究人员将一根香蕉扔到它们的笼子外，旁边就有一根棍子，它们只需要拿起棍子将香蕉拨近点就可以拿到香蕉。黑猩猩可以毫不犹豫地做到这些，许多会操纵工具的猴子也能做到，但长臂猿却不行。长臂猿（亦称"低等猿类"）与人类和猿类属于同一科，都有着较大的脑部。因此，它们无法通过测试是件很奇怪的事情。

20 世纪 60 年代，美国灵长动物学家本杰明·贝克（Benjamin Beck）采用了一种新方法进行测试[9]。长臂猿属于**悬臂运动类灵长动物**（brachiator），只在树上生活。它们用胳膊和手把自己吊在树上，在树与树之间穿行。为了适应这种行动方式，它们的手发生

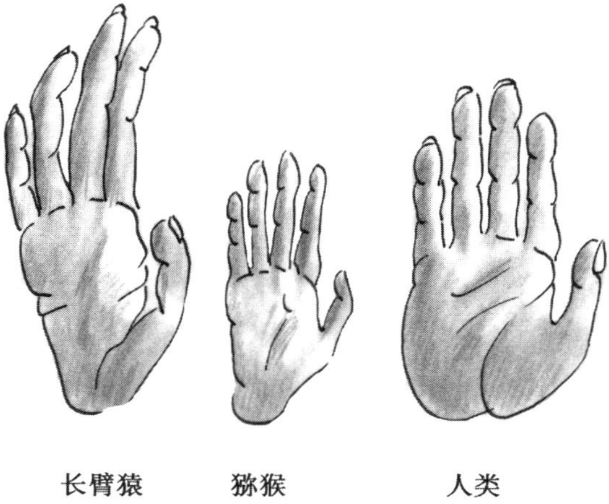

图 1－1　长臂猿手掌的大拇指并不完全与其他手指相对。这种手掌很适合抓握树枝，但不适用于从平面上捡取物品。只有在研究人员考虑到了长臂猿手的外形之后，它们才通过了某些智力测试。上图是长臂猿、猕猴和人类的手的对比。本图根据本杰明·贝克（Benjamin Beck）发表于1967年的论文图例修改而得

了特化：大拇指很小，其他手指很长。长臂猿的手就像钩子一样，
而不像大多数其他灵长动物的手那样适用于抓握和触感。贝克意
15 识到，长臂猿的周遭世界几乎完全不在地面上，且它们的手使得
它们无法从平面上捡起物品。于是，贝克对传统的拉绳任务进行
了重新设计。拉绳任务要求受试动物仔细观察一根绳子——绳子
另一头拴着食物。在以前的方法中，绳子是放在一个平面上的，
而贝克把绳子放到了长臂猿肩膀的高度，使长臂猿能够更容易地

抓住绳子。在此我就不赘述细节了，总之，长臂猿快速而高效地解决了所有问题，显示出了和其他猿类水平相当的智力。它们从前表现很差并不是因为它们愚笨，而是因为测试方法不适合它们。

另一个很好的例子是关于大象的。过去很多年里，科学家认为大象不会使用工具。这种“迟钝的”动物也没有通过之前讲到的拿香蕉的测试，它们碰都不碰棍子。大象居住在地面上，常常从地面上捡东西，包括一些很小的东西，因此，它们没通过测试并不是因为无法从平面上捡起物品。于是，研究者们得出结论，说大象连测试问题都没能理解。没人想过，有可能是我们这些研究人员没能理解大象。我们就像寓言故事里的盲人一样，不断绕着这头巨兽打转，并对它戳来戳去。但我们需要记住，正如德国物理学家维尔纳·海森伯所说的：“我们所观测到的并非自然本身，而是自然根据我们的探索方法所呈现出来的现象。”海森伯的这一结论指的是量子力学现象，但在对于动物头脑的探索中，这个结论同样成立。

与灵长类用手抓握不同，大象的抓握器官是它的鼻子。大象不仅用象鼻来拿取食物，还用它嗅闻及触摸食物。大象有着无与伦比的嗅觉，这使它们能够很准确地判断拿到的是什么东西。但倘若大象用鼻子捡起棍子，那么棍子就会堵住大象的鼻道，使大象无法触摸或闻到食物——哪怕它已经把棍子拿到了食物附近。这就好像让一个孩子蒙着眼睛参加复活节找彩蛋游戏一样，当然无法成功。

那么，对于大象特有的解剖结构和能力来说，什么样的实验才是公正合理的呢？

16 有一次去华盛顿特区的美国国家动物园(National Zoo)时，我遇见了普雷斯顿·弗德(Preston Foerder)和黛安娜·赖斯(Diana Reiss)。他们带我看了一头名叫坎杜拉的年轻公象在另一种“拿香蕉”测试中的表现。科学家们将水果高高地挂在坎杜拉的院子里，恰好让它够不着。然后，他们给了坎杜拉一些棍子和一个结实的方盒子。坎杜拉对棍子视而不见，但过了一会儿便开始不断用脚踢盒子，直到把盒子踢到水果的正下方。然后，它用前腿站在盒子上，用鼻子够着了食物。这一结果表明，大象是会使用工具的——如果有适用的工具的话。

在坎杜拉享用它的奖励时，研究人员为我讲解了他们是如何调整实验设置，使这个任务对大象来说变得更难。他们把盒子放在院子里一个坎杜拉看不见的地方，于是，当坎杜拉抬头看到诱人的食物时，它需要回忆拿到食物的方法，同时离开食物去获取工具。除了人类、猿类和海豚等脑部较大的物种以外，能做到这
17 些的动物寥寥无几。但坎杜拉毫不迟疑地做到了这一切，从很远的地方找来了盒子[10]。

毫无疑问，这些科学家找到了一种适合大象这一物种的测试。在寻求这类测试方法的过程中，即使是体形大小这类简单的细节也是不可忽视的。我们不能总是用适合人类体形的工具来测试大型陆生动物。在一项实验中，研究人员进行了一个镜子测试，用来评估某种动物能否辨认出它自己的镜像。他们在大象身上画上了记号，大象只有在镜面里才能看到这个记号。同时，研究人员将一面镜子放到了象笼外的地面上。这面镜子是向上倾斜的，只有41英寸(104.14厘米)宽，95英寸(241.3厘米)高。因此，很有

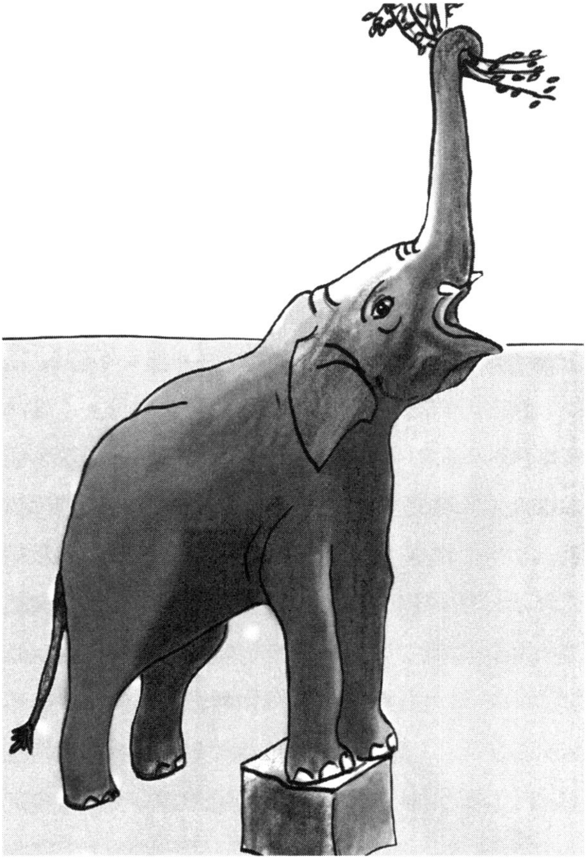

图 1－2　人们曾经认为大象不会使用工具。这一观点基于一个假设，即如果大象会使用工具，那么它应该是用鼻子来操纵工具的。但是，在一个不针对象鼻的工具使用任务中，坎杜拉用了一个盒子，它站在上面，成功地拿到了高高挂在它头顶上的树叶

可能，大象在镜子里能看到的最多只有它们的腿，在两层栏杆（本来是一层，加上镜子里的就成了两层）后面走来走去。因此，它们没有去触摸身上的记号。于是，研究人员得出结论：大象缺乏自我意识（self-awareness）[11]。

不过，我的一名学生，乔舒亚·普洛特尼克（Joshua Plotnik）改进了这个测试。他将一面边长 8 英尺（243.84 厘米）的方形镜子直接放在了布朗克斯动物园（Bronx Zoo）的大象园里。大象们可以对镜子摸一摸嗅一嗅，还可以看它的背面。近距离的探究是关键的一步，对于猿类和人类来说也是如此。但在之前的研究里，大象是无法对镜子进行近距离探究的。事实上，大象的好奇程度让我们颇为担忧，因为这面镜子是固定在一面木头墙上的，无法承受大象这类厚皮类动物的攀爬。通常情况下，大象站着的时候是不会倚着某个物体的。因此，看到一头重达四吨的动物靠在一面薄薄的墙上，想看一看它闻一闻镜子后到底有些什么，这把我们
18 吓得半死。很显然，这些动物很想弄明白这镜子究竟是干吗的。但如果这面墙倒塌了，我们最后可能得在纽约的车流中追逐一群大象！幸运的是，这面墙撑住了，这些动物也习惯了这面镜子。

有一头名叫欢欢的母亚洲象辨认出了它自己在镜子里的倒影。我们在它的额头上，左眼的上方，画了一个白色的十字记号。当它站到镜子前时，它总是不断地摩擦这个记号。它将它的镜像与它自己的身体联系了起来[12]。数年之后的今天，乔舒亚已经在泰国的关怀大象国际组织（Think Elephants International）中对更多的大象进行了这种测试。测试结果与先前的结论一致：有些亚洲象能辨认出自己在镜中的倒影。非洲象是否也有这一能力尚未可

知——由于这一物种喜欢用一些粗暴的象鼻动作来检验新事物，因此，迄今为止，我们在非洲象身上的多次实验都以镜子的破碎而告终。这样的结果很难说是因为非洲象的表现差还是因为实验器材的质量差。不过，对镜子的破坏显然无法证明非洲象不能从镜子里辨认出自己，我们发现的只是该物种特有的对待新事物的方式而已。

科研中的难点是找到适合某种动物的秉性、兴趣、解剖结构及感官能力的测试。面对负面结果时，我们需要极为留意动机及注意力方面的差别。如果一项任务无法引起受试动物的兴趣，那么该动物肯定不会在这个测试里表现优秀。我们在研究黑猩猩的面部识别能力时遇到了这个问题。当时科学界宣称，人类是极为独特的，因为与其他灵长类相比，我们辨识面部的能力要强得多。事实上，这类测试通常要求其他灵长类识别人脸，而不是它们同类的脸，但似乎大家对此都毫无异议。我询问了领域内的一位先驱人物，问为什么这种测试方法里从未用过人类以外的其他物种的脸。他回答说，因为人类中每个人之间的差别如此之大，因此，倘若一只灵长动物无法区分人类中不同个体的脸，那么它当然更不可能区分自己同类的脸。

但我的一位同事，亚特兰大耶基斯国家灵长类研究中心
(Yerkes National Primate Research Center)的莉萨·帕尔(Lisa Parr) 19
用黑猩猩的照片对黑猩猩进行了测试。她发现黑猩猩表现得非常出色。在测试中，黑猩猩需要在电脑屏幕上选择图片。它们会看到一只黑猩猩的肖像，紧接着，屏幕上会出现另外两幅黑猩猩肖像。后面两幅肖像中有一幅是第一幅肖像中的黑猩猩，不过不是

同一张相片；而另一幅肖像里则是一只其他的黑猩猩。在经过对寻找相似处的训练（这个过程称为取样匹配）之后，这些黑猩猩可以很好地辨别出在后两幅肖像中哪一幅和第一幅更像。它们甚至能辨别出家庭关系：当研究人员给它们看过一幅雌性黑猩猩的画像后，它们需要从两只未成年黑猩猩的面部图像中选出刚才那只雌性黑猩猩的后代。由于在现实生活中，受试黑猩猩并不认识画像中的任何一只黑猩猩，因此它们的选择完全是基于物理上的相似性的[13]。这和我们人类的方式非常类似——当我们翻阅其他人的家庭相册时，会很快注意到相册中哪些人有血缘关系，哪些是姻亲关系。正如这一实验所证实的那样，黑猩猩的面部识别能力与我们人类同样敏锐。而且，人类和其他灵长类中，面部识别能力所需的脑区是相同的[14]。因此，现如今，面部识别能力并非人类所独有的观点已得到广泛认可。

换句话说，对我们而言很明显的东西，比如我们自己的面部特征，对其他物种而言可能并不明显。通常，动物只知道它们**需要**知道的东西。观察大师科纳德·洛伦茨（Konrad Lorenz）认为，倘若缺乏基于爱与尊重的直觉性理解，那么我们是无法有效地研究动物的。他认为这种基于直觉的洞察力与自然科学的方法是非常不同的。将这种洞察力与系统的研究有效地结合在一起，正是动物研究的挑战与乐趣所在。洛伦茨推崇他称之为“**整体考察**”（Ganzheitsbetrachtung）的思想，主张在具体观察动物的不同部分之前先了解整个动物。

“如果一个研究者只将研究任务中的单个部分作为其兴趣的

着眼点，那么他/她是无法很好地完成既定的研究任务的。研究者应该不断地在不同部分之间奔走，并且对于每个部分的了解程度应该相当。在某些强调严格逻辑顺序的思考者看来，这种方 20
式似乎是极为轻率且不科学的。[15]”

有一个著名的研究，在其被重复的时候，以一种可笑的方式诠释了忽略洛伦茨意见所带来的危险。在这个研究中，研究人员将家猫放在一个小笼子里。猫会在笼子里走来走去，不耐烦地喵喵叫，并同时磨蹭笼子的内壁。这样磨蹭的时候，它们会碰巧蹭开笼子的门闩，于是得以走出笼子，并吃掉笼子附近的鱼肉。一只猫经历过的实验次数越多，它逃出笼子的速度也就越快。所有受试的猫都表现出了磨蹭行为，其行为模式一模一样。研究人员对此印象深刻，认为这些猫为了得到食物奖赏而学会了这种行为。
这一实验最早于 1898 年由爱德华·桑代克(Edward Thorndike)建 21
立。科学界曾认为，该实验证实：哪怕看上去是相当高智商的行为(比如从笼子里逃出来)，也完全可以用试错学习的理论来解释。这曾是“效果律”的一大胜利——依据效果律，如果一个行为的后果对该个体来说是愉悦的，那么该个体很可能会重复这一行为[16]。

几十年后，美国心理学家布鲁斯·穆尔(Bruce Moore)和苏珊·斯塔特德(Susan Stuttard)重复了这一研究。但是他们发现猫的这种行为并不特殊——这是在所有的猫科动物，从家猫到老虎中都很常见的“**伸头**”(Köpfchengeben)”行为，用于问候和求偶。它们会把头或侧面在它们喜欢的对象身上蹭来蹭去。如果它们无法

图 1－3　科学界曾认为爱德华·桑代克的猫证明了“效果律”。猫可以通过磨蹭笼子里的门闩来打开笼门逃出去。如果它做到这些，便可以得到一条鱼。但几十年后，人们发现猫的这一行为与奖赏完全无关。即便没有鱼，猫也会逃出笼子。磨蹭侧面是所有猫科动物共有的标志性问好行为。要引发这一行为，只需要有对猫友善的人们在场就足够了。本图根据桑代克（Thorndike）发表于 1898 年的论文图例修改而得

接触到自己喜欢的对象，那么它们会转而磨蹭无生命的物体，比如桌腿。要让猫做出这一行为并不需要食物奖赏，唯一需要的是有对猫友善的人在场。当笼子里的猫看到人类观察者时，每只猫都会在门闩上磨蹭自己的头、侧面和尾巴，然后逃出笼子。这根本不需要训练。但是，当猫被单独留在笼子里，没有人类观察者时，它们不会表现出任何磨蹭行为，因而无法逃出笼子[17]。因而，这个经典的实验研究的并不是学习，而是问候的方式！这个重复

的实验发表时，其副标题意味深长——在猫身上栽的跟头。

这给我们上了一课：在对任何动物进行测试之前，科学家需要先了解该动物的典型行为。毋庸置疑，条件反射确有其作用，但早期的研究者们完全忽视了一项关键的信息：他们没有像洛伦茨所建议的那样考虑整个生物。动物有许多非条件反射行为，还有一些行为是天然形成的，其物种中的所有个体都具备。奖励和惩罚可能会影响这些行为，但并非这些行为的成因。在上述实验中，所有猫都做出了同样的反应，其原因并非操作性条件反射，而是猫科动物天然的交流方式。

演化认知这一研究领域需要我们对每个物种都有完备的考量。无论我们研究的是手的解剖结构，或是象鼻的各种功能，还是对面孔的感知，抑或是问候的方式，在试图弄清动物的智力水平之前，我们都需要让自己先熟悉这种动物的方方面面，以及该动物的自然史。并且，我们不应通过我们人类自己的魔法水井——人 22
类格外擅长的能力来对动物进行测试。为何不通过动物自身特有的技能来对它们进行测试呢？这样，我们不仅可以避免亚里士多德的自然阶梯式的比较，还可以将这种“阶梯”转化为一丛有着许多枝杈的灌木。如今，这种观点上的转变促使人们开始承认一个早该承认的事实：智能生命并不是只有花费昂贵代价去探索外太空才能找到的东西——在地球上就有着丰富的智能生命。它们就在我们眼前，可我们却熟视无睹[18]。

否认类人论[1]

古希腊人相信希腊是宇宙的中心。因此，对于现代的学者来说，要思考人类在宇宙中的地位，还有什么地方比希腊更好呢？1996 年，在一个晴朗的日子，一个国际学者团队来到了世界的中心（omphalos，指半圆石祭坛，是希腊语中“中心”的意思）——帕纳索斯山上寺庙遗址中一块蜂窝状的大石头。我情不自禁地像对待多年不见的老朋友那样拍了拍它。站在我身旁的是“蝙蝠侠”唐纳德·格里芬，就是回声定位系统的发现者及《动物的觉知问题》（*The Question of Animal Awareness*）一书的作者。在这本书里，格里芬叹惋道，人们误以为人类是唯一有意识的存在，世界上的一切都是围着我们转的[19]。

具有讽刺意味的是，我们这个研讨会的一大主题便是人择原理。根据这一原理，宇宙是为了适应智能生命的独特需求而被有目的地创造出来的，而这一智能生命便是我们人类[20]。有时，人择哲学家的言论听上去就好像他们认为世界是为我们而存在的，而不是我们是因世界而存在的。地球离太阳的距离恰到好处，刚好为人类生命提供了合适的温度；同时，地球大气层也有着理想

[1] 否认类人论（anthropodenial）一词是作者自创的述语，在作者之前的著作译本中被译为“人类例外论”。但实际上，“人类例外论”对应的英文为“human exceptionalism”，即认为人类与其他动物不同，不能将其他动物中的规律应用在人类上，而“anthropodenial”一词指的是其他动物中有与人类类似的特征或行为，与“人类例外论”意思并不相同，因此本书中译为“否认类人论”。——译注

的氧气水平。这多么方便呀！但是，任何生物学家在这一局面中所看到的都并不是目的，反而处处都是因果关系。地球之所以为人类提供了完美的条件，是因为我们人类很好地适应了这颗星球的环境。对于以高温硫化物为生的细菌来说，深海热泉是最佳的 23
生活环境，但没有人认为这些热泉是被创造出来以满足嗜热细菌的需要的。相反，我们知道，是自然选择塑造了细菌，使其能够在热泉附近生活。

所以说，那些人择哲学家把逻辑弄反了。这让我想起了曾在电视上看到的一位神创论者，他边剥香蕉边解释说，这种水果有一个弯度，于是人类把它拿在手里时，它正好指向我们的嘴，方便我们食用；对我们的嘴来说，香蕉的大小也恰到好处。显然，他觉得上帝赋予了香蕉这种对人类来讲很方便的形状。但他忘了，他拿着的是一种人工培育的水果，这种水果是为人类食用而栽培的。

在我和唐纳德·格里芬讨论这些的同时，我们看见一只家燕在会议室窗外飞来飞去，衔泥筑巢。格里芬比我资深至少三十年，我对他丰富的知识印象深刻——他告诉了我这种燕子的拉丁名，并描述了它们孵化期的细节。在这场研讨会上，他提出了他对意识的看法：意识一定是一切认知过程——包括动物的认知过程——的重要组成部分。我自己的看法与格里芬略有不同：我倾向于不对意识作任何确定的论断，因为它的定义很模糊，似乎没人知道意识是什么。但我还得再加一句：出于同样的理由，我也不会认为任何一个物种没有意识。据我所知，青蛙也有可能具有意识。格里芬的态度更为积极。他说，由于人们在许多动物中都观察到了有意的智能行为，因此，认为其他物种的智力水平和人类相似是一个合理的假设。

一名广受尊敬并成就斐然的科学家作出了这样的断言，这极大地解放了人们的思想。尽管格里芬因提出一个没有数据支撑的观点而受到抨击，但许多批评其实不得要领。它们忽略了传统观点——动物是愚笨的，因为它们缺乏有意识的头脑——只是一个
24 假设。格里芬说，更为合理的假设是认为每个域都是连续性的。这一想法源自查尔斯·达尔文著名的观察结论：人类与其他动物之间头脑上的差异只是程度上的区别，并无本质上的不同。

能够结识格里芬这样的志同道合者令我颇感荣幸。同时，我也对会上的另一个主题——拟人论提出了我的观点。“**拟人论**”（anthropomorphism）一词是希腊语中“人形”之意。它起源于公元前570年。当时克赛诺芬尼（Xenophanes）拒绝了荷马（Homer）的诗作，认为荷马把神描写得像人一样。克赛诺芬尼对这种描写背后的自大进行了嘲弄：为什么神看起来不像马呢？不过，神毕竟是神——今天“**拟人论**”一词的用法已与神相去甚远，而是常作为隐喻用来贬低一切人类与动物之间的比较，即便是最小心翼翼的比较也逃不脱这种嘲弄。

在我看来，只有当人类与动物的比较过度延伸，比如延伸到与我们亲缘关系很远的物种上时，拟人论才是有问题的。例如，
25 名叫“接吻鱼”的那种鱼其实并不会真的以人类的方式接吻，其“接吻”的原因也与人类不同。成年接吻鱼有时会把它们突出的嘴部碰在一起来解决争端。将这种习惯称为“接吻”显然是一种误解。不过，猿类在分开一段时间后会用嘴唇轻轻碰触对方的嘴部

图 1－4　猿类的手势和人类的手势是同源的。它们的手势不仅和人类的看上去极为相似，而且发生的情境也通常很相似。图中两只猩猩在打了一架之后重归于好，母黑猩猩（右）吻了头发花白的雄性首领黑猩猩的嘴

或肩部来打招呼，因此它们亲吻的方式和情境才与人类亲吻非常类似。倭黑猩猩乃个中翘楚。有位饲养员对黑猩猩很熟悉，但并不了解倭黑猩猩。当他第一次获得倭黑猩猩的吻时，他被倭黑猩猩伸到他嘴里的舌头吓了一跳。

还有一个例子。当年幼的猿类被挠痒痒时，它们会发出一种呼吸声，其吸气和吐气的节奏很像人类的笑声。你不能因为“大笑”这种行为过于拟人化就简单地否认“笑声”这个词在这里的使用(有些人这么做过)，因为猿类不仅声音听起来像人类儿童被挠痒痒时的笑声，而且它们对挠痒痒表现得又爱又怕，就像人类儿童一样。我常常注意到这一点。年幼的猿类会把我挠它们痒痒的

手指推开，但又会跑回来求我再多“胳肢”它们一下，并且会屏住呼吸，等待我挠痒痒的手指戳上它们的肚皮。在这种情况下，我想将举证的责任转移给那些希望避免使用拟人术语的人士，请他们首先证明：当一只猿被“胳肢”得咯咯直笑，笑得几乎呛到时，它的精神状态和一个被“胳肢”的人类儿童实际上是不同的。由于没有证据证明这一点，因此我认为“**笑声**”既是对人类儿童也是对猿类在这种状态下的最佳形容[21]。

为了表明我的观点，我需要一个新的术语，因此我创造了“**否认类人论**”（anthropodenial）一词。拟人论和否认类人论意思相反：在理解某一物种的时候，该物种与我们的亲缘关系越近，拟人论的帮助就越大，否认类人论的危害就越大[22]；相反，某一物种与我们的亲缘关系越远，根据拟人论得出的相似点其实彼此独立并不相关的可能性就越大。我们说蚂蚁有“王后”“卫兵”和“奴隶”，这仅仅是为了方便记忆而使用的拟人论方法。这和我们用人名给飓风命名，或者像电脑有自由意志一样咒骂电脑是一回事，我们
26 不应对这种称呼赋予更多的意义。

关键在于，拟人论并不像人们想的那样问题重重。出于科学客观性而对拟人论进行批判，这背后通常隐藏了一个达尔文时代之前的观念，即对于把人视为动物颇感不适。但是，当我们考虑猿类这种恰好被认为“类人”的物种时，拟人论实际上是个符合逻辑的选择。将猿类的吻称为“嘴嘴接触”以免于拟人论，这种做法故意模糊了猿类这种行为的意义。这就像为了凸显地球的特殊性，给地球上的重力起个其他名字以和月球上的重力区别开来。不当语言产生的障碍使大自然展现给我们的完整统一变得支离破碎。

猿类和人类在演化上分开的时间并不足以使两者各自独立演化出极为相似的行为，比如触碰嘴唇问候彼此，或者被挠痒痒时喘粗气。我们的术语必须尊重这些显而易见的演化关联。

另外，倘若拟人论的作用仅仅是给动物行为贴上一个人类的标签，那么它将会流于空泛。美国生物学家和爬虫学家戈登·布格哈特（Gordon Burghardt）提倡**批判性拟人论**（critical anthropomorphism），即用人类的直觉和对动物自然史的知识来提出科研问题[23]。因此，说动物为未来“做计划”或者在打架后“言归于好”并不仅仅是语言上的拟人——这些词语提出了可供检验的想法。例如，倘若灵长类动物能够做计划，那么它们应该会保存某些只有在未来才用得上的工具；倘若灵长类动物在打架后会言归于好，那么，当打架的双方通过友好的接触而和解后，我们应该会看到紧张气氛得到缓和，社会关系有所增进。如今，这些显而易见的预期已在实际的实验和观察中得到了证实[24]。批判性拟人论并非结果，而是方法。它是科研假设的宝贵源泉。

格里芬关于严肃对待动物认知的观点为这一领域加上了一个新的标签——**认知动物行为学**（cognitive ethology）。由于我是一名动物行为学家，能准确地理解格里芬的意思，因此我觉得这个标签很棒。不幸的是，许多人并不了解“动物行为学”（ethology）这 27
一术语，拼写检查程序通常依然把该词修改为“人种学”（ethnology）、“病因学”（etiology），甚至是“神学”（theology）。无怪乎当今的许多动物行为学家自称为行为生物学家。认知动物行为学领域还有些其他标签：“**动物认知**”（animal cognition）和“**比较认知**”（comparative cognition）。但这两个术语亦有不足。**动物认知**

没有把人类包括在内，因而无意中加重了人类和其他动物之间存有鸿沟的观念。另外，“**比较**”这一标签未能阐明我们如何及为何比较。这暗示着没有任何框架来理解相似点和不同点，连演化方面的框架都没有。即便是在该领域内部，人们也对这一领域理论的缺乏以及将动物划分为“低等”和“高等”的习惯颇有怨言[25]。“比较认知”的标签源自**比较心理学**（comparative psychology）。传统上，比较心理学领域认为动物不过是人类的“替身”——猴子是人类的简化版，大鼠则是猴子的简化版，以此类推。由于人们认为联想性学习能解释所有物种的行为，比较心理学的奠基人之一B. F. 斯金纳（B. F. Skinner）觉得用哪种动物来做研究是无所谓的[26]。为了证明他的观点，斯金纳给一本完全以大白鼠和鸽子为主题的书起名为《生物个体的行为》（*The Behavior of Organisms*）。

由于这些原因，洛伦茨有次开玩笑说，没有任何东西能够和比较心理学相比较。那会儿洛伦茨刚刚发表了一项关于鸭子求偶模式的重要研究，涉及20种不同的鸭子，因此他的玩笑意有所指[27]。他对于物种间的差异很敏感，能够察觉最细微的差别。这与比较心理学家的做法背道而驰——后者将所有动物放在一起，笼统地作为“用于研究人类行为的非人类模型”来对待。让我们花一秒想想“用于研究人类行为的非人类模型”这个术语。它在比较心理学中如此根深蒂固，以至于人们对它已不再关注。当然，首先，这个术语暗示了我们研究动物只有一个原因，就是为了了解我们自己。其次，这一术语无视了一个事实，即每个物种都特异地适应于它们所处的生态环境。毕竟，如果不无视这一点，又怎么能让一个物种作为另一个物种的模型呢？就连“非人类”这个术

语都让我颇为恼火，因为这个词以一种不屑一顾的方式将数百万个物种混为一谈，好似它们缺了点什么——真可怜啊，它们都不 28
是人类呢！当学生们在写作中使用这一术语时，我会无法自持地在页边语气讥讽地批注道，为了完整性，他们应该加一句话，注明他们所说的这些动物是“非企鹅”“非鬣狗”，等等——这个“非××”的名单还有很长。

尽管比较心理学正在往好的方向转变，但我更愿意避开这一领域沉重的负担，转而称当前这一新领域为**演化认知学**（evolutionary cognition），即从演化的角度来研究一切认知（包括人类的和动物的）。很显然，我们对所研究物种的选择是非常重要的，且人类并不一定是所有比较的中心。这一领域囊括了系统发生分析，即在演化树中对物种的特性追根溯源，以此来判断不同物种的相似之处是否源于其亲缘关系。洛伦茨对水禽的出色研究就是用的这种方法。我们还想知道，演化是如何塑造了认知以使物种更好地生存的。格里芬和于克斯屈尔已清晰地指出了这个领域的目标——使认知研究的视角不那么以人类为中心。于克斯屈尔要求我们从动物的立场来看待世界，他说，这是完全领会动物智能的唯一方法。

一个世纪之后的今天，我们做好了聆听他教诲的准备。

第 2 章

两个学派的故事

A Tale of Two Schools

02

狗有愿望吗?

由于我童年时代最喜欢的动物——寒鸦和一种叫作三刺棘鱼 29
的银色小鱼在动物行为学的早期发挥了重要的作用，因此这门学科对我有着天然的吸引力。我是在自己还是一个生物专业的学生时了解到动物行为学的。当时我在听一名教授解释棘鱼 Z 字形的舞蹈。我对此颇感震惊——并非由于这些小鱼的行为，而是惊叹于科学界对这些小鱼做的事情如此郑重以待。那是我第一次意识到我最喜欢做的事情——观察动物的行为——可以是一种职业。当我还是个小男孩时，我会把捉到的水生生物放到自家后院的桶和缸里，并花许多时间来观察它们。最令我开心难忘的是繁殖棘鱼的经历，我把繁殖出的幼鱼放生到了它们父母从前生活的水沟里。

动物行为学是关于动物行为的生物学研究，于第二次世界大战前后在欧洲大陆发展开来。当动物行为学的奠基人之一尼科·廷贝亨(Niko Tinbergen)跨越英吉利海峡时，这一学科也随之来到了英语国度。廷贝亨是一名荷兰动物学家，他最初就职于莱顿大学(Leiden University)，于 1949 年接受了牛津大学(Oxford University)的职位。他用大量的细节描述了雄性棘鱼的 Z 字形舞蹈，解释了雄性棘鱼如何将雌鱼吸引到巢穴中产卵并受精。然后，雄鱼会赶走雌鱼，保护鱼卵，给鱼卵扇风并保证通气，直到孵出小鱼 30
为止。我曾在一个长满鱼类所喜欢的水草的废弃水族箱里目睹了全过程，包括雄鱼令人目眩的变色过程——从银色变为鲜艳而引人注目的红色和蓝色。廷贝亨注意到，每当红色的邮车从他实验室楼下开过时，实验室窗台上鱼缸里的雄鱼便躁动不安。廷贝亨用假鱼来激发雄鱼的求偶和攻击行为，证实了红色信号有着重要的作用。

显然，动物行为学是我想要从事的方向。但在追求这一目标之前，我对与其对立的学科做了一些简单的了解。我曾在一位心理学教授的实验室工作，这位教授接受的是**行为学家**（behaviorist）的传统教育。在20世纪的大部分时间里，这种传统都在比较心理学中占据着主导地位。这一学派主要由美国学者组成，不过显然已经扩展到了荷兰，来到了我所在的大学。我依然记得，在这位教授的课上，他嘲笑那些坚信可以了解动物“想要”什么、“喜欢”什么以及“感觉”如何的人们。他小心翼翼地给这些词语加上引号，以去掉它们的感情色彩。假如你的爱犬将一只网球叼到你面前，摇着尾巴望着你，那么你是否会认为它想和你玩？太天真了！谁说狗会有愿望和企图？狗的行为不过是效果律的产物——它肯定从前因这种行为得到过奖赏。狗的头脑里什么也没有，哪怕有，也依然是一个黑匣子。

行为主义之所以称为行为主义，是因为它不关注除行为以外的任何东西。但对于上面那个观点——动物的行为可被分解为在那之前的一系列动机——我颇有疑虑。这一观点将动物视为被动的，但我认为动物会寻找、要求、斗争。的确，它们的行为会根据其结果而改变，但它们一开始的行为并非随机或者偶然的。以前面提到的狗和它的球为例，把球扔给小狗，它会像一个急切的捕食者一样追着球跑。它对于猎物及猎物的逃跑策略学习得越多——或者对于你和你假装扔球的方式学得越多——它就会更为擅长捕猎或捡球。但是，这一切的根源依然是它对于追捕的巨大热情，这种热情使得它穿过灌木丛，蹚进水塘，有时甚至撞上玻 31
璃门。在它发展出任何技巧之前，这种热情便已然展现出来了。

现在，我们来比较一下这种行为和你的宠物兔的行为。无论你对它扔多少球，上述那种对于追球的学习都不会发生。兔子压根没有捕猎的本能，你指望它学会什么呢？哪怕每当你的兔子捡回一只球，你就给它一根多汁的胡萝卜，你也要经过一段冗长而枯燥的训练才能使兔子学会捡球，且这一训练永远不会使兔子产生猫和狗对小型移动物体的那种兴奋感。行为学家完全忽视了这些天然的倾向，忘记了每个物种都会通过它们自己的方式来建立自己的学习机会，比如扑扇翅膀、掘洞、使用棍子、啃噬木头、爬树，等等。许多动物被本能驱动着去学习它们需要知道或去做的事情，比如幼年山羊练习抵头，或者人类幼童不可抑制地试图站立和走路。对于无菌箱里的动物来说同样如此。科学家训练大鼠用爪子按杠杆，训练鸽子用它们的鸟喙来啄钥匙，训练猫在门闩上摩蹭它们的侧面，这些都并非偶然。操作性条件反射倾向于强化已有的行为。它并非万能的行为创造者，而只是它自己谦卑的仆人。

对此，最早的证据之一来自埃丝特·卡伦（Esther Cullen）关于三趾鸥的工作。埃丝特·卡伦是廷贝亨的一名博士后学生。三趾鸥是鸥科的一种海鸟。与其他海鸥不同，为了阻止捕食者，三趾鸥把巢搭在狭窄的峭壁上。这些鸟儿很少发出预警的叫声，也不会积极地守卫巢穴，因为它们并不需要做这些。但最有趣的是，三趾鸥无法识别它们自己的幼鸟。在地面筑巢的鸥类中，幼鸟出壳之后便会在四周走动。因此，这些鸥类会在几天内认出自己的后代，并毫不犹豫地将科学家放在它们鸟巢中的陌生幼鸟踢出去。三趾鸥则不然，无法看出自己的幼鸟与陌生幼鸟之间的差别，会像对待自己的幼鸟一样对待陌生幼鸟。它们也不需要为无法辨认自己的幼鸟而担忧，因为它们的幼鸟通常会老实待在父母的鸟巢
32 里。当然，这正是生物学家们认为三趾鸥缺乏个体辨识能力的原因[1]。

但对行为学家而言，这些发现完全令人费解。两种相似的鸟类所学到的东西截然不同。这讲不通，因为学习应该是普遍性的。行为主义忽略了生态，且不怎么认同学习是适用于每个生物的特定需求的。行为主义更无法认同的是，在像三趾鸥的例子里，或是在其他生物差异里，比如在不同性别的行为差异中，并不存在学习。例如，在某些物种里，雄性在一大片区域里游荡来寻找配偶，而雌性则待在巢穴周围较小的范围内。在这种情况下，我们可以预期雄性拥有出色的空间能力。它们需要记住自己在何时何地撞见过异性。雄性大熊猫在潮湿的竹林里四处行走，每个方向都是同样的绿色。对它们来说，在正确的时间出现在正确的地点是很关键的，因为雌性一年仅排卵一次，受孕期只有几天——也正因为此，动物园很难人工繁育这种美丽的熊类。美国心理学家邦尼·珀杜(Bonnie Perdue)在中国成都的大熊猫繁育研究基地对大熊猫进行了测试，证实了雄性确实比雌性拥有更好的空间能力。在测试中，珀杜将装有食物的盒子散布在室外的一片地上。对于

哪些盒子里最近出现过食物，雄性大熊猫要比雌性记得牢得多。而同属食肉动物中熊超科的亚洲小爪水獭恰好相反。在类似的任务测试中，亚洲小爪水獭的雄性和雌性有着相同的表现。这种水獭是一夫一妻制的，雄性和雌性的领地相同。与以上例子类似，在多夫多妻制的啮齿动物中，雄性比雌性更容易走出迷宫；而在一夫一妻制的啮齿动物中，迷宫测试的结果并无性别差异[2]。

倘若学习天赋是自然史与交配策略的产物，那么整个“学习具有普遍性”的观念将会分崩离析，我们可以预期在不同动物中看到极大的差异。越来越多的证据表明，先天性学习是特异性的[3]，有许多不同的类型：从小鸭子印随它们所见到的第一个移动的物体——不管这个物体是它们的母亲还是长着络腮胡子的动物学 33
家——到鸟类和鲸鱼学习鸣唱，以及灵长类彼此模仿来学习使用工具。我们发现的变化越多，“所有学习本质上都是一样的”这一论断就越摇摇欲坠[4]。

但是，在我还是学生的那些日子里，行为主义还有着绝对的权威，至少在心理学领域里是这样的。幸运的是，那位教授的同事，爱叼着烟斗吸烟的保罗·蒂默曼斯(Paul Timmermans)经常把我带到一边，给我介绍一些和我所接受的教导相关的思想，这正是我极为需要的。我们的研究对象是两只幼年黑猩猩，它们是我第一次接触到人类以外的灵长类。我对它们可以说是一见钟情。我从未遇见过这样的动物，它们明显拥有自己的思想。保罗会在缕缕烟气中煞有介事地问：“你真以为黑猩猩没有感情吗?”说这话时，他眼里闪着光。在黑猩猩由于没有得到它们想要的东西而尖叫着大发脾气后，或者在黑猩猩们嬉戏打闹，嘶哑地咯咯大笑后，保罗就会这么说。保罗还会淘气地就其他禁忌话题询问我的意见——当然，他不一定会说那位教授错了。一天晚上，那两只黑猩猩逃了出去。它们穿过了整座楼，最后回到了它们自己的笼子里。然后它们小心地关上笼门，睡觉去了。第二天早上，我们发现它们蜷缩在它们的稻草窝里。若不是一位秘书在走廊里发现了难闻的粪便，我们压根不会怀疑有任何事情发生过。我很好奇为何黑猩猩把它们自己的笼门关上了。这时保罗问道："有没有可能黑猩猩会提前考虑以后的事情?"如若不假设黑猩猩具有动机和感情，那么又该如何研究这些狡猾而善变的对象呢?

为了更直观地理解这一点，想象一下，你要像我每天所做的那样，进入一间有着黑猩猩的测试间。我会建议你，与其依赖某些认为行为编码中不存在意向性的理论，不如仔细观察黑猩猩的情绪与感情，像解读人类一样去解读它们。而且，要当心它们恶作剧，否则你可能会落得跟我的一位同学一样的下场。尽管我们
34 建议过这位同学这种场合该穿什么样的服装，但他还是穿着西装打着领带来进行他与黑猩猩的第一次会面。他提到他很擅长和狗相处，确信能搞定黑猩猩这种体形相对不大的动物。当时那两只黑猩猩尚未成年，不过四五岁。但是，当然，它们已经比任何一名成年男性要更为强壮了，而且比狗要狡猾十倍。我依然记得，我那位同学踉跄地走出测试室，两只黑猩猩扒在他的腿上，无法弄走。他的外套被弄得破破烂烂，两只袖子已经被扯了下来。他很走运，这些猿类没发现可以用他的领带勒他的脖子。

我在这个实验室里学到的一件事情就是，高等的智能并不意味着更好的测试成绩。我们让猕猴和黑猩猩完成一项名为"触觉分

辨”的简单任务。它们得把爪子伸进一个洞里，感觉两种形状的差别，并拿出正确的那个。我们的目标是每组试验进行几百个这样的试次。但是，尽管这一计划在猴子中进行得很好，但在黑猩猩中却遇到了其他问题。黑猩猩在前几十次试验中表现得挺好，说明它们的分辨能力是没有问题的。但在几十次之后，黑猩猩就开始走神了。它们会把手用力伸得更远，远到能够碰到我。它们会拉我的衣服，朝我露出笑脸，砰砰地撞击我们之间的窗户，并试图拉我一块玩。它们上蹿下跳，甚至对着门比画，好像我不知道怎么到它们那边去一样。有时，我会放弃试验，和它们一起玩耍——当然，这种做法是不专业的。所以不用说，在这个任务中，黑猩猩的表现比猴子要差得多。这并非因为黑猩猩有智能上的缺陷，而是因为它们感到非常无聊。

这不过是因为这个任务需要的智力水平太低了，远不及黑猩猩的智力水平。

饥饿游戏

我们是否足够开明，可以假设其他物种也有精神生活？我们的创造力是否足以研究这些？我们能不能厘清注意力、动机和认知的作用？在动物做的每件事里，注意力、动机和认知都参与其 35
中。因此，三者中的任意一个都能解释动物欠佳的表现。对于上面提到的那两只调皮的猿类来说，我倾向于用试验过于乏味来解释它们为何表现较差。但如何确定这一点呢？要想了解动物的智能，人类得足智多谋，独具匠心。

尊重也是必要的。如果我们胁迫动物接受测试，那我们又能期待得到什么呢？难道有人会把人类儿童扔进游泳池，看他们是否记得可以从哪里爬上来，来测试儿童的记忆力吗？但莫里斯水迷宫却是检测记忆力的标准测试。在数以百计的实验室里，科研人员每天都会用到这个测试，让大鼠在有着高高缸壁的水缸里疯狂游泳。大鼠们得游到水下的一个平台上以避免淹死。在随后的试验中，这些大鼠需要记住这个平台的位置。还有哥伦比亚障碍测试。在这个测试中，动物需要经受不同时间长度的剥夺期，然后穿过一个通电的栅格。这样，研究者可以观察动物寻求食物或配偶（或者，对母老鼠而言，还可以是它们的幼崽）的动力是否要强过对电击痛苦的惧怕。事实上，压力是主要的测试工具。许多实验室使动物的体重维持在一般体重的 85% 来确保动物有动力觅食。关于饥饿如何影响动物的认知，我们的数据少得可怜。不过，我确实记得一篇文献，其标题是“太饿了所以无法学习吗”。这篇文献说，被剥脱食物的鸡在迷宫任务中不太善于注意到细微的差别[5]。

食物剥夺的假设是，空空如也的胃会促进学习。这个假设颇为奇怪。想想你自己的生活吧：了解城市的布局、结识新朋友、学习弹钢琴，或者完成工作，在这之中，食物重要吗？从没有人提出过要对大学生进行永久性食物剥夺。为什么轮到动物时，情况就不一样了呢？著名的美国灵长动物学家哈里·哈洛（Harry Harlow）是饥饿简化模型的早期批评者之一。他提出，具有智能的动物主要是通过好奇心和自由探索来学习的，而将动物的行为狭

隘地固化到食物上，很有可能扼杀好奇心和自由探索。他对斯金
纳箱予以嘲笑，认为那是用来证明食物奖励有效性的优秀装置，
但并不适用于研究复杂的行为。哈洛还说了这句带有讽刺意味的
金句：“我从不贬低大鼠作为心理学研究对象的价值——它们所犯 36
的错误中只有极少数是不能通过对实验人员的教育来克服的[6]。”

我讶异地得知，有着近一个世纪历史的耶基斯灵长类动物中心在其早期阶段曾尝试对黑猩猩进行食物剥夺。早年间，这个中心坐落在佛罗里达的奥林奇公园(Orange Park)，之后搬到了亚特兰大，并成为生物医学和行为神经科学研究的主要机构。1955年，当这个中心还在佛罗里达时，该中心成立了一个操作性条件反射项目。该项目是以大鼠中的实验程序为原型的，包括急剧减轻体重以及将黑猩猩的名字换成编号。但结果表明，像对大鼠那样对待黑猩猩并不成功。由于该项目引起了巨大的不安，因此它只持续了两年。尽管行为学家们声称该项目是为这些猿类带来“猿生意义”——这是他们乐观的叫法——的唯一方式，但是中心主任和大多数员工强烈反对对他们的猿类禁食，并与这些顽固的行为学家争论不已。这些行为学家表现得对猿类认知毫无兴趣——他们压根就不承认猿类认知的存在。他们研究强化程序，以及暂停的惩罚效应。有流言说，中心的员工偷偷在夜里给这些猿类喂食，蓄意破坏这个项目。这些行为学家感到自己既不受欢迎，也不被尊重，便离开了。因为正如斯金纳之后所说的：“心软的同事们破坏了(这些行为学家的)努力，使其无法减轻黑猩猩体重以达到食物剥夺的理想状态[7]。”如今我们会认为，这种冲突不仅与实验方法有关，还关乎科研道德。一位行为学家自己出于其他目的的尝试

而清楚地表明，通过饥饿来创造闷闷不乐、性情乖戾的猿类是不必要的。他称为 141 号的那只黑猩猩成功地学会了一项任务，而让它学会的方法是：每次选对后，它都会得到一次拿实验人员的胳膊玩耍的机会——这是对它的奖励。[8]

一直以来，行为主义与动物行为学的区别都在于，一个研究
37 的是人类控制下的行为，另一个研究的是自然行为。行为学家致力于将动物置于乏善可陈的环境中，好让动物除了做研究者想要它们做的事情外，基本上什么也做不了。这样，行为学家就可以强行控制动物的行为。倘若动物没有做研究者想要它们做的事情，那么它们的行为将被归类为“错误行为”。例如，想要训练浣熊，让它们把硬币扔到一个盒子里，几乎是不可能的。因为浣熊更喜欢抓住硬币不放，并将硬币放在一起拼命摩擦——对于这个物种来讲，这属于完全正常的觅食行为[9]。然而，斯金纳看不到这种天然的癖好，他更倾向于用控制与支配来解释行为。他谈到过行为工程和行为操纵，且并不仅限于动物。他在晚年时，致力于将人类转变为快乐、高产，且“最有效率”的公民[10]。尽管操作性条件反射毫无疑问是个可靠且有价值的主意，对行为有着很强的调节作用，但行为主义的主要错误在于把操作性条件反射当成了唯一的实验方法。

另外，动物行为学家对自发行为更感兴趣。第一批动物行为学家是一群 18 世纪的法国人，他们已经开始用“**动物行为学**”(ethology)来称呼这一领域了。这个词源自希腊语“*ethos*”，意思是“人格”。这群法国人用“动物行为学”指代对于物种典型特性的研究。1902 年，伟大的美国自然学家威廉·莫顿·惠勒(William

Morton Wheeler）将这一术语用在了英语中，指对于“习惯与本能”的研究[11]，使其流传开来。动物行为学家也做实验，且并不反对将实验动物关起来。但是，洛伦茨的做法是将他的寒鸦们从空中唤下来，或者身后跟着一群蹒跚学步的小鹅；而斯金纳则会把每只鸽子单独关在一个笼子里，而他站在好几排这样的鸽笼前，用手紧紧抓住一只鸽子的翅膀——这两种做法之间依然横亘着一个世界。

动物行为学家发展出了自己特有的术语来描述本能、固定行为模式（一个物种的典型行为，比如狗摇尾巴）、天性释放物（引发特定行为的刺激，比如海鸥喙上的红点会引起饥饿的鸡的啄食行为）、替换活动（由彼此矛盾的倾向引起的看上去似乎与目的无关的行为，比如在做决定之前抓挠自己），等等。在此我就不赘述动物行为学的经典框架了。简言之，这门学科关注的是在某个物种的所有成员里自然发展出的行为。其中心问题之一在于行为可 38
能有什么作用。起初是洛伦茨构建了动物行为学。但当他 1936 年与廷贝亨会面后，后者对这方面的思想进行了梳理，并发展出了关键的测试方法。在这两人中，廷贝亨更善于分析，也更经验主义。他非常善于发现可观测行为背后的科研问题。廷贝亨对掘土蜂、棘鱼和海鸥进行了野外实验，以期找出行为的确切作用[12]。

洛伦茨和廷贝亨之间形成了一种互补的关系和友谊，这种关系和友谊在第二次世界大战时经受了考验——他俩处于敌对阵营。洛伦茨是德军的一名军医，对纳粹主义怀有机会主义式的同情。而廷贝亨不满学校对待犹太同事的方式，参与了一场对此的抗议，因此被占领荷兰的德国人关押了两年。令人意想不到的是，这两位科学家在战后彼此讲和了，因为他们同样热爱着动物行为。洛伦茨是热情而有感召力的思考家——他一生中从未做过任何统计分析，而实际数据收集的核心部分则是由廷贝亨完成的。我和他俩都交谈过，两人确实相当不同。廷贝亨看上去是一个学术型、无趣而喜欢思考的人，而洛伦茨则能用他的热情和关于动物的丰富知识牢牢吸引住听众。德斯蒙德·莫里斯（Desmond Morris）是廷贝亨的一名学生，他因其著作《裸猿》（*The Naked Ape*）及其他畅销书而闻名。他被洛伦茨震慑到了。莫里斯说，他从未见过像这位奥地利人这么了解动物的人。莫里斯这样描述洛伦茨 1951 年在布里斯托尔大学（Bristol University）的演讲：

“用‘杰出’来描述他的表现有些过于保守了。他的风度震慑人心，仿佛上帝与斯大林的结合。‘与你们的莎士比亚相反，’他用低沉的声音说道，‘我的方法透着疯狂。’也的确如此。他被动物环绕，这些动物简直成了一个小动物园。几乎他的所有发现都源于偶然，而他的生活则很大程度上是由小动物园里的一系列灾难构成的。他对于动物间交流和自我展示模式的理
39 解极富启发性。当他谈论鱼的时候，他的手就变成了鱼鳍；当他说到狼的时候，他便拥有了一双属于捕食者的眼睛；当他讲起他养的鹅的故事时，他的胳膊就变成了翅膀，搭在身侧。他并不拟人，恰恰相反——他“拟兽”——他变成了他所描述的那种动物。[13]”

一位记者曾详细描述了她曾拜访洛伦茨的经历。当时接待员

将她带到洛伦茨的办公室，并告诉她洛伦茨正等着她。结果，洛伦茨的办公室里空无一人。这位记者向周围人询问，人们都很肯定地告诉她，洛伦茨并未离开。过了一会儿，这位记者在办公室墙上一个巨大的水族箱里发现了这位诺贝尔奖获得者，他的半个身子都没在水中。这正是我们对动物行为学家的期待——尽可能地接近他们研究的动物。这让我想起了遇见赫拉德·巴伦兹(Gerard Baerends)时的情形。巴伦兹是廷贝亨的第一位学生，是荷兰动物行为学界的领袖人物。当我结束在那位行为学家实验室的工作之后，我想加入巴伦兹在格罗宁根大学(University of Groningen)开设的动物行为学课程，因为在这门课上可以研究围绕着研究所里人工鸟巢飞翔的寒鸦种群。所有人都警告我说，巴伦兹极为严格，不会随便让人加入的。当我走进巴伦兹的办公室时，我的视线立即被一个养着斑马慈鲷、维护得很好的巨大鱼缸吸引了。作为一名狂热的水族养殖爱好者，我几乎没怎么自我介绍就开始与巴伦兹讨论这些鱼是如何养育并保护它们的幼鱼的——它们对此尤为擅长。巴伦兹十有八九认为我的热情是个好兆头，于是我很顺利地加入了他的课程。

动物行为学极为新奇的地方在于，它把形态学与解剖学的视角用在了行为研究上。鉴于当时行为学家大多是生理学家，而动物行为学家则多为动物学家，这样的发展是很自然的。动物行为学家发现，行为并不像它看上去那样易于变化或难以定义。行为是有结构的，且其结构有着固定的特点。比如说，幼鸟张大嘴乞食时扑棱翅膀的方式是固定的；或者，有些鱼将受精卵保存在它们嘴里，直到孵化为止，这种方式也是固定的。物种特有的行为

图 2－1　康拉德·洛伦茨和其他动物行为学家想知道动物是如何自发地做出行为的，而这些行为又是如何适应动物所处的生态环境的。为了理解水禽的亲子关系，洛伦茨让小鹅们印随他自己。不管洛伦茨到哪儿去，小鹅们都跟在这位吸着烟斗的动物学家后头

40 就像任何生理特征一样，是可以辨别并测量的。这些行为的结构和方式都变化不大，人类面部表情便是这类行为的另一个好例子。我们现在之所以有能可靠地识别人类表情的软件，正是因为我们人类中所有成员在相似的情绪状态下所收缩的面部肌肉都是一样的。

洛伦茨提出，在天然行为模式的范围内，行为一定和生理特性一样遵循着同样的自然选择规则，并可以在系统发生树中从一个物种追溯到另一个物种。对于特定鱼类用嘴育雏的行为来说即是如此，对于灵长类的面部表情来说也是如此。由于人类和黑猩猩的面部肌肉几乎是一模一样的，因此，这两个物种的大笑、咧

嘴笑和噘嘴很有可能源于二者的某个共同祖先[14]。承认这种解剖学上和行为上的类似性在今天看来理所当然，但在当时是一个飞跃。如今，我们都相信行为是演化而来的——这正是洛伦茨的观点。而廷贝亨的作用——按照他的自我评价——是作为这一新学科的“良心”，推进其理论细节的成型，并建立方法来检验这些理 41
论。不过，廷贝亨这一自我评价过于谦虚了，事实上正是他为动物行为学的目标作了最佳的解读，并将这一领域发展成了一门真正的科学。

简单就好

尽管动物行为学与行为主义颇为不同，但这两个学派有一个共同点：二者都反对对动物智能进行过度解读。它们都对“民间”解释持怀疑态度，并拒绝接受趣闻式的报告。行为主义对此的拒绝更为激烈，声称行为即我们所需的一切，我们可以放心地忽略内在的过程。甚至有一个笑话，讲的就是行为主义完全依赖于外部线索——一位行为学家与另一位行为学家做爱后问道：“你刚才应该感觉挺好，我刚才感觉怎么样?”

19 世纪，谈论动物的精神和感情生活已完全为人们所接受。查尔斯·达尔文的书中就有一整卷都在讲人类与动物在感情表达上的相似性。尽管达尔文是一名谨慎的科学家，已反复核实过他的证据来源，而且他自己也进行了观察，但其他科学家却做过了火，简直像在互相比赛看谁能提出最疯狂的论断。当达尔文选择出生于加拿大的乔治·罗马尼斯（George Romanes）作为自己的弟子及传承者时，错误信息的泛滥便拉开了序幕。罗马尼斯收集的关于动物的故事中，大约一半听上去足够合情合理，但其他的则要么过度润色了，要么明显不太可能发生。这些不合情理的故事范围很广，比如大鼠在墙里组成一条通往它们鼠洞的供应线，小心翼翼地用前爪传递偷到的鸡蛋；还有一只被猎人的子弹打中的猴子把自己的血抹在手上，将手伸向猎人，好让猎人感到内疚[15]。

罗马尼斯说，通过推断他自己的行为，他懂得了这些行为需
42 要怎样的心理过程。当然，他这种内省式研究方法的弱点在于，它依赖于单次事件及某人的个人经验。我无意反对趣闻。若是趣闻被相机记录下来了，或者来源于值得尊敬、对他们的动物很了解的观测者，那我就更不反对了。但我的确将趣闻视为研究的起点，而非终点。对于那些对趣闻完全持一副轻蔑态度的人来说，他们需要记住，几乎所有关于动物行为的有趣工作都是从描述某件引人注目或令人不解的事情开始的。趣闻提供了线索，提示我们有哪些可能，并对我们的思考提出了挑战。

但我们并不能排除一个可能性，那就是这件事情是偶然事件，不会再出现，或者我们忽视了某些决定性的方面。观测者也可能无意识地根据他的假设补充进某些未能观测到的细节。仅仅通过收集更多趣闻是很难解决这些问题的。正如常言所说的："'数据'并不是'趣闻'的复数形式。"讽刺的是，当罗马尼斯自己寻找弟子及传承者时，他选择了劳埃德·摩根（Lloyd Morgan），结束了这一切失控的揣测。摩根是一位英国心理学家，他于 1894 年提出了一项建议，这大概是整个心理学领域被引用得最多的建议了：

“无论何种情况，只要一个动作可以解释为心理等级上低级心理功能运用的结果，我们就不可把该动作解释为更高级心理功能的结果。[16]”

许多代心理学家忠实地重复着摩根法规（Morgan's Canon），认为它的意思是：将动物假设为刺激-反应机器是合理的。但摩根从没有过这层意思。事实上，他正确地补充道：“但是，当然，一个解释的简单性并不能作为该解释是否正确的判断标准[17]。”这里他是在反对一种观念，这种观念就是，动物是没有灵魂的、盲目的机器。任何自尊自重的科学家都不会谈论“灵魂”，不过，否认动物拥有任何智能和意识也和谈论灵魂很接近了。摩根被这些观念吓了一跳，于是在他的法规中加上了一条：倘若已证实作为研究对象的物种拥有较高的智能，那么用更为复杂的意识来解释 43
其行为也是可以的[18]。对于那些有充分证据证明拥有复杂认知的动物，比如黑猩猩、大象和牛，当我们被它们看上去很机智的行为难住时，的确不需要每次都从零开始。我们不需要像解释某些其他动物，比如大鼠的行为那样解释这些动物的行为。甚至，对于被低估的可怜的大鼠来说，最佳的起始点可能也并不是零。

摩根法规被视为奥卡姆剃刀原则（Occam's razor）的变体。依据奥卡姆剃刀原则，科学应寻求所需假设最少的解释。这的确是个高尚的目标。但是，倘若极简主义式的认知解释要求我们相信奇迹呢？从演化的角度而言，若我们拥有异常复杂的认知——就像我们相信的那样——而与我们同类的动物却毫无认知能力，那真的是个奇迹。对于认知上的极简追求与演化上的极简常常彼此冲突[19]。没有任何生物学家想追求认知上的极简，因为我们相信改变是渐进式的。我们不愿假设有着亲缘关系的物种间存在着完全无法解释的鸿沟。倘若自然界除人类以外没有任何理性和意识的阶段性标志，那么人类又是如何变得理智而有意识的呢？人们将摩根法规严格地应用在了动物身上——且只对动物使用。因此，摩根法规推动了一种突变论的观点。这种观点将人类的头脑悬挂在了一个空空荡荡的演化空间里。正是摩根本人认识到了他的法规的局限性，并规劝我们不要混淆了简单性与真实性。

许多人都不知道，动物行为学同样是在对主观性方法的怀疑中发展起来的。有一些广受欢迎的图册深深影响了廷贝亨和其他荷兰动物行为学家。这些图册由两位教育家所著。他们在书中教授对大自然的爱与尊重，同时也坚持认为唯一能真正理解动物的方法就是去户外观察它们。这在荷兰引发了一场规模巨大的青年运动，参与运动的青年每周日都去野外远足。这为培育一代充满热情的自然学家打下了坚实的基础。但是，这一方法与荷兰传统的“动物心理学”并不完全兼容。当时动物心理学的权威人物是约
44 翰·比伦斯·德·哈恩(Johan Bierens de Haan)，他在国际上相当知名，学识渊博，颇有学者派头。比伦斯·德·哈恩偶尔会到廷贝亨在哈什霍斯特(Hulshorst)的野外实验点做客。哈什霍斯特是荷兰中部的一个沙丘地区，比伦斯·德·哈恩在那里看起来肯定格格不入——当年轻一代穿着短裤、举着网兜四处奔跑捕捉蝴蝶时，这位年长的教授西装革履地走了进来。这样的拜访是这两位科学家分道扬镳之前对彼此热忱的明证，但年轻的廷贝亨不久后

便开始挑战动物心理学的信条，比如质疑对内省的依赖。更为严重的是，他自己的思想与比伦斯·德·哈恩的主观主义相隔十万八千里[20]。洛伦茨与比伦斯·德·哈恩来自不同的国家，因此对这位长者更没有耐心——他用比伦斯·德·哈恩的名字开玩笑，淘气地称他为“啤酒龙头”（德语为“Der Bierhahn ”）。

廷贝亨如今最为知名的是他的“四个为什么”，即四个不同但互为补充的关于行为的问题。但这四个问题中没有任何一个明确地提到了智能或认知[21]。动物行为学这种对内在状态的回避对这一刚刚萌芽的经验性科学或许是极为重要的。于是，动物行为学暂时合上了名为“认知”的书本，转而将研究重点放在了行为对生存的价值上。如此一来，动物行为学便为社会生物学、演化心理学和行为生态学播下了种子。这一研究重点还提供了一条路，可以很方便地绕开认知。一旦出现关于智能或感情的问题，动物行为学家便会迅速地改用功能性术语来描述问题。例如，假如一只倭黑猩猩对另一只倭黑猩猩的尖叫声作出了反应，冲过去紧紧抱住了尖叫的倭黑猩猩，传统的动物行为学家会首先思考这种行为的作用。他们会争辩：谁获利最多，是行为的执行者还是行为的对象？他们不会问倭黑猩猩是怎么理解彼此的处境的，也不会问为何一只倭黑猩猩的情绪会影响另一只的情绪。或许猿类具有同情心？倭黑猩猩会判断彼此的需求吗？这类认知问题使许多动物行为学家（如今依然）很不自在。

归罪于马

45 奇怪的是，动物行为学家认为动物的认知和感情只是推测，因而予以轻视。但他们却认为行为的演化是安全地带。倘若有一个领域充满猜测，那就是行为是如何演化的。在理想情况下，你会首先确定某行为的遗传性，然后测量它在该物种的许多代中对于生存和生殖的影响。但在绝大多数情况下，我们都无法获得这类信息。对于黏菌和果蝇这类繁殖很快的生物来说，这些问题或许是可以找到答案的。但大象行为或人类行为的演化缘由依然很大程度上只是假说，因为我们无法在这些物种中进行大规模传代实验。尽管我们确实可以用一些方法来检验假说，用数学模型来模拟行为的后果，但这很大程度上依然无法提供直接证据。避孕、现代技术和医疗使得在人类身上检验演化观点变得几乎完全不可能。也正因为此，我们对演化适应之环境（Environment of Evolutionary Adaptedness）有着过多的怀疑。演化适应之环境是指我们以打猎和采集为生的祖先们的生活条件。对此，我们显然没有完全的了解。

而认知研究正好相反，它研究的是实时的过程。尽管我们无法实际“看到”认知，但我们可以设计实验来帮助我们排除其他的解释，推断认知是如何工作的。就此而言，认知研究实际上和任何其他的科学研究并没有什么不同。但是，人们依然常常认为动物认知的研究是一门软科学。直到近些年，依然有人劝告年轻的科学家远离这一棘手的领域。“等你拿到终身教职的时候再来研究这个吧。”有些年长的教授这么说道。这种怀疑主义可以追溯到一匹名叫汉斯的德国马。当时正是摩根提出他的法规的时候，而汉斯则成了摩根法规的确凿证据。人们称这匹黑色的成年公马为“聪明的汉斯”，因为它似乎会计算加减法。它的主人会让它计算 4 乘以 3，然后汉斯就会开心地用它的马蹄在地上敲 12 下。如果你告 46
诉它一周中某一天的日期，它还能告诉你之后一天的日期是什么。它还会算 16 的平方根——它会敲 4 下地面。汉斯能解出它从没听说过的问题。人们对此目瞪口呆，这匹公马轰动了世界。

这种轰动终止于德国心理学家奥斯卡·冯格斯特（Oskar Pfungst）。他研究了汉斯的能力，注意到只有当汉斯的主人知道问题的答案，并且汉斯能看见它的主人时，它才能答对问题。倘若主人或其他提问者站在窗帘后面提问，那么汉斯就没法答对。这个实验对汉斯来说是颇为泄气的。当它答错了太多问题时，它甚至会咬冯格斯特。显然，汉斯答对问题的方法是这样的：当汉斯敲地的次数达到正确答案的次数时，它的主人会微微变换自己的位置，或者挺直自己的背。在汉斯敲到正确答案的次数前，提问者的面部表情和姿势都会很紧张；而当汉斯答对时，提问者就会放松下来。汉斯非常善于提取这些线索。它的主人还戴着一顶宽檐帽，47
当他看着汉斯用马蹄敲地面时，帽檐就会低下来；当汉斯敲到正确的次数时，帽檐就会抬起来。冯格斯特证实，任何戴着这样一顶帽子的人都能通过低头和抬头来操控汉斯答出的数字[22]。

有些人说这是场骗局，但汉斯的主人并不知道他给了汉斯线索，因此其中并没有欺诈存在。甚至，当主人知道这一切后，他

图 2 - 2　聪明的汉斯是匹德国马。在一个世纪前，汉斯吸引了许多人，人们对它赞赏有加。它似乎会进行数学运算，比如加法和乘法。但是，一项更为细致的检验表明，汉斯的主要天赋在于读懂人类的肢体语言。倘若它无法看到任何知道答案的人，就无法成功答对问题了

发现他几乎不可能抑制住这些信号。事实上，在冯格斯特得出结论后，汉斯的主人对此极度失望。因此他责骂汉斯是背叛者，想让汉斯在拉柩车的惩罚中度过余生——这位主人不生他自己的气，反而归罪于他的马！幸运的是，汉斯最后到了一个新主人手里。新主人很欣赏汉斯的能力，并对这些能力做了进一步的测试。这是正确的态度，因为整件事并不是对动物智能的贬低，反而证明了动物的敏感程度令人难以置信。汉斯的算术天赋或许是一种错估，但它对人类身体语言的理解能力却是非常出色的[23]。

作为一匹奥尔洛夫快步马，汉斯看起来极为符合对这个俄国

品种的描述：“这种马有着惊人的智力。它们学得很快，只用重复几次就能轻松地记住所教的东西。它们常常有种神奇的理解能力，能够了解在任何给定时刻人们对它们的要求。这种马热爱人类，它们与自己的主人之间有着非常紧密的情感纽带[24]。”

汉斯的表现并非动物认知研究中的一场灾难，反而是变相的好事。这一事件后来被称为“聪明汉斯效应”，极大地促进了动物测试的进步。冯格斯特阐明了盲测程序的作用，为经得起检验的认知研究铺平了道路。讽刺的是，在对人类的研究中，研究者常常忽略这一课。幼童通常坐在他们母亲的腿上参与认知任务。这里的假设是母亲和一件家具并无差别。但每一位母亲都希望自己 48
的孩子能成功，没有任何东西能保证母亲的身体移动、叹气和轻微的碰触不会给她们的孩子提供线索。多亏了聪明的汉斯，如今对动物认知的研究要比以前严格得多。研究狗的实验室在测试动物的认知时，会让狗的主人戴上眼罩，或者站在墙角，背对着他的狗。在一项著名的研究中，一只名叫里科的边境牧羊犬辨认出了 200 多个表示不同玩具的单词。在研究中，它的主人会让它去拿放在另一个房间里的某个玩具。这样，主人就没法看向玩具，从而不自觉地引导狗的注意了。里科需要跑到另一个房间把主人提到的东西拿过来，这样就避免了聪明汉斯效应[25]。

我们对冯格斯特亏欠太多。他证实了人类和动物间会发展出无意识的交流。汉斯和它的主人强化了彼此的行为，但每个人都深信汉斯和它的主人所做的完全是另一回事。当人们意识到这一切究竟是怎么一回事后，对于诠释动物智能来说，这使得历史的钟摆从丰富的诠释坚定地摆向了简单的诠释，并不幸地在简单诠释的状态中耽搁了太久。而其他对于简单性的诉求则没有如此成功。下面，我将描述两个例子，一个关于**自我意识**(self-awareness)，另一个关于**文化**(culture)。无论何时，一旦这两个概念与动物关联起来，就会使某些学者勃然大怒。

脱离实际的灵长动物学

1970年，美国心理学家戈登·盖洛普(Gordon Gallup)首次发现黑猩猩可以辨认出它们自己的镜像。盖洛普认为这涉及自我意识——他说，猴子等物种缺乏这种能力，无法通过他的镜子测试[26]。在这一测试中，研究人员在麻醉状态的猿类身上做了一个记号。当猿类醒来后，它只有在镜子中的倒影里才能看到这个记
49 号。盖洛普所选择的用词无疑激怒了那些认为“动物不过是机械”的人。

第一波反击来自B. F.斯金纳及其同事。他们迅速地训练了鸽子，使其在镜子前啄它们自己身上的斑点记号[27]。他们复制出了表面上类似的行为，便自以为解决了这一谜题。他们才不管鸽子需要几百粒谷物奖励才能学会这一行为，而黑猩猩和人类的这一行为压根不需要训练。你可以训练金鱼踢足球，或者狗熊跳舞，但这能帮助我们理解人类足球明星或舞蹈演员所拥有的技巧吗？更糟糕的是，我们甚至都不确定这个关于鸽子的研究是否可重复。另一个实验团队花了数年尝试完全一样的训练，用的鸽子品种也和斯金纳一样，但无法发现会啄自己身上记号的鸟儿。这一团队

最后发表了一篇报告批评斯金纳的研究，并在报告标题中使用了“**匹诺曹**”一词[28]。

第二波反击是关于镜子测试的新解释。这一解释提出，实验中的标记过程用到了麻醉剂，所观察到的自我识别或许是麻醉的副产物。也许，当黑猩猩从麻醉状态苏醒时，它会随便摸摸自己的脸，于是偶然碰到了记号[29]。另一个研究团队很快驳斥了这一观点。他们小心地录下了黑猩猩触摸的脸部区域，结果发现这种触摸完全不是随机的——黑猩猩特别瞄准了有记号的区域，而且这种触摸在黑猩猩看到自己的镜像后达到了峰值[30]。当然，这正是专家们一直以来所表述的观点，不过如今这一观点得到了正式的承认。

要想让猿类表现它们有多了解镜子，其实压根用不着麻醉。猿类会自发地用镜子看自己的口腔内部，而且雌性还总是把镜子反过来查看自己的臀部——雄性则并不关心这一部位。这两个身体部位都是它们平常没法看见的。猿类还用镜子来满足一些特殊的需求。例如，在有次与一只雄性的扭打过程中，罗伊娜的头顶受了点儿伤。当我们支起一面镜子时，罗伊娜立即检查了伤口， 50
并根据自己动作的镜像梳理了伤口周围的毛发。另一只名叫博里的雌性耳道感染了，我们试图用抗生素治疗它，但它一直朝一张桌子的方向招手，那里除了一面小小的塑料镜子外什么也没有。我们过了好一会儿才理解了它的意图。当我们把镜子拿给它之后，它立即捡起了一根稻草，并把镜子放成一个合适的角度，这样，它就可以一边清洁耳朵，一边在镜子里观察清洁过程了。

一项好的实验并不创造新的和不同寻常的行为，但会利用天

图 2－3　B. F. 斯金纳对自发行为并不那么感兴趣。他更感兴趣的是在实验中对动物行为进行控制。刺激-反应关联性是唯一重要的东西。在 20 世纪的大部分时间里，他的行为主义都统治着动物研究。这种理论控制的放松是演化认知学出现的先决条件

生的习惯，而盖洛普的实验正是这样。由于猿类会自发地使用镜子，因此没有任何一个专家会提出前面所述的麻醉理论。那么，是什么使得并不熟悉灵长动物的科学家们自认为懂得更多呢？我们中研究这些极具天赋的动物的人已经习惯于听到不请自来的观点，试图指导我们该如何测试这些动物、它们的行为实际上是什么意思。我发现，这些令人难以置信的建议背后是自大。有一次，一位著名的儿童心理学家为了强调人类的利他主义是多么独特，
51 他当着众多观众大叫道：“猿类是从不会跳下湖中去救自己的同类的！”于是，在那之后的提问环节中，我便指出，实际上有不少关于猿类跳下湖营救同类的报告——由于猿类不会游泳，因此这通

常会伤害它们自身的利益[31]。

同样的自大解释了对于灵长动物学领域最为知名的发现的怀疑。1952 年，日本灵长动物学之父今西锦司(Kinji Imanishi)首次提出，倘若动物群体中的个体能够彼此学习习惯，并且这种行为会导致不同群体间行为的多样性，那么谈论动物的文化或许是无可非议的[32]。如今，这一观点已得到了相当广泛的接受。但在当时，这一观点极为激进，西方科学界花了 40 年才有了类似观点。同时，今西锦司的学生耐心地记录了清洗红薯的行为是如何在幸岛(Koshima Island)上的日本猕猴中传播开来的。第一只这么做的猴子名叫井面，是一只未成年的雌性。如今，在岛上入口处，有一尊纪念它的雕像。从井面开始，这一习惯传播给了其同龄伙伴，然后是它们的母亲，最后岛上几乎所有的猴子都学会了这一习惯。洗红薯这一习惯代代相传，成了习得性社会传统最为知名的例子。

许多年后，这一观点引发了一种被称为“**扫兴陈述**”(killjoy account)的行为，即通过提出看上去更简单的其他论断来试图打击关于认知的论断。根据扫兴陈述，今西锦司的学生这种“猴子—观察行为—其他猴子—实践行为”的解释属于夸大其词。为什么这不会仅仅是个体学习呢？——也就是说，每只猴子自己习得了洗红薯的习惯，并不需要其他任何个体的帮助。甚至，这里面可能还有人类的影响。或许今西锦司的助手三户散川江(三户サツエ，Satsue Mito)在分发红薯时是有选择性的，因为她知道每只猴子的名字。她也许奖励了那些把自己的红薯浸在水里的猴子，因而促使它们更频繁地这么做[33]。

要弄清这一点，唯一的方法就是到幸岛去询问。我曾两次到

图 2-4　关于动物文化的第一例证据来自幸岛上日本猕猴的洗红薯行为。起初，这种洗红薯的传统只在年龄相仿的猴子间传播。但如今，这种行为会从母亲传递给子女，成为代代相传的习惯

过这个位于日本南部亚热带地区的岛，因此有幸通过一位翻译采
52 访了时年 84 岁的三户夫人。她对我这个关于食物分发的问题颇感怀疑。她强调道，没有人能随心所欲地发放食物。当社会等级高的雄性双手空空时，任何持有食物的猴子就有可能有麻烦了。猕猴社会等级森严，而且可能会很暴力。因此，三户当时若先给井面和其他未成年猕猴食物，就相当于在谋害它们的生命。事实上，最后一只学会洗红薯的猴子是一只成年雄性，它是第一批拿到食物的。当我向三户夫人提起那个观点，说她也许奖励了洗红薯行为时，她予以了否认，说这压根不可能发生。起初，红薯是在森林里发放的，那里离猴子洗红薯的淡水溪流很远。它们会收集好自己的红薯，带着红薯快速跑掉——由于它们手里满是红薯，因

此通常是双脚着地跑的。三户无法对它们在遥远的溪流那做的任何事情作出奖励[34]。但也许支持社会学习而不是个体学习的最有力的论据在于这一行为扩散的方式。第一批模仿井面行为的猴子中有一个便是井面的母亲江场，这不太可能是巧合。在那之后，53
洗红薯的习惯扩散到了井面的同龄猴子中。对洗红薯行为的学习与社会及亲戚间的关系网高度契合[35]。

正如那些给我们提出镜子-麻醉假说的科学家一样，撰文抨击幸岛上的发现的科学家也不是灵长动物学家。更有甚者，这位科学家从未踏上过幸岛，也从未就他的观点咨询过在幸岛上露营几十年的野外工作者。我无法不对这种主张与专长间的不对等感到疑惑。也许这种态度是一种错误信念的残余：如果你对大鼠和鸽子了解得够多，那么你就懂得了一切关于动物认知的东西。这促使我提出了下面的“了解你的动物”法则：**任何人若想提出关于某动物认知能力的替代性论断， 要么需要使他自己对所研究的动物非常熟悉， 要么需要真正付出努力， 用数据来支持他的论断。**因此，尽管我很欣赏冯格斯特关于聪明汉斯的工作及其令人眼界洞开的结论，但我很不喜欢那些完全不去检验自身有效性、脱离实际的怀疑。演化认知学领域对待不同物种间的差异极为严肃，科学家们往往奉献了自己的一生，只为了解某一个物种间的差异。这种了解是特殊的专业技能。现在，是时候给这种专业技能应有的尊重了。

冰释前嫌

布格尔动物园的一个早上，我们给黑猩猩们看了一个装满葡萄柚的筐子。这个黑猩猩种群当时在它们过夜的楼里，这栋楼旁边便是一个大型的岛，那是它们白天待的地方。这些猿类兴致勃勃地看着我们抬着筐子穿过一扇门，到了岛上。但当我们带着空筐子回到楼里时，黑猩猩中发出了一阵喧嚣。当这 25 只黑猩猩一看到那些水果不见了，它们便发出了喝彩和喊叫声，带着过节般的情绪拍打着彼此的背。我还从没见过动物对于食物不见了如此兴高采烈，它们肯定推断出葡萄柚不可能凭空消失，因此一定被留在它们一会儿就会去的岛上了。这种推理并不属于任何简单的
54 试错学习类型，更何况这是我们第一次这么做。这个葡萄柚实验是个一次性事件，用来研究黑猩猩对藏起来的食物的反应。

美国心理学家戴维·普雷马克（David Premack）和安·普雷马克（Ann Premack）所进行的关于**推论性推理**（inferential reasoning）的测试是这类测试中最早的一个。他们给黑猩猩萨迪看了两个盒子，并把一个苹果放在其中一个盒子里，把一根香蕉放在另一个盒子里。在分散萨迪的注意力几分钟后，他们让萨迪看到一位实验人员大口吃着苹果或香蕉。然后，这位实验人员便离开了，而萨迪会被放出来去查看那两个盒子。由于萨迪没有看到那位实验人员是如何拿到他手里的水果的，因此它面临着一个有趣的窘境。而萨迪总是走向那个装着实验人员没吃的水果的盒子。由于萨迪在

第一次试验中便作出了这样的选择，在后续试验中依然如此，因此，戴维·普雷马克和安·普雷马克排除了渐进式学习的可能性。看上去，萨迪得出了两个结论：第一，那位吃水果的实验人员是从那两个盒子中的一个里拿到的水果，尽管萨迪并没看见他是如何做到的；第二，这说明另一个盒子里肯定依然有着另一个水果。戴维·普雷马克和安·普雷马克注明，大多数动物并不会作出这样的假设——它们只是看见实验人员食用水果，仅仅如此，并没有更多的推断。黑猩猩则不同，它们会试图厘清事件的时间顺序，找出逻辑，并对其间的空白进行补充[36]。

多年以后，西班牙灵长动物学家何塞普·卡尔（Josep Call）给猿类展示了两个盖着的杯子，让它们知道只有一个杯子里放有葡萄。如果卡尔移开盖子，让这些猿看到杯子里的东西，它们会选择有葡萄的杯子。而后，卡尔把杯子一直盖住，摇摇第一个杯子，再摇摇第二个。只有有葡萄的杯子才会发出响声，这也正是这些猿的选择。这是意料之中的。但是，为了让事情变得更困难点儿，卡尔有时只摇晃那个空的杯子，于是杯子也就没有响声。在这种情况下，这些猿还是会选择另一个杯子，因此它们的选择是在排除的基础上作出的。由于没有响声，它们据此猜测出了葡萄应该在哪儿。也许这也并不能让我们印象深刻，毕竟我们觉得这种推理是理所当然的，但其实并没有那么明显。比如，狗便无法完成这一任务。猿类非常特殊：它们对于世界是如何运转的有着自己 55
的观点，并会据此寻找逻辑关系[37]。

事情变得更有趣了——我们不是应该在可能的解释中采纳最简单的那个吗？如果猿类这些脑部较大的动物会试图找出事件背

后的逻辑，那么这有没有可能是最低等心理功能的结果呢[38]？这让我想起摩根对他的法规的补充。根据他的补充，对于更为智能的物种，我们是可以提出更复杂的假设的。我们肯定会把这条规定应用在我们人类自己身上。我们总是找出事情的缘由，将我们的推理能力应用到周围的一切事物上。倘若我们找不到任何缘由，甚至会自己编造一个，这便导致了奇怪的迷信和超自然信仰，比如球迷们会总是穿同一件 T 恤以求好运，还比如人们会把灾难归咎于上帝之手。我们如此依赖逻辑，以至于我们无法忍受逻辑不存在的情况。

“简单”一词显然没有它听上去那么简单。对于不同的物种来说，“简单”意味着的东西非常不同。这使得怀疑论者与认知主义者之间永无休止的斗争更加复杂化了。此外，我们常常为词义纠结不已，而这些词义学方面的东西实在配不上它所引起的热议。某位科学家会提出，猴子能够理解豹子的危险性；另一位科学家则会说，猴子不过是有过豹子杀死它们同类的经历，从中学到了经验。尽管前者的用语是“理解”而后者说的是“学习”，但这两种论述实际上并无太大区别。幸运的是，在行为主义衰落之后，关于这些问题的争论变得不再那么激烈了。行为主义将世界上所有的行为都归因于单一的学习机制，因而造就了自身的没落。行为主义过度的教条化使其更像是一个宗教，而非一种科学手段。动物行为学家乐于抨击行为主义。他们说，行为学家不应该将大白鼠驯化，使它们适用于某一特定的测试模式，而是应该正好反过来，即发明适用于“真正的”动物的测试模式。

1953 年，行为学家开始反击。美国比较心理学家丹尼尔·莱尔曼(Daniel Lehrman)对动物行为学进行了尖锐的攻击[39]。莱尔曼的攻击目标是“**天生的**”(innate)一词的定义。他说，即便物种特有的行为是从其与环境相互作用的历史中发展出来的，“天生的”的定义也过于简化了。由于没有任何东西完全是天生的，因此“**天性**”(instinct)这一术语实际上是具有误导性的，应该避免使用。动物行为学家被莱尔曼这意料之外的批评刺痛了，惊慌失措。但是，一旦他们从自己的“肾上腺素飙升”(这是廷贝亨说的)中恢复过来，他们便发现莱尔曼并不属于那种典型的面目可憎的行为学家。比如，莱尔曼是一位极富热情的鸟类观察者，他很了解他所研究的动物。这给动物行为学家们留下了深刻的印象。巴伦兹回忆起与这位“敌人”见面的情形：他们想办法消除了彼此间的绝大多数误解，找到了共同的立场，成了“非常好的朋友”[40]。一旦廷贝亨了解了丹尼——他们如今这么称呼莱尔曼——廷贝亨甚至说莱尔曼更大程度上是一名动物学家，而非一名心理学家。莱尔曼认为，这一评价是对自己的褒扬[41]。 56

廷贝亨与莱尔曼之间由于对鸟类的热情而建立了深厚的情谊。这种情谊远远超过了约翰·F. 肯尼迪(John F. Kennedy)与尼基塔·赫鲁晓夫(Nikita Khrushchev)因苏联领袖赠予白宫的小狗普辛卡(Pushinka)而结下的友谊。尽管肯尼迪与赫鲁晓夫作出了友好的姿态，但冷战依然持续，丝毫没有减弱。与此相反的是，莱尔曼严厉的批评，以及之后比较心理学家和动物行为学家思想上的交流，开启了彼此间相互尊重和理解的进程。特别是廷贝亨，他承认莱尔曼对他后期的思想颇有影响，并致以了感谢。显然，他们需要大吵一架，才能开始和解。而这种和解又因每个阵营内部

图 2-5　美国心理学家弗兰克·比奇（Frank Beach）为行为科学只把研究对象放在大白鼠身上的短视而悲叹。他用一幅卡通画对此提出了巧妙而尖锐的批评。在这幅卡通画里，一大群快乐的实验心理学家穿着白大褂，跟在一只吹着魔笛的大鼠后面。这些实验心理学家拿着他们最爱的工具——迷宫和斯金纳箱，跟着大鼠走进了一条深深的河流。本图根据 S. T. 塔茨（S. T. Tatz）在比奇出版于 1950 年的书中所作插图修改而成

对于其**自身**信条的不断批评而得到了加速。在动物行为学阵营里，更为年轻的一代抱怨着洛伦茨关于动机与本能的僵化概念；而比较心理学对于挑战其自身的权威范式则有着更为悠久的传统[42]。即便早在 20 世纪 30 年代，人们也曾经就认识方法断断续续地作出过一些尝试[43]。讽刺的是，对行为主义最大的打击来自其内部。这一切都始于一个在大鼠中进行的简单的学习实验。

任何尝试过惩罚不乖的狗或猫的人都知道，要惩罚的话最好

动作快点，在动物还能看见自己所做的错事，或者对所犯错误记 57
忆犹新的时候进行惩罚。如果你等得太久，你的宠物便无法将你的责骂与偷肉吃或者在沙发背后拉屎联系起来。由于人们一直认为行为和结果间的短暂间隔极为关键，因此，当1955年美国心理学家约翰·加西亚(John Garcia)声称他找到了一个违背所有这些原则的例证时，所有人都吃了一惊。加西亚发现，当大鼠吃了有毒的食物后，即便食物导致的恶心感要几小时后才会发生，大鼠还是会在中招一次后便学会拒绝有毒食物[44]。而且，负面结果必须是恶心感——电击就不会有同样的效果。由于有毒的食物作用缓慢并会让其不适，因此从生物的角度来说，这一切并没有什么出乎意料之处。避开坏掉的食物看上去是一个高度适应性的机制。但是，对于标准的学习理论来说，由于人们假定，若要让动物将这类不相干的惩罚与行为联系起来，时间间隔必须要短，因此，这些发现简直是晴天霹雳。事实上，这些发现是毁灭性的。人们
非常不喜欢加西亚的结论，因此他很难发表这些观点。一位富于 58
想象力的审稿人声称，加西亚的数据压根是不可能的，在布谷鸟报时钟里找到鸟屎的可能性都比这要大些。但如今，**加西亚效应**(Garcia Effect)已得到了完全的肯定。在我们的生活中，我们会对那些让我们中过毒的食物记得如此之牢，以至于哪怕只是想想这些食物我们都会作呕，或者再也不会踏进吃到这些食物的那家餐馆。

有些读者可能会疑惑，为什么尽管事实上我们中大多数人都对恶心感的威力有过亲身体验，但加西亚的发现还是遭到了激烈的反对呢？我们需要意识到，人们当时(现在仍然)常常认为人类

的行为来自思考，比如对于前因后果的分析，但认为动物行为中则应该是没有这些过程的。科学家还没有准备好把人类行为与动物行为等同起来。长久以来，人们对人类的思考评价过高。而我们现在怀疑，我们自己对于食物中毒的反应事实上和大鼠的反应是很相似的。加西亚的发现迫使比较心理学承认，演化摆布着认知，使认知适应于该生物的需要。这后来被称为**生物准备性学习**(biologically prepared learning)：每个生物都被驱动着去学习那些生存所必须知道的东西。意识到这一点显然有助于比较心理学与动物行为学的和解。而且，这两个学派间不再有地理距离了：比较心理学在欧洲站稳了脚跟——也正因如此我才到一个行为学家的实验室短暂工作了一段时间——而北美的动物学系则开始教授动物行为学。于是，大西洋两岸的学生都能广泛地吸收各种观点，并开始整合它们。因此，对比较心理学和动物行为学这两种方法的综合不仅发生在国际会议上和学术论文里，还在课堂上进行着。

我们进入了一个属于交叉学科学者的时期。我有两个例子足以说明这一点。第一个例子是美国心理学家萨拉·谢特尔沃思(Sara Shettleworth)。谢特尔沃思在职业生涯的大部分时间里，都在多伦多大学(University of Toronto)教书。她写的动物认知方面的教科书影响了很多人。起初，她是个不起眼的行为学家。但她后来认为，认知是受到每个物种其生态需要的巨大影响的，并提倡用生物学的方法来研究认知。正如其他行为学家一样，对于认
59 知的解释，谢特尔沃思一直很谨慎，但她的工作有着很明显的动物行为学风格。她将其归功于她学生时代的某些教授，以及参与她丈夫的海龟野外实验。在一次关于她职业生涯的采访中，谢特

尔沃思明确提到，加西亚的工作是一个转折点，使她拓宽了眼界，了解了塑造学习和认知的演化力量[45]。

天平的另一端则是我的偶像之一，瑞士灵长动物学家和动物行为学家汉斯·库默尔(Hans Kummer)。当我还是学生时，我如饥似渴地阅读了他写的每一篇论文。这些论文大多数是关于他在埃塞俄比亚对阿拉伯狒狒的野外研究。库默尔不仅观察了阿拉伯狒狒的社会行为，并将其与生态环境联系起来，他还总是对这些行为背后的认知感到困惑，并对抓捕到的狒狒(之后会放生)进行野外实验。后来在苏黎世大学(University of Zürich)，他的研究方向转向了关在笼子里的长尾猕猴。库默尔认为，检验认知理论的唯一方法是进行受控实验，仅仅靠观察是无法解决问题的。因此，如果灵长动物学家想要解出认知之谜，那么他们应该向比较心理学家学习[46]。

我也经历过一次这种从观察到实验的转变。并且，当我建立研究僧帽猴的实验室时，库默尔的猕猴实验室给了我非常多的灵感。秘诀在于，要把动物和它们的同伴关在一起。于是，这就需要大型的室内和室外场地。这样，在一天中的大部分时间里，猴子可以进行玩耍、整理仪表、打架、抓虫子等许多活动。我们训练它们走进测试间，在那里，猴子们会完成触屏任务或社交任务，然后被送回猴群中。在传统的实验室里，研究者像斯金纳关鸽子那样把每只猴子单独关在一个笼子里。与之相比，我实验室的安排有两大优势。

首先是生活质量问题。我个人认为，如果将高度社会化的动物关起来，那么我们至少要让它们过上群居生活。要想让这些动物的生活更丰富，让它们更具活力，这是最好也最符合伦理的方法。

其次，如果我们想测试猴子的社交技能，那么就得让它们有
60 机会在日常生活中使用这些技能，否则便是不合情理的。只有让它们对彼此非常熟悉，我们才能研究它们是如何分享食物、相互合作，或者判断彼此的处境的。库默尔对这一切都非常了解。他和我一样，是从灵长动物观察者起家的。在我看来，任何人若想要对动物认知进行实验，那么首先得花上两三千小时观察实验动物的自发行为。否则，我们只能在对自然行为一无所知的情况下进行实验，而这恰恰是旧方法，早就该抛弃了。

今天的演化认知学领域融合了两个学派各自的精华部分，将比较心理学中受控实验的方法与在聪明的汉斯事例中发挥了重要作用的盲测法相结合，并采纳了动物行为学中丰富的演化框架和观察技术。对今天的许多年轻科学家来说，他们并不在意人们对他们的称呼是比较心理学家还是动物行为学家，因为他们把这两个领域的概念和技术整合到一起了。此外，还有第三股力量，它至少对演化认知学领域内的工作产生了重要影响。这便是日本灵长动物学界的影响，但西方一直没有予以承认。也因如此，我称它为“沉默的入侵”。但给每只动物起名字并在多代动物中跟踪它们的社会影响对我们来说已成为惯例。这令我们得以理解群居生活里最为核心的血缘关系和友谊。该方法由今西锦司于第二次世界大战后创立，已经成为研究长寿命哺乳动物——从海豚到大象和灵长动物——的标准方法。

令人难以置信的是，有那么一段时间，西方的教授们警告其

学生要与日本学派保持距离，因为这些教授认为给动物起名字太过类人化了。当然，语言障碍也是一个因素，使西方学者很难听到日本科学家的声音。1958 年，当今西锦司最重要的学生伊谷纯一郎(Junichiro Itani)参观美国的大学时，就遇到过这种怀疑。没有人相信伊谷纯一郎和他的同事能够辨别 100 多只猴子——猴子们都长得差不多，因而显而易见，伊谷纯一郎肯定在瞎编。伊谷纯一郎曾告诉我，他被人当面嘲弄，却无人为他辩解，只有一个 61
人例外，那便是伟大的美国灵长动物学先驱雷・卡彭特(Ray Carpenter)。卡彭特看出了伊谷纯一郎所用方法的价值[47]。当然，现如今，我们知道辨认许多只猴子是可能的，而且我们都在这么做。类似于洛伦茨对于了解动物整体的强调，今西锦司促使我们设身处地地为实验动物着想。今西锦司说，我们需要深入理解实验动物的感受，或者，按我们今天的说法，要进入它们的**周遭世界**。这是动物行为研究中一个古老的主题，它与“保持距离以维持批判性”这种误导人的观念大为不同。后者使我们对拟人论过度担忧。

国际演化认知学界最终认同了日本学界的方法，这表明我们从动物行为学和比较心理学这两个学派的故事里还学到了一些其他的东西，那便是：倘若我们能意识到每种方法都能提供一些其他方法所缺乏的东西，那么我们就能克服由于方法不同而导致的最初的敌意。我们也许会把这些方法综合在一起，形成一个优于各个部分之和的新整体。正是互补方法的融合造就了如今前途大好的演化认知学。不幸的是，在此之前，我们经历了一个充满误解、冲突和自以为是的时期，这个时期长达一个世纪。

狼蜂

上次我见到廷贝亨时，他曾泪流满面。那时是1973年，廷贝亨、洛伦茨和冯·弗里希(von Frisch)荣获诺贝尔奖。廷贝亨来到阿姆斯特丹领一个其他奖项，并且做了一场演讲。谈到荷兰时，他的声音因激动而颤抖了。他质问我们对他的国家都做了些什么。当年他在沙丘中一个美丽的小地方研究海鸥和燕鸥，而那里如今已经不在了。几十年前，当廷贝亨坐在船上移民英国时，他曾用他永不离手的自制卷烟指了指那个地方，预言道："那里会完全消失的。这是不可避免的。"多年以后，鹿特丹港的扩张吞并了那个地方，那里变成了世界上最繁忙的港口[48]。

62 廷贝亨的讲座让我想起了他的丰功伟绩，包括动物认知，尽管他从未用过这个术语。他曾研究过泥蜂在离开巢穴之后是如何找到自己的巢的。泥蜂也叫作狼蜂，它们捕捉蜜蜂并使其麻痹，然后将蜜蜂拖到沙子里的巢穴中(一个长长的地洞)，并将蜜蜂留在巢里，作为狼蜂幼虫的食物。当狼蜂外出捕捉蜜蜂时，它们会进行一段短暂的定位飞行来记住它们那隐蔽的地洞的位置。廷贝亨在狼蜂巢穴周围放上一些物品，比如围上一圈松果之类，想看看狼蜂到底是用什么信息找到回家的路的。通过将松果移到其他地方，廷贝亨能够欺骗狼蜂，使它们在错误的地点寻找自己的巢穴[49]。他的研究阐释了物种特有的解决问题的方式，这是与该物种的自然史紧密相连的。这正是演化认知学所要研究的问题。事实证明，狼蜂相当擅长这一特定的寻路任务。

那些更为聪明的动物在认知上则更不受限，它们通常能找到方法来解决从未遇见过的或很不常见的问题。那个关于黑猩猩的葡萄柚故事的结局便很好地说明了这一点。当我们把黑猩猩放到岛上后，它们中有些走过了我们藏葡萄柚的地方。我们把葡萄柚藏在了沙子下面，只能看见少数几块黄色的果皮。一只名叫丹迪的年轻成年雄性从旁边跑过，没怎么减速。但是，下午晚些时候，当所有黑猩猩都在太阳下打盹时，丹迪径直来到了藏水果的地点。它毫不犹豫地挖出了水果，优哉游哉地大吃了一顿——要是它最初看见水果时就停下来，可就没有这番享受了——群体中占主导地位的雄性和雌性会抢走它的水果[50]。

这里，我们可以看到动物认知的整个范围，从凶残的狼蜂特化的导航能力到猿类适用广泛的认知能力。后者使猿类得以解决许多不同的问题，包括一些它们从未见过的问题。最令我们困扰的是，丹迪第一次经过藏葡萄柚的地点时丝毫没有逗留。因此，它一定是瞬间便估算出的，对它来说，装作没看见水果是最佳策略。

第 3 章

认知的涟漪
Cognitive Ripples

03

我发现了！

没有人会想到，风和日丽的加那利群岛上会发生一次认知的革命。但这里确实是一切开始的地方。1913 年，德国心理学家沃尔夫冈 · 克勒(Wolfgang Köhler) 来到了非洲海岸附近的德特内里费，准备前往那里的类人猿研究站(Anthropoid Research Station) 一直待到第一次世界大战结束。尽管有谣言说克勒的工作是作为间谍监视过往的军用船只，但克勒把他的大部分注意力都放在了一个小型的黑猩猩种群上。 63

克勒对当时学习理论中的教条并不了解，因此他在动物认知方面思路开阔，令人耳目一新。他并没有试图控制他的动物以得到特定的结果，而是采取了静观其变的态度。他给动物一些小型的挑战，看它们如何处理。对于最聪明的那只黑猩猩苏丹，克勒给了它这样一个挑战：克勒把香蕉放到地面上苏丹够不着的地方，然后给苏丹一些棍子。但这根棍子要么太长，要么太短，没有任何一根棍子能让苏丹刚好够到香蕉。或者，克勒会把香蕉挂在空中，然后在周围放上许多大木头盒子，但单个盒子的高度并不足以让苏丹拿到香蕉。苏丹会首先跳着去拿香蕉，往香蕉那里扔东西，或者用手把一个人拉到香蕉那儿指望能给它点帮助，或者至少能给它垫个脚。如果这都没能成功，苏丹会什么都不做，呆坐 64
在那儿一段时间，直到突然想到了主意。它会跳起来把一根竹棍接到另一根竹棍里，做成一根长棍。或者，它会把箱子一个个摞

起来，堆成塔形，这样它就可以拿到香蕉了。克勒把这一刻描述为“啊！经验”——就像灯泡通上了电点亮了。这也像一个故事
65 里，阿基米德（Archimedes）在浴盆里发现了如何测量水中物体的体积，于是跳出浴盆，在锡拉库萨的街头赤裸着狂奔，大叫道：“我发现了！”

克勒说，苏丹将其所知道的关于香蕉、盒子和棍子的一切整合起来，创造出一系列全新的行为来解决它所面对的问题，这一切可以解释为瞬间的**灵感**。因为苏丹此前并没有这些经历，也没有因此而得到过奖励，所以克勒排除了模仿和试错学习的可能性。这一结果是“目标坚定”的行为——尽管这只黑猩猩在堆箱子时犯了无数错误，使堆起的塔不断倒掉，但它依然一直尝试去接近目标。一只名叫格兰德的雌性则是一位更为意志坚定、富有耐心的建筑师。它曾用四个箱子搭起了一座摇摇晃晃的塔。克勒评论说，一旦这些黑猩猩发现了一个解决办法，那么它们就会举一反三，仿佛它们懂得了其中某些因果联系。1925 年，克勒在《猩猩的智力》（*The Mentality of Apes*）一书中描述了他实验中美妙的细节。但这本书最初为人们所忽视，而后又遭到贬低。如今，这本书得到了承认，成为演化认知学领域的一本经典之作[1]。

尽管当时我们对“思考”这类思维活动的确切本质知之甚少，但苏丹和其他黑猩猩富有洞察力的解决方法给了我们一些启示，让我们对于这类思维活动有了更多的了解。几年之后，美国灵长动物专家罗伯特·耶基斯（Robert Yerkes）描述了类似的现象。

“我常常看到年幼的黑猩猩试图用某种方法拿到奖励，但却

图 3－1　雌性黑猩猩格兰德把四个箱子摞在一起来拿到香蕉。20 世纪初，沃尔夫冈·克勒证明，在实际解决问题之前，猿类可以“灵光一现”地在头脑中预先找出问题的解决方法。这为动物认知研究提供了基础

是徒劳。而后，这只黑猩猩会坐下重新审视自己的处境，就好像它在评估自己此前的努力，试图决定接下来要做什么……更令人惊叹的并不是黑猩猩从一个方法迅速转向另一个方法，也不是它们行动的坚决，更不是它们行动中间的停顿，而是对于问题突如其来的解决办法……尽管并非所有的黑猩猩在所有问题面前都会这样，但它们常常能在没有任何预先提示的情况下找到正确

而充分的解决办法，而且几乎不费什么时间。[2]”

66 耶基斯还注意到，对于那些只知道动物们很擅长试错学习的人们，“几乎不可能指望他们相信”以上描述。耶基斯预言道，对这些革命性观点的阻挠是不可避免的。意料之中，这种阻挠到来了。阻挠的形式是一种经过训练的鸽子，它们能把小盒子推进一个玩具娃娃屋，然后站在盒子上来拿到一个挂在高处的小塑料香蕉——拿到塑料香蕉，鸽子就能得到谷物作为奖励[3]。多么有趣呀！同时，克勒对于黑猩猩行为的解释被批评为拟人论。不过，对于这些指控，我曾听说有位美国灵长动物学家给出了一种幽默的解决方式。在20世纪70年代，这位灵长动物学家勇敢地走进了斯金纳主义者的老巢，在那里就“会使用工具的猿类”这一话题展开了辩论。

埃米尔·门泽尔(Emil Menzel)告诉我，美国东海岸一位著名的教授曾邀请他开讲座，但没说具体是谁。门泽尔说，这位教授很轻视灵长动物研究，并公开对认知式的解释怀有敌意——这两种态度通常是同时存在的。这位教授邀请年轻的门泽尔开讲座也许只是为了戏弄他，并没有意识到情况可能会反转。门泽尔给他的观众放了一段精彩的影片，拍摄的是他的黑猩猩们将一根长杆架到它们居住地高高的围墙上。有些黑猩猩稳稳地握着杆子，而另一些则爬到杆上暂时休息一下。这是一个复杂的局面，因为黑猩猩们需要避免碰到电线圈，同时，在一些关键时刻，它们还需要通过手势来召集所有黑猩猩的力量。门泽尔拍下了这一切。他决定播放这部片子，但绝口不提智能。他要尽可能地保持中立。

他的旁白完全是描述性的：“你现在所看到的是黑猩猩洛克。它爬到了杆子上，同时扫视着其他黑猩猩”，或者是“这里有一只黑猩猩荡过了墙[4]”。

门泽尔的讲座结束后，那位教授跳上讲台，指责门泽尔不够科学且拟人化了。他说门泽尔将动物的行为归因于规划和动机，但这两者显然都是动物所不具备的。面对观众席上赞同的呼喊声，门泽尔反击道，他并未对任何东西作归因，他克制住了自己，没有作出任何暗示。因此，倘若这位教授从中看到了计划和动机，那么他一定是自己看出来的。

在门泽尔去世的前几年，我在我家采访过他（他就住在我家附近）。门泽尔本人被认为是大型猿类研究的重要专家，我抓住这个 67
机会询问了门泽尔对克勒的看法。他说，直到研究了黑猩猩许多年后，才真正懂得了克勒这位先驱天才的智慧。和克勒一样，门泽尔相信，正确的研究方法是不断观察并思考观察到的东西意味着什么，哪怕某一特定行为在观察中只出现过一次。他反对给单次观察贴上“趣闻”的标签。他带着淘气的微笑补充道：“我对‘趣闻’的定义是其他人的观察结果。”如果你自己看到了某些东西并对整体的动态进行跟踪，那么通常你会很确定该如何解释它。但其他人可能会对此持怀疑态度，因而你需要给出证据说服他们。

在这里，我忍不住想说一件我自己的趣闻。我要说的并不是布格尔动物园里发生的黑猩猩大逃亡——那些黑猩猩所做的和门泽尔所记载的一模一样：25只黑猩猩闯进了动物园里的餐馆。当我们在那之后到达餐馆时，我们发现一根树干架在黑猩猩园围墙的内侧。这根树干非常重，不可能是由某一只黑猩猩独自搬动的。

不，我想说的是，用具有洞察力的办法解决**社会性**（social）问题——比如社会化地使用工具之类，这是我的专业领域。有两只雌性黑猩猩在太阳底下坐着，它们的孩子们在其面前的沙地上滚来滚去。当它们孩子间的玩闹变成了打架，互相尖叫着撕扯毛发，两位母亲都不知如何是好。因为倘若其中一位母亲试图拉架，那么另一位母亲肯定会保护它自己的孩子——母亲从来都不是公正无私的，青少年吵架升级成成年人打斗的事情并不鲜见。一位母亲注意到猩群的雌性首领马马在附近打瞌睡，便走过去戳了戳马马的肋骨。当这位年长的雌性家长起身时，那位母亲向孩子们打架的方向挥舞着胳膊，指给马马看。只需一瞥，马马便明白了是怎么回事。它开始朝那个方向走去，发出威胁的咕噜声。马马相当有威信，它的举动使未成年黑猩猩们停止了打斗。那位母亲找到了一个迅速而有效的解决办法，这一办法有赖于黑猩猩中典型的相互理解方式。

类似的相互理解在黑猩猩的利他主义行为中也有所体现，比如年轻的雌性会用嘴给上了年纪几乎再也无法走路的雌性喂水，
68 这样，年老雌性就不用走到水龙头那儿去喝水了。英国灵长动物学家珍·古道尔（Jane Goodall）描述过一只名叫马达姆·贝埃的野生黑猩猩。贝埃太老太虚弱了，无法爬上树摘果子。它会在树下耐心地等着，等它的女儿带着果子爬下树，然后它们俩便心满意足地一起享用食物[5]。在这些情况下，猿类同样领会了一个问题，并想出了全新的解决办法。但在这些例子中，令人讶异的是它们考虑的是**另一只**猿遇到的问题。由于这些社会知觉颇具吸引力，许多研究都是关于这方面的，因此我们之后会对此进行深入的探

讨。但现在，容我澄清一个关于解决问题的普遍观点。尽管克勒强调，试错学习无法解释观察到的现象，但学习在其中并非毫无作用。实际上，克勒的黑猩猩们做了无数被克勒称为“蠢事”的事情。这表明，问题的解决方法并不是黑猩猩们在头脑中就完美设计好的，而是需要不少改进。

克勒的黑猩猩们肯定懂得了许多物体的**可供性**（affordance）。在认知心理学中，“可供性”这一术语指的是可以如何使用某个物体，比如茶杯的把手（提供了端住茶杯的功能），或者梯子上的横杆（提供了攀登功能）。苏丹在想出办法之前肯定知道棍子和箱子的可供性。类似的，那位叫来马马的雌性黑猩猩肯定见过马马有效地处理争端。富有洞察力的方法一定依赖于过去的信息。猿类则有着特殊的能力，能够将这种从前的知识灵活地应用在它们从未尝试过的新形式中，从中获得好处。我曾猜测，同样的原理也存在于黑猩猩的政治策略中。比如黑猩猩会将对手与其支持者隔离，或者将不情不愿的前对手拖到彼此面前来达成停战的协议[6]。在这些情况下，我们看到，猿类能找到富有洞察力的方法来解决日常问题。它们对此非常擅长。正如门泽尔发现的，即便是最为坚定的怀疑者，在观察它们之后，也很难不因它们显而易见的动机和智能而惊叹。

胡蜂的脸

曾经有一段时间，科学家认为行为的产生要么是因为学习， 69

要么是因为生物学原理。他们把人类的行为归因于学习，动物的行为归因于生物学原理，而两者之间的中间地带则几乎什么也没有。这种二分论是错误的(实际上，在所有物种中，行为都是这两者共同导致的)。但渐渐地，第三种解释出现了：认知。认知关乎某个生物收集的信息的类型以及该生物如何处理和应用这些信息。北美星鸦能记得它们储藏了数以千计的坚果，狼蜂在离开自家地洞前会先进行定位飞行，黑猩猩能毫不费力地学会它们所玩耍的东西的可供性。不需要任何奖励或惩罚，动物就会搜集未来会用到的知识，从如何在春天里找到坚果，到如何回到自己的地洞，再到如何拿到香蕉。学习的作用是显而易见的，但认知的特别之处在于它将学习放在了合适的位置。学习不过是一件工具，它使动物能够收集信息。而世界就像因特网一样，信息多得令人难以置信，使动物很容易溺死在信息的沼泽中。生物的认知则缩小了信息流的范围，使生物学会它所需要知道的特定关联性。而这些需要则是由该生物的自然史决定的。

许多生物都有相似的认知能力。科学家们的发现越多，我们就能注意到更多的涟漪效应。人们曾认为一些能力是人类所独有的，或者至少是人科(一个小型的灵长动物科，包括人类和猿类)所独有的。但最终人们通常会发现这些能力是广泛存在的。幸亏猿类明显具有智力，传统的发现首先是在关于它们的研究中做出的。在猿类打破了人类与动物王国中其他动物之间的堤坝之后，防洪闸便不断打开，囊括进了一个又一个物种。认知的涟漪从猿类扩散到了猴子，又扩散到了海豚、大象和狗，然后还有鸟类、爬行动物、鱼类，有时还有无脊椎动物。我们不能将这一历史进

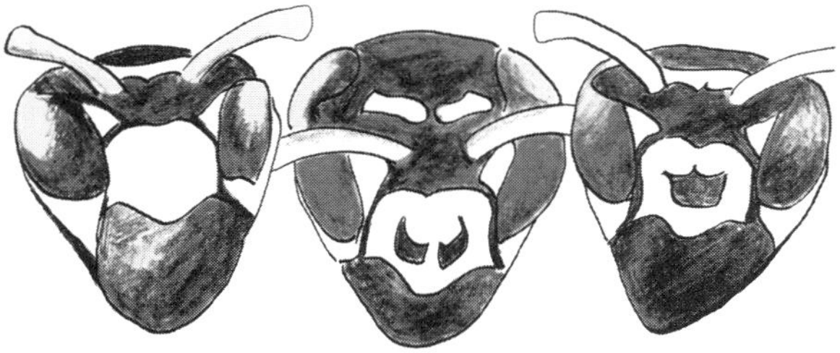

图 3-2　造纸胡蜂生活在等级森严的小型种群里。这种等级生活是它们能辨认出每个个体的代价。它们通过面部黑黄相间的斑纹来区分不同的个体。另一种与它们亲缘关系非常接近的胡蜂物种没有如此等级分明的社会生活，也没有面部识别能力。这表明认知是相当依赖于生态需要的

程与把人科置于顶端的阶梯式看法混为一谈。我更愿意将这一历史进程看成一个由可能性构成的池塘，在不断扩大。在这个池塘中，有些动物，比如章鱼，其认知可能和哺乳动物或鸟类的认知 70
一样令人难以置信。

想想面部识别吧，人们最初认为这是人类独有的能力。如今，猿类和猴子都已加入了这个“非脸盲上流社会”。每年当我来到位于阿纳姆的布格尔动物园时，有些 30 多年前见过我的黑猩猩依然记得我。它们从人群中认出了我的面孔，兴高采烈地尖叫着向我问好。灵长类不仅能辨认面孔，面部对它们而言还有着特殊的意义。就像人类一样，他们会表现出“倒置效应”：当一张脸倒着放时，它们就辨认不出来了。这种效应是对面部所特有的。一张图按什么方向放置并不大会影响它们辨认其他物体，比如植物、鸟

类，或者房子。

当我们用触屏对僧帽猴进行测试时，我们注意到，它们会随意点按各种图像，但当第一张面孔出现时，它们吓坏了。它们抱紧自己，哀哀呜咽，不愿去触碰那幅肖像。莫非将手放到脸上会触犯某种社会禁忌，因此它们对这幅面孔比对其他图片更为尊重？当它们从这段犹豫期中恢复过来之后，我们给它们看了一些它们
71 同伴和一些陌生猴子的肖像。对于没有经验的人类来说，所有这些肖像看上去都差不多，因为肖像里的猴子都是同一物种。但猴子们很轻松地把这些肖像区分开了。它们轻轻点击屏幕以告知哪些猴子是它们认识的，哪些是陌生的[7]。我们人类认为自己有面部识别能力是理所当然的，但这些猴子必须将像素组成的二维图形和真实世界中一个个活生生的个体联系起来，而它们做到了。科学界总结说，面部识别是灵长动物特化的认知技能。但在这一结论得出后不久，第一圈认知的涟漪便到来了：人们发现，乌鸦、绵羊，甚至胡蜂都有着面部识别能力。

面孔对于乌鸦来说意味着什么尚不可知。在乌鸦的自然生活中，它们有非常多种分辨彼此的方式，比如叫声、飞行方式、体型大小，等等。因此，面孔并不一定是它们用来辨别不同个体的途径。但乌鸦的眼睛极尖，因此，它们很有可能注意到辨认人类最容易的方式是通过面孔。洛伦茨记载过乌鸦对特定的人进行骚扰，并且对乌鸦记仇的本领深信不疑。于是每当他要抓住他的寒鸦并把它们拴住时，他都会用特殊服装把自己伪装起来(寒鸦和乌鸦同属鸦科。这个科的鸟类很聪明，还包括松鸦、喜鹊和渡鸦)。西雅图华盛顿大学(University of Washington)的野生动物生物学家

约翰·马兹卢夫(John Marzluff)抓捕过许多乌鸦，因此这些鸟儿对他毫无尊重。每当他在周围转悠的时候，这些鸟儿就会对他尖叫并“空投”鸟粪，正应了它们的“谋杀”之名[1]。

“我们不知道它们是如何在四万多个像两条腿的蚂蚁一样在光秃秃的小径上匆匆奔走的人中选中我们的。但它们能够将我们分辨出来。并且，附近的乌鸦在发出一声在我们听来充满厌恶的叫声后便溜掉了。但这些乌鸦却不同，它们大摇大摆地走在我们的学生和同事中间——这些人从未抓捕、测量、拴住，或者以其他方式羞辱过它们。[8]”

马兹卢夫准备对乌鸦的面部识别能力进行测试。他用的工具是橡胶面具，类似于我们万圣节时候戴的那种。毕竟，乌鸦也可能是通过体形、头发或者衣着来辨认特定的人的。但通过面具，你就可以把一个人的“脸”移到另一个人身上，从而分离出面孔的特定作用。马兹卢夫的“愤怒的小鸟”实验包括戴着某张面具抓捕 72
乌鸦，然后让同事戴着这张面具或者戴着另一张没参与抓捕的对照面具走来走去。乌鸦们很容易就记住了抓捕者的面具，并显然不喜欢这个面具。有趣的是，我们所用的对照面具是副总统迪克·切尼(Dick Cheney)的面孔，它在校园里的学生中引起了比在乌鸦中强烈得多的负面反应。不仅从未被抓捕过的鸟儿能够辨认出“捕猎者”面具，而且几年以后它们还会骚扰戴这个面具的人。

---

[1] 在英语中，一群乌鸦亦称为“a murder of crows”，直译便是“乌鸦的谋杀”。——译注

它们肯定注意到了同伴的憎恶反应，并因此导致了对于特定人类成员极大的不信任。正如马兹卢夫解释的：“几乎没有老鹰友好地对待乌鸦，但对于人类，乌鸦则必须按照个体将我们归类。而它们显然是能够做到这一点的[9]。”

鸦科常常令我们印象深刻，而绵羊则更进了一步——它们能够记住彼此的面孔。由基思·肯德里克(Keith Kendrick)领导的英国科学家教绵羊辨认 25 对绵羊面孔间的区别。对于每对面孔，当绵羊选择其中某一个时，会得到奖励；选择另一个时则没有奖励。对我们来说，所有这些面孔看起来都惊人的相似，但绵羊学会并记住了这 25 个区别，并在长达两年间一直记得。在绵羊这么做的时候，它们用到的脑区和神经回路与人类是一样的，其中有些神经元会对面孔做出特定的反应，但对其他刺激没有反应。当绵羊看到它们记住的对比图片时——它们会对这些图片发出叫声，就好像图片中的个体在场一样——这些神经元便被激活了。科学家们将这项研究成果发表了，其副标题为“绵羊毕竟不太蠢”。我是反对这一标题的，因为我不相信任何动物是愚蠢的。这些研究者将绵羊的面部识别能力与灵长动物的这一能力相提并论，并猜测说，一个羊群在我们看来不过是毫无特点的一大团，但实际上不同的羊是很不一样的。这也意味着，有时人们会把多个羊群混在一起，而这给绵羊带来的痛苦可能要多于我们所意识到的。

在把灵长动物沙文主义者弄得如绵羊般局促不安后，科学界用胡蜂进一步推动了研究进程。在美国中西部常见的北方造纸胡
73 蜂有着组织严密的社会。该社会有着森严的等级，其中蜂后比所有工蜂的地位都高。由于社会中竞争激烈，因此每一只胡蜂都需

要对自己的社会地位一清二楚。第一蜂后会产下大多数卵，其次是第二蜂后，以此类推。在这小小的种群中，种群成员不仅对种群以外的胡蜂颇具攻击性，对那些面部斑纹被实验人员改过的种群内雌性也是如此。它们靠着每只雌性脸上都有的黑黄斑纹分辨彼此，不同个体脸上的斑纹大不一样。美国科学家迈克尔·希恩(Michael Sheehan)和伊丽莎白·蒂贝茨(Elizabeth Tibbetts)测试了造纸胡蜂中的个体识别，发现造纸胡蜂具有与灵长动物和绵羊一样的特化能力。造纸胡蜂能在很远处就辨认出同类的脸，而对于其他视觉刺激则没有这么好的辨认能力。有一种和它们亲缘关系很近的胡蜂，其一个种群中只有一个蜂后。这种胡蜂辨别面部的能力大不如造纸胡蜂。这种只有一个蜂后的胡蜂，其社会中基本没有什么等级制度，其不同个体的脸部也更为相似。它们并不需要个体识别[10]。

如果动物王国中这些如此不同的种类都演化出了面部识别能力，那么你可能会疑惑这些物种的能力是如何彼此联系的。胡蜂并没有灵长动物和绵羊那么大的大脑，它们只有很小的几组神经节，因此，它们得以识别面孔的方式肯定与灵长动物和绵羊不同。生物学家一直不厌其烦地强调**机制**(mechanism)与**功能**(function)的差别：对于动物来说，通过不同的方式(机制)来达到同样的作用(功能)是极为常见的。但是，出于对认知的尊重，当人们质疑拥有较大脑部的动物的思维能力，并指出“低等动物”也能做类似的事情时，这种机制与功能的差别有时便遭到了忘却。怀疑论者很喜欢问：“如果胡蜂也能做到这点，那这又有啥了不起呢?”这种向底部进发的竞争曾给过我们经训练能跳上小盒子的鸽子，以

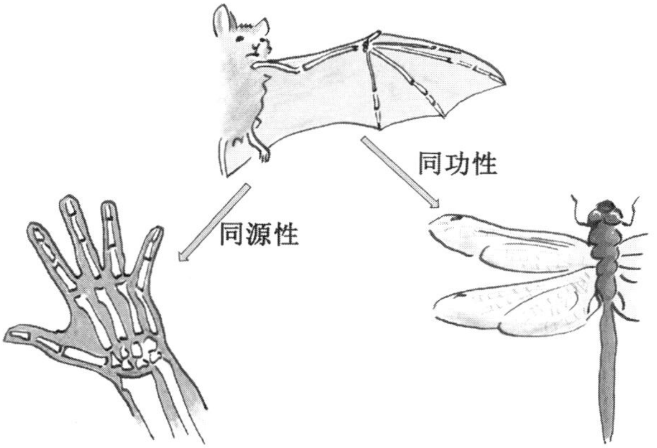

图 3－3 演化学对同源性（两个物种的性状来源于它们共同的祖先）和同功性（两个物种各自独立地演化出了相似的性状）作了区分。人类的手和蝙蝠的翅膀是同源的，因为从同样的胳膊骨骼以及五根指骨可以辨认出来，二者都源自脊椎动物的前肢。另外，昆虫的翅膀和蝙蝠的翅膀是同功的。它们有着同样的功能，但有着不同的起源，是趋同演化的结果

贬低克勒对黑猩猩做的实验；还阻碍了对于灵长目以外的动物具有智能的承认，以质疑人类与其他人科动物在头脑上的连续性[11]。这一切背后潜在的想法是一个线性的认知阶梯，以及一种观点：由于我们很少假设“低等动物”拥有复杂的认知，因此在“高等动物”中做这样的假设也是不合理的[12]。这就好像要达到某个特定的结果就只有一种方法一样！

74 其实并不是这样。自然界充满了反例。一个我亲历的例子便是成对出现的亚马孙丽鱼，亦称之为铁饼鱼。它们有着与哺乳动

物喂奶类似的行为。一旦幼鱼吸收完了卵黄中的营养，它们会聚集在父母的身体两侧，啃噬父母身上的黏液。这对成鱼会分泌出比平时更多的黏液以哺育幼鱼。在大约一个月的时间内，幼鱼会一直享受这种营养供应和保护，直到父母给它们“断奶”——每次它们靠近的时候，父母都会避开[13]。没有人会用这种鱼来说明哺乳动物的哺乳行为有多复杂或者有多简单，因为很显然，这种鱼的行为和哺乳动物哺乳的机制极为不同，二者间的相似之处不过在于对幼小后代的喂食和养育。在生物学中，机制和功能的关系永远如阴阳之分：它们相互作用且密不可分，但倘若将它们混为一谈，那无疑是极大的错误。

要想理解演化是如何在演化树中施展自己的魔力的，我们通 75
常会用到一对概念：**同源性**（homology）和**同功性**（analogy）。同源性指的是来源于同一个祖先的相似性状。人类的手与蝙蝠的翅膀是同源的，因为二者都来源于其共同祖先的前肢。二者中骨骼的数目完全相同，这便是证据所在。而同功性则不同，它出现在亲缘关系很远的动物各自独立地向同样的方向演化的时候，这种演化叫作**趋同演化**（convergent evolution）。铁饼鱼的亲代哺幼行为和哺乳动物的哺乳行为就是同功的，但肯定不是同源的，因为鱼类和哺乳动物并没有任何会哺育后代的共同祖先。另外一个例子是，海豚、鱼龙（一种已灭绝的海洋爬行动物）和鱼类的外形都非常相似，这是因为它们所处的环境需要流线型的身体和鳍来提供速度和机动性。由于海豚、鱼龙和鱼类并没有水生的共同祖先，因此它们的外形是同功的。这种思路也可以用于研究行为。胡蜂与灵长动物对面孔的敏感性是各自独立演化出来的，是出于辨认群体里每个伙伴的需要。这种同功性令人叹为观止。

趋同演化的力量是惊人的。它给蝙蝠和鲸鱼都装上了回声定位系统，给昆虫和鸟类都装上了翅膀，给灵长动物和负鼠都装上了对生的拇指。趋同演化还让地理上相隔遥远的地区产生了相似度惊人的物种，比如犰狳和穿山甲身上都披着硬甲，刺猬和豪猪都用刺自卫，塔斯马尼亚虎和郊狼所用的捕猎武器非常相似。甚至有一种灵长动物长得很像外星人 E. T.，那就是马达加斯加的指狐猴。它们有着极长的中指(用来敲击木头，找到空洞并从中挖出虫子)。这一性状也存在于新几内亚(New Guinea)的有袋目哺乳动物长趾纹袋貂身上。这些物种在遗传上相隔十万八千里，但它们却演化出了同样的功能。因此，对于在不同纪元、不同大陆的物种身上找到相似的认知和行为性状，我们并不应该惊讶。正是因为认知涟漪的扩散并不受演化树的限制，所以它是很常见的——同样的能力会在几乎任何需要它的地方出现。这并不像某
76 些人从前所说的那样是认知演化的反证，反而完全符合演化发生的方式——要么通过共同祖先的遗传，要么通过对相似环境的适应。

趋同演化有个很好的例子，那就是对工具的使用。

人的新定义

当一只猿看到某件吸引它的东西，但又够不着时，它会开始左顾右盼，试图用点什么东西来延长自己的身体。当一个苹果漂

在动物园黑猩猩岛周围的水沟里时，这只猿瞟了这个苹果一眼，然后跑遍了全岛想找到一根合适的棍子或者一些石头——有了石头，它就可以把石头扔在苹果后面，让苹果漂向自己的方向。它使自己与目标拉开了距离以便拿到目标——这并不符合逻辑。同时它还怀有一幅关于要找的东西的影像，知道什么工具可能是最有用的。它很着急，因为如果不赶紧回到那里，其他猿会抢走它的苹果。不过，如果它的目标是吃到某棵树上绿油油的新鲜叶子，那么需要的工具就不一样了。它会需要某种结实而适合攀爬的东西。它可能会花上半小时将一个不再紧紧埋在地里的沉重的树桩连拖带滚地推向某个方向，那个方向有着岛上唯一一棵侧枝较低的树。它需要工具的原因完全是为了跨过那棵树周围的电线。在实际尝试之前，这只猿便想明白了那根较低的侧枝是比较方便弄到的。我甚至见过猿类用它们手腕背部的毛发来测试发热的电线。它们把手弯向内侧，几乎碰不到电线，但足以知道电线是否通电了。如果电线并没有通电，那么显然它们就不需要任何工具，可以放心大胆地享用树叶了。

猿类不仅在特定情境下会寻觅工具，它们实际上还会制造工具。1957 年，英国人类学家肯尼思·奥克利（Kenneth Oakley）写了《石器时代文化》（*Man the Toolmaker*）一书，声称只有人类会制造工具。尽管奥克利对克勒关于黑猩猩苏丹把棍子拼接起来的观察结果一清二楚，但他拒绝把苏丹的行为算作工具制造，因为这一行为是对一个给定情景的反应，而不是对于想象中未来的预期。即便在今天，有些学者依然拒绝承认猿类能制造工具。他们强调，人类的技术是潜藏在社会角色、象征、生产和教育之中的，黑猩 77

图 3-4　最为复杂的工具使用技能之一便是用石头将坚硬的坚果砸开。一只野生雌性黑猩猩挑了一块砧形的石头，用它作为一个顺手的榔头来打坚果。它的儿子在一旁观摩学习。等到六岁的时候，这只小黑猩猩就能像成年黑猩猩一样熟练地用石头砸开坚果了

猩用石头砸开坚果的行为是不够格的。我怀疑，农夫用树枝剔牙的行为也是不够格的。有位哲学家甚至认为，由于黑猩猩所谓的工具对它们来讲并不是必需的，因此拿黑猩猩与人比较是没有多大意义的[14]。

在此我想重提我的“了解你的动物”法则。有些哲学家认为，野生黑猩猩不过是坐在那儿，无缘无故地用石头不断敲击硬邦邦的坚果——每吃到一颗果仁，黑猩猩平均要敲 33 下，而且这种技能代代相传。根据“了解你的动物”法则，我们可以放心大胆地反驳这些哲学家。在某些野外观察点，在高峰时期，在黑猩猩们醒着的时间里，它们会花上 20% 的时间来用小树枝“钓”白蚁，或者

把坚果放在石头间砸开。据估计，它们由此获得的卡路里是这些活动消耗的卡路里的 9 倍[15]。而且，日本灵长动物学家山越言准（Gen Yamakoshi）发现，当猿类主要的营养来源——季节性水果——变少时，坚果便成了它们赖以为生的食物[16]。另一重食物保障是棕榈树的木髓，这可以通过“杵捣”的方法得到：在高高的树 78
上，黑猩猩双脚站在树冠的边缘，用一根叶茎去捣树干顶部，弄出一个深深的洞来，然后从这个洞里收集纤维和树汁。换句话说，黑猩猩的生存相当依赖于工具。

本·贝克（Ben Beck）为我们提供了“工具使用”的著名定义，其简短版本是这样的：“对环境中某件不与身体相连的物体的外部使用，以更有效地改变另一物体的形式、位置或条件[17]。”尽管这一定义并不完美，但它已经在动物行为领域使用了几十年[18]。因此，工具制造可以被定义为对某件不与身体相连的物体的主动改造，以使其更有效地为达到该个体的目标发挥作用。注意，在这里动机是非常重要的。个体从一定距离外拿到工具，并按照头脑里的目标来改造它。传统的学习理论只关注偶然发现的好处，因此无法解释工具制造行为。倘若你看见一只黑猩猩将一根嫩枝上的侧枝剥去，使其适用于钓取蚂蚁，或者收集了一把新鲜树叶，将它们嚼成海绵状的块状物，用来从树洞里吸取水分，那么，你会很难忽略这些行为中的目的性。通过用原材料造出工具，黑猩猩展现出了从前曾用来定义“人类生产者”（*Homo faber*）的行为。因此，当英国古生物学家路易斯·利基（Louise Leakey）第一次从古道尔那里听说黑猩猩的这种行为时，他给古道尔回信道：“我认为那些坚持这一定义的科学家们面临着三种选择：不得不接受黑猩猩也是人，不得不重新定义‘人’，或者不得不重新定义‘工具’[19]。”

在观察到许多例人工饲养的黑猩猩使用工具的事例之后，在野外见到同一物种使用工具也许并不令人惊讶。但这一发现是很关键的，因为野生动物的行为无法归因于人类的影响。而且，野生黑猩猩并不仅仅是使用和制造工具，它们还彼此学习，因而能够在代代相传中做出更好的工具。这比我们从动物园里黑猩猩身
79 上了解到的一切都要复杂得多。**工具包**是个很好的例子，因为它可以非常复杂，很难想象只通过一步就把它发明出来。美国灵长动物学家克里蒂特·桑斯(Crickette Sanz)在刚果共和国的格瓦鲁格三角地区(Goualougo Triangle)发现了一个典型的工具包——在那里，黑猩猩可能会带着两根不同的枝条来到森林里一片特定的开阔地带。这两根枝条永远是同样的组合：一根来自一棵结实的木质树苗，大约一米长；另一根则是柔韧纤细的草茎。然后，黑猩猩会着手将第一根树枝从容不迫地插入地里。它会手脚配合，就像我们用铁锹一样。当它在地下深处的行军蚁蚁巢弄出一个相当大的洞之后，它会把棍子拔出来闻闻，然后小心地将第二件工具插进洞里。行军蚁们会欢快地啃咬柔韧的草茎，这时黑猩猩便把草茎拔出来，吃掉行军蚁，并不时将草茎再插回蚁穴来“蘸取”更多行军蚁。猿类常常会从地面爬到粗壮的树上，以免被蚁群的守卫者咬伤。于是，桑斯收集了1000多件这类工具。这表明，这种凿孔—取蚁工具组合是极为常见的[20]。

加蓬的黑猩猩获取蜂蜜时会使用更为复杂的工具包。在这种危险的活动中，这些黑猩猩用一个五件套的工具包来洗劫蜂巢。

这个工具包包括捣杵(一根很重的树枝，用于破开蜂巢的入口)、凿孔器(一根树枝，用于在地面上挖洞，以进入贮藏蜂蜜的蜂室)、扩张器(用于从侧面扩大开口)、收集器(一根有一端磨得散开的树枝，黑猩猩将它浸到蜂蜜里，然后啜掉上面的蜂蜜)和拭取工具(撕成条的树皮，用来舀蜂蜜)[21]。这是种复杂的工具使用行为，因为在大部分工作开始之前，黑猩猩就准备好了这些工具，并把它们带到了蜂巢。并且，在黑猩猩不得不因为蜜蜂的攻击而撤退之前，它们需要一直把这些工具放在手边。要使用这些工具就需要对接下来的步骤有预见和计划——人们一直强调，我们人类的祖先拥有对活动的组织能力，说的就是这种预见和计划能力。从某个层面上来说，黑猩猩对工具的使用或许看上去颇为原始，因为它们用的都是枝条和石头；但在另一个层面上，它们对工具的使用是极其先进的[22]。在森林，它们所拥有的不过是枝干和石头。而且我们应该记住，在非洲西南部的土著民族布须曼人中，
最常见的工具便是用来挖洞的树枝(一根削尖的树枝，用来破开蚁 80
丘及挖出树根)。野生黑猩猩对工具的使用目前已经超越了我们所认为可能的一切。

每个黑猩猩社群会用到 15~25 种不同的工具，且具体所用到的工具根据文化和生态环境而有所不同。例如，某个生活在稀树大草原上的黑猩猩社群会用削尖的树枝来打猎。这个消息让人们瞠目结舌，因为人们曾认为打猎用武器是人类独有的优势。这些黑猩猩会将它们的“长矛”刺进树洞来杀死正在睡觉的丛猴——一种小型灵长类。对于无法像雄性那样追捕猴子的雌性黑猩猩来说，丛猴便是它们的蛋白质来源[23]。同时广为人知的是，西非的黑猩

猩社群会用石头砸开坚果，而这一行为在东非的黑猩猩社群中闻所未闻。毫无经验的人类是无法砸开同样的硬坚果的，这一部分原因是人类没有成年黑猩猩那么强壮的肌肉，也是因为人类缺乏这一行为所需的协调性。这一行为需要数年的练习：将世界上最硬的坚果之一放到一个平面上，找一块大小正好可作榔头的石头，然后用正确的速度拿石头敲击坚果，同时注意不要砸到自己的手。

日本灵长动物学家松沢哲郎（Tetsuro Matsuzawa）在“工厂”里跟踪了这一技能的发展。哲郎的“工厂”是一个开阔的空间，黑猩猩们会在那里用砧状的石头砸坚果，砰砰的噪声以稳定的节奏充满了整座森林。年幼的黑猩猩在努力工作的成年黑猩猩周围转悠，有时会从它们的母亲那偷点果仁。这样，这些小黑猩猩们就知道了坚果的味道，同时将它与石头联系起来了。它们会成百次地用手脚去砸坚果，或者将坚果和石头漫无目的地推来推去，但这些都徒劳无功。这些活动从未得到过奖赏，直到小黑猩猩们长到青春期，大概三岁左右，它们开始具有协调性，于是有时能砸开一个坚果。尽管没有奖励，但这些小黑猩猩们依然会学会这项技能，这有效地证明了这种学习是和强化无关的。等到六七岁时，小黑猩猩的这项技能就已经和成年黑猩猩一样熟练了[24]。

当我们谈及工具使用时，黑猩猩永远是目光的中心。但还有另外三种猿类——倭黑猩猩、大猩猩和猩猩，它们和黑猩猩、我们人类，还有长臂猿，一起组成了人科。别把人科和猴子弄混
81 了——人科的动物是没有尾巴、胸脯平坦的大型灵长类。在这一科里，与我们亲缘关系最近的是黑猩猩和倭黑猩猩。从遗传上讲，它们和我们几乎完全相同。自然，对于我们与它们间极小的 1.2%

的基因差异究竟意味着什么，人们展开了激烈的辩论。但我们和它们是亲戚这一点是毋庸置疑的。在人工饲养的条件下，猩猩是无可争辩的工具使用大师，能够灵巧地将散开的鞋带打上结，还能制造工具。人们曾见过一只年轻的雄性猩猩将三根棍子削尖，插进两根管子里，连成一根由五个部分组成的杆子，用来击落挂起来的食物[25]。猩猩是臭名昭著的逃生艺术家，它们可能花上许多天，甚至好几周，极为耐心地将自己的笼子拆开，同时还把拆下的螺钉和螺母藏好，不让人看见。当饲养员注意到它们在干什么时，就为时已晚了。与此相反的是，直到近年来，我们对野生猩猩的了解不过是它们有时会用树枝挠挠臀部，或者将长满树叶的树枝放在头顶挡雨。一个天赋如此之高的物种，怎么会只有这么点在野外使用工具的证据？1999 年，这种不一致性终于得到了解释。在一个苏曼答腊泥潭沼泽里，猩猩的工具使用技能吸引了人们的注意。这些猩猩会用小树枝把蜂蜜从蜂巢里挑出来，还会用短树枝挑掉嵌到毛发里的尼加果（neesia fruit）种子[26]。

其他猿类物种也完全能够使用工具。而且，我们已然抛弃了长臂猿缺乏这一能力的观点[27]。但关于这些猿类野外行为的报告依旧少得可怜，甚至没有，于是有时造成了一种暗示，让人们以为黑猩猩是唯一熟练使用工具的猿类。我们还是瞥见了一些证据，比如大猩猩破坏偷猎者的陷阱以预防伤亡——这需要熟练掌握基本的力学。大猩猩还能穿过很深的水。在刚果共和国的一片沼泽森林里，大象挖出了一个新的水坑。德国灵长动物学家托马斯·布罗伊尔（Thomas Breuer）看见一只名叫利娅的雌性大猩猩试图跋涉穿过这个池塘。但是，当水深到达利娅腰部时，它停了下来——猿

类并不喜欢游泳。它回到了岸上，捡了一根长树枝来测量水深。在用这根树枝摸索了一阵之后，利娅两脚着地，走进了池塘，穿
82 过了深水区，然后循着之前的足迹回到了它嗷嗷待哺的幼崽身边。这个例子突显出了贝克对工具使用的经典定义的缺陷：尽管利娅的树枝没有改变环境中的任何东西，也没有改变利娅自己的位置，但这根树枝确实作为工具发挥了作用[28]。

人们认为黑猩猩是除人类以外最为多才多艺的灵长类工具使用者，但黑猩猩的这一先驱地位已然受到了挑战。这一挑战并非来自任何人科的动物，而是来自南美的一种小型猴子。几个世纪以来，褐色僧帽猴由于能演奏手风琴而闻名。近年来，人们还训练它们来帮助四肢瘫痪的病人。褐色僧帽猴极其灵巧。它们喜欢砸东西，而且对能利用它们这一倾向的任务尤为擅长。我曾花几十年饲养一个褐色僧帽猴种群，因此我知道，你递给这种猴子的几乎任何东西(比如胡萝卜块、洋葱)都将被捣成地板上或墙上的一团糊状物。在野外，褐色僧帽猴会花很长时间来砸牡蛎，直到这种软体动物放松了肌肉，使僧帽猴得以把它们撬开。在亚特兰大的秋天，我们的猴子会收集许多从附近的树上掉下的山胡桃。办公室正好紧邻猴子的活动场地，于是我们整天都能听见疯狂的敲击声。这是种快乐的声音，因为僧帽猴似乎在做事情时情绪最好。它们不仅仅试图磕开坚果，还利用硬质物体(比如塑料玩具、木头块)把坚果砸碎。在某个僧帽猴群体中，大约一半群体成员学会了这么做。可是在另一个群体中，尽管它们有着同样的坚果和工具，但它们却没能发明出砸碎坚果的方法。后一个群体吃掉的坚果明显要少得多。

僧帽猴有着持续捣砸的自然倾向，这为它们在野外砸坚果做好了准备。有位西班牙自然学家在16世纪首次报告了僧帽猴在野外砸坚果的行为。而最近，一个国际科学家团队在巴西的铁特生态公园（Tietê Ecological Park）及其他野外观察点找到了几十个僧帽猴砸坚果的地方[29]。在其中一个地方，僧帽猴会把大型水果的种子扔到地上，然后吃掉果肉。几天后，它们会回来收集这些种子。这时，种子已经干掉，并常常长了蛆——这正是猴子们喜爱的食物。它们将种子握在手里、含在嘴里，还卷在尾巴上（如果能卷住 83
的话），跑去寻找一个坚硬的表面，比如一块大石头。然后，这些猴子会用一块小点的石头来捣这些种子。这些石头的大小和黑猩猩用的差不多，但僧帽猴大概只有一只小猫那么大，所以它们用的榔头重达体重的三分之一！它们是实实在在的重型器械操作员——它们会将石头高高举过头顶来更好地击打种子。当坚硬的种子裂开时，僧帽猴就可以挑出里面的蛆了[30]。

僧帽猴砸坚果这一事实完全推翻了那些以人类和猿类为中心的演化故事。根据这个故事，我们人类并非唯一经历过石器时代的物种——我们最近的亲戚依然生活在石器时代。这一观点在象牙海岸的热带森林里得到了进一步强调。在那里，人们发掘出了一个“敲击石头技术”遗址（包括石制部件及被砸碎的坚果残骸）。这应该是至少四千年前黑猩猩打开坚果的地方[31]。

这便是为什么在与我们亲缘关系更远的动物里——譬如僧帽猴里——发现类似的行为时，会使人们大惊失色，议论纷纷。猴子压根不配！但是，当我们知道得越多，巴西的僧帽猴砸坚果的行为看上去和西非黑猩猩的行为愈加相似。但僧帽猴属于新热带区猴类，这类动物在3000万~4000万年前便在演化上与灵长目的其他物种分道扬镳了。由于黑猩猩和僧帽猴都通过采掘来觅食，因此这种相似的工具使用行为也许是一例趋同演化。黑猩猩和僧帽猴会砸开东西、破开贝壳，还将东西捣成浆以便食用。这些或许为它们高超智能的演化提供了条件。另外，由于这两个物种都是脑部较大的灵长类，都有着双目视觉和灵巧的双手，因此，它们之间有着某种不可否认的演化关联。同源性和同功性之间的区别并不总像我们所希望的那样明显。

84 让事情更为复杂的是，僧帽猴和黑猩猩的工具使用或许并非是同样认知水平的结果。我研究过这两个物种许多年，对它们处理事情的方式印象极为不同。接下来，我会用通俗的语言来描述这一点。就像所有猿类一样，黑猩猩在行动之前会先进行思考。最爱思考的猿类大概要数猩猩。不过，尽管黑猩猩和倭黑猩猩在情绪上非常易于兴奋，但它们也会在处理某种情况前先进行预判，对自己行为的后果进行估量。它们常常会在头脑中找出问题的解决办法，而不是通过实际尝试。有时它们也会将这两种方式结合起来，在计划完全成型前便开始按计划行动。——当然，这种做法在人类中也是常见的。僧帽猴则相反，它们是疯狂的试错机器。这些猴子极度活跃，非常灵巧，并且无所畏惧。它们会尝试各种做法和可能性。一旦它们发现某种行得通的做法，就能立即从中学习。尽管僧帽猴会犯下无数错误，但它们并不在意，且往往锲而不舍。其行为背后并没有多少琢磨和思考——它们是相当受行动驱动的。尽管这些猴子最终找到的解决办法常常和猿类一样，但它们找到办法的途径却全然不同。

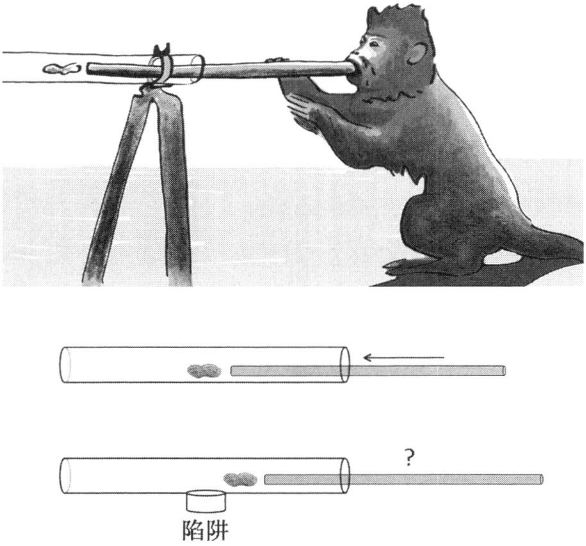

图 3-5　一只褐色僧帽猴（上）将一根长棍插入了一根透明的管子里，以便将一颗花生推出来。在正常的管子里，猴子可以将花生从任意一端推出来以解决问题。但在带有陷阱的管子里（下），情况就不同了。在这种管子里，猴子只能将花生往一个方向推，否则花生就会掉进陷阱拿不到了。在犯过许多次错误后，猴子学会了避开陷阱；但猿类则表现出了对因果关系的理解，立即找出了解决办法

尽管以上这些也许不过是粗略的简化，但也不是没有实验证据支持的。意大利灵长动物学家伊丽莎白·维萨尔贝吉（Elisabetta Visalberghi）将一生都花在了罗马动物园（Rome Zoo）旁边的实验室里，研究褐色僧帽猴的工具使用行为。在一个发人深省的实验中，

猴子面对的是一根水平放置的透明管子，它可以看见试管中间有一颗花生。这根塑料管是固定的，花生正好和猴子眼睛的位置平行。但猴子没法拿到花生，因为这根管子太窄太长。周围有很多可以用来把花生推出来的物品，从最适用的（长棍）到最不适用的（短棍、柔韧的橡胶）都有。僧帽猴犯下的错误多得令人惊叹，比如用棍子敲管子、猛烈地摇晃管子、将错误的材料塞进管子的一端，或者将短棍塞进管子的两端以至于无法移动花生。不过，随
85 着时间推移，这些猴子会从中学习，然后开始选择长棍。

这个时候，维萨尔贝吉为这一实验添上了一个巧妙的转折——她在管子中间开了一个洞。于是，往哪个方向推花生就突然变得很重要了。如果往有洞的方向推，那么花生就会掉进一个小塑料容器，猴子便拿不到了。僧帽猴是否会理解需要避开陷阱呢？它们是会立即这么做呢，还是要等到许多次失败的尝试之后？

86 维萨尔贝吉给了四只猴子各一根长棍来将花生推出带有陷阱的管子。其中三只进行了随机的尝试，大约有一半的尝试成功了，它们似乎对此非常开心。但另一只名叫罗伯塔的纤瘦的年轻雌性则不然，它一直在不断尝试。它会将棍子插入管子左端，然后绕着管子跑到右边，从右端看看棍子和花生。然后换位置，将棍子从右端插入，只为跑到管子左端往管子里看。它一直这么跑来跑去，有时失败，有时成功，不过最终变得相当成功。

罗伯塔是如何解决问题的呢？研究人员得出结论：它遵循了一条简单的基本原则——将棍子插进距花生较远的那端管口。这样，花生就会被推出来，而不是掉到陷阱里。研究人员通过好几种方法对这一结论进行了验证，其中一种方法就是给罗伯塔一根

新的、没有任何陷阱的塑料管。这么一来，罗伯塔就可以随心所欲地从任何一端插入棍子，而且都能把花生推出来。但罗伯塔还是一直绕着管子跑，寻找离花生较远的管口，坚持着这一曾是它成功关键的原则。由于罗伯塔的行为就像陷阱还在那儿一样，因此，它明显没有注意到这背后的原理。维萨尔贝吉总结道，猴子并没有真正理解这个带陷阱的管子任务，但它们依然能够完成它[32]。

这一任务可能看上去很简单，但其实没那么容易。人类幼童只有在三岁之后才能顺利地完成这个任务。有五只黑猩猩参与了同样的任务测试，其中两只理解了其中的因果关系，学会了特地避开陷阱[33]。罗伯塔基本上没有学会哪种行为会导致成功，而猿类则识破了这个陷阱的原理。它们将行为、工具和结果之间的联系反映在了自己的头脑里。这称为**表征性**心理策略（representational mental strategy）。正是这种心理策略使黑猩猩能在行动之前想出解决办法。由于猴子和猿类都解决了任务中的问题，因此这种区别或许看似微不足道，但它实际是天壤之别。猿类对工具目的性的 87
理解水平使它们的适应能力强得惊人。它们有着丰富的技术和工具包，还相当频繁地制造工具。这一切都证明高等的认知能力参与其中了。在20世纪70年代，美国灵长动物专家威廉·梅森（William Mason）总结说，演化赋予了人科的物种认知能力，这使得它们与其他灵长动物有了区别，因此，“会思考的生命”是对猿类的最佳描述。

“猿类对它们生活的世界进行了安排，使自己所处的环境有

了秩序和意义。这清楚地反映在它们的行为中。也许，当黑猩猩在问题面前盯着问题呆坐时，将其行为描述为‘在思考’如何往下做，并不是很好理解。这种说法当然缺乏独创性及精确性，但我们无法逃避这一推断：确实有些这种过程在起着作用，并且这些过程对猿类的表现有着显著的影响。正确而模糊总比错误而肯定要强。[34]”

乌鸦来了！

我是在参观世界上最冷的野生灵长类栖居地——日本的地狱谷野猿公园(Jigokudani Monkey Park)时第一次见到那个管子任务的。导游用这一任务作为猴子智力的证明。河边的喂食点吸引着周围山林中的雪猴。那里有根水平放置的透明管子，里面有一块作为诱饵的红薯。一只雌性雪猴没有像僧帽猴那样用棍子去推，而是将它的小婴儿推进了管子里，并紧紧抓住孩子的尾巴。小宝宝爬向食物并将它抓到了手里，然后它亲爱的妈妈快速将其拖出了管子，并强行抢走了宝宝手里紧紧抓着的食物。另一只雌性收集了石头从一端扔进管子，于是食物便从另一端出来了。

这些猴子是猕猴，它们和我们的亲缘关系比僧帽猴更近。关于猕猴对工具的使用，其中最漂亮的证据来自美国灵长动物学家
88 迈克尔·冈梅特(Michael Gumert)。在距泰国海岸不远的瑶亚岛上，冈梅特发现了一个使用工具的长尾猕猴种群。我对这一物种

非常熟悉，它们是我博士毕业论文的研究对象。长尾猕猴又叫食蟹猕猴。传说这些聪明的猴子会将它们长长的尾巴放在水中，来把螃蟹拉上来。我见过它们用尾巴取食差不多像用棍子一样。长尾猕猴没法像南美僧帽猴那样控制自己的尾巴，因为猕猴的尾巴是不适于用来卷住东西的。长尾猕猴用一只手抓住自己的尾巴，然后用尾巴将食物从外面拨到它们的笼子里面。

对自己身体附肢的操纵又是一例对工具使用定义的扩展，但毫无疑问，冈梅特所发现的是一种成熟的技术。他的猴子们每天都在海岸上收集石头，其目的有两个：大点的石头用来当作榔头，用蛮力来砸牡蛎，直到牡蛎被砸开，露出里面丰美的贝肉；小点的石头用处和斧头类似，可以精准地握住并更加快速地移动，用来将贝类从石头上剥下来。在退潮的几小时内，食物和工具都非常充足，为这种“海产品加工技术”的发明提供了理想的环境。这是灵长动物普遍具备智能的证明，因为它们很明显是在树上演化的，以水果和树叶为食，但在这里它们却能在海滩上生存。在人类、黑猩猩和僧帽猴之后，第四种灵长动物进入了石器时代[35]。

不过，除灵长动物之外，还有不少哺乳动物和鸟类也会使用工具。毛茸茸的海獭颇受人喜爱，加利福尼亚海边的居民每天都可以观赏它们在褐藻中的漂浮技术。它们会仰天游泳，将一块砧形的石头放在自己胸前，用两只前爪拿石头把贝壳砸开。它们还会用大石头砸向附在岩石上的鲍鱼来把它们从岩石上弄下来，并且会潜水多次来完成这一水下任务。海獭的一位近亲也许拥有更为了不起的天赋——蜜獾是一个广为传播的 YouTube 视频中的明星。这个视频里满是咒骂，骂的是蜜獾这个动物王国的查克·诺里斯(Chuck Norris)有多“混蛋”[1]。甚至有款T恤以这个物种为特色主题，上面印着“蜜獾才不在乎”。这种所谓的獾是种小型食
89 肉动物，其实和海獭同属鼬科。尽管我没听说过有任何关于它们技能的正式报告，但最近美国PBS电视台播出了一部纪录片，其主题是关于一只被人救助的蜜獾的，它名叫斯托费尔。它发明了许多种方法以便从其所在的那个南非康复中心逃脱[36]。假设我们所看到的并非人工训练出来的把戏，那么就意味着斯托费尔与人类饲养员斗智斗勇时每次都能取胜，同时斯托费尔还对自己的“霍迪尼逃生表演[2]”表现出了某种洞察力。我们可能会预期在猿类身上发现这种洞察力，但没想到过会在一只蜜獾身上见到。在这部纪录片里，斯托费尔将一个耙子靠墙放着。纪录片宣称斯托费尔有一次将许多大石头靠着耙子垒起来以图逃脱。当工作人员挪走了斯托费尔住所里的所有石头后，斯托费尔又公然垒起了一堆泥巴球来达到同样的目的。

尽管这一切都令人难忘，并且亟须更多的研究，但对灵长动物所拥有的超然地位的挑战已然来到——并非来自其他哺乳动物，而是来自一群发出刺耳尖叫的鸟类。这些鸟儿正处于关于工具的争论正中心，引起了极大的骚动——就像它们在希区柯克(Hitchcock)的电影里一样。

我的祖父开了一家宠物店。在没有什么客人的时候，他便耐心地训练金翅雀拉一根绳子。这种雀类在荷兰语里叫作“*puttertje*”，

---

[1] 查克·诺里斯是美国动作片演员，曾与李小龙合作《猛龙过江》。2005年，诺里斯因在肥皂剧中的夸张表演成了网络视频中红极一时的恶搞对象。——译注

[2] “霍迪尼”指哈里·霍迪尼(Harry Houdini，1874—1926)，美国逃生魔术大师。——译注

意思是从井里提水。如果一只雄性金翅雀既会唱歌又会提水，那么就能卖个好价钱。几个世纪以来，人们将这种色彩斑斓的小鸟养在家中，在它们的腿上拴一根链子，连着玻璃杯里的一根套管。金翅雀拉动链子，就能取到它们自己的饮用水。唐娜·塔特（Donna Tartt）的小说《金翅雀》（*The Goldfinch*）中的一样重要道具是17世纪荷兰的一幅名画，那幅画的主题便是这样一只金翅雀。当然，我们现在不再饲养这种鸟儿了，至少不再按照这种残忍的传统方法饲养。不过，金翅雀这种传统把戏倒和2002年乌鸦贝蒂的所作所为非常相似。

在牛津大学（Oxford University）的鸟舍中，贝蒂正试着从一根垂直放置的透明管子里将一个小桶拉出来，桶里有一小块肉。而在管子旁边有两样可供选择的工具：一样是一根直直的电线，另一样则是根带有弯钩的电线。只有后者才能让贝蒂钩住小桶的把
手。但是，当贝蒂的同伴偷走了带弯钩的电线后，贝蒂就只能用 90
不合适的工具来完成这个任务了。贝蒂没有被吓住，它用喙将直电线弯成了钩状，这样就能把小桶从管子里拉上来了。可人们不过将这非凡的技艺当作趣闻，直到敏锐的科学家用新的工具对此进行了系统的研究。在后续试验里，科学家只给了贝蒂直电线，于是贝蒂用其非凡的“弯电线”本领将它们一一弄弯[37]。贝蒂的行为反驳了“鸟儿没头脑”这种强加于鸟类的不公平观念。同时，贝蒂立即广为人知，因为它为我们提供了首例灵长目以外的物种制造工具的实验室证据。我加上了“实验室”三个字，是因为贝蒂所属的物种在野外生活在太平洋西南部，已经因为会制造工具而为人所知。新喀里多尼亚乌鸦会主动修饰树枝，直到在树枝上弄出

图 3-6 科学家从一则伊索寓言中获得灵感，对乌鸦进行了测试，看它们是否会将石头投入装着水的管子里，以便拿到浮在水面上的奖赏——它们确实这么做了

一个小小的木质弯钩，用来从石头缝里钓取甲虫的幼虫[38]。

古希腊诗人伊索（Aesop）或许曾对乌鸦的这种才能有所察觉。
91 伊索寓言中有一篇便是《口渴的乌鸦》（*The Crow and the Pitcher*）。“乌鸦口渴得要命，”寓言里这么写道，“飞到一只大水罐旁。”水罐里的水不是特别多，乌鸦没法喝到。乌鸦试图用喙取水，但水位太低了。“这时，乌鸦想起了曾经使用的办法，”伊索写道，“用嘴叼着石子投到水罐里。”乌鸦投进了许许多多颗石子，直到水位上升能喝到水了为止。这种行为看起来不大可能发生，但如今它在实验室中得到了重复。第一个重复是在秃鼻乌鸦中做的实验。这种鸦科动物在野外从不使用任何工具。实验人员给了秃鼻乌鸦一根竖直放置的装着水的管子，水面上浮着一只黄粉虫，但秃鼻乌鸦刚好够不着。若是秃鼻乌鸦想要享用佳肴，就必须让水位升高。同样的实验也在被称为“真正的工具专家”的新喀里多尼亚乌鸦身上进行过。正如格言所说，需求乃发明之母，伊索的故事在几千年后得到了确证。这两个乌鸦物种都成功地解决了“水面浮虫”的问题，用石子填高了管子里的水位[39]。

不过，让我们对此更谨慎一点，因为乌鸦的这种解决办法的背后有多少洞察力尚未可知。首先，所有受试的鸟儿在实验前都接受过一个和实验内容略有不同的任务训练。如果它们将石头投进管子，就会得到大量的奖赏。其次，当它们面对有黄粉虫的管子时，石头就放在管子旁边，非常便于拿到。因此，这种实验设置为解决办法提供了强烈的暗示。想象一下，倘若克勒当时教他的黑猩猩将盒子摞起来会是什么情形吧！那样会削弱一切关于洞察力的论断，我们也就永远不会听说克勒。在试验进程中，乌鸦确实懂得了大石头比小石头更好用，而且将石头投入装着木屑的管子是没有用的。但是，这也许只是一种快速学习，而不是在运用头脑想出答案。也许，乌鸦注意到将石头加进水中会让黄粉虫离自己更近，因此它们才坚持一直往管子里投石头[40]。

最近，我们让黑猩猩参与了一个“漂浮花生”任务。一名叫莉
莎的雌性立即解决了任务中的问题，往塑料管里加了水。起初莉 92
莎对管子进行了猛烈的踢打和摇晃，但却是徒劳。之后，它突然

转身，跑到饮水器前灌了一满嘴水，然后回来将水加进了管子里。它又这么往饮水器那儿跑了好几趟，最后使花生升到了合适的高度，可以用手指拿出来了。其他黑猩猩则没有这么成功，不过有只母猩猩试图往管子里撒尿！它设想的方向是对的，但执行方法却不大对。我对莉莎的生平非常了解，很确定它从未遇见过这类问题。

我们这一实验的灵感来自一个由许多猩猩和黑猩猩参与的漂浮花生任务。这些猩猩和黑猩猩中有一部分在看到任务的第一眼时便想出了办法[41]。这尤为与众不同，因为和乌鸦不同，这些猿类在参与任务前没有受过任何训练，它们附近也没有任何工具。在它们去接水之前，它们就必须在头脑中突然想到水会管用——水看上去可并不像是工具。当人们在儿童身上进行这一测试时，这个任务的难度就很明显了——许多儿童没能找出办法完成任务。在八岁的孩子中，只有58%想出了办法；在四岁孩子里这个比例只有8%。大多数孩子急切地试图用手指拿到奖励，然后便放弃了[42]。

这些研究在灵长动物沙文主义者和鸦科动物发烧友之间建立起了一种友好的对立关系。我有时会开玩笑说后者是“猿类妒忌者”，因为他们发表的每一篇论文里都会拿灵长动物作对比，声称鸦科动物做得比灵长动物更好，或者至少一样好。他们称他们的鸟儿为“披着羽毛的猿类”，并作出大胆的论断，譬如“关于非人类动物的技术演化，迄今为止唯一可信的证据便来自新喀里多尼亚乌鸦[43]”。而灵长动物学家则很好奇鸦科动物中的工具使用技能有多么普遍，并且对这些鸟儿来说，“披着羽毛的猴子”这一绰号是否更合适一些。莫非乌鸦就像砸蚌壳的海獭或者将石头扔向鸵鸟蛋的埃及秃鹫一样，只会一招？或者，它们是否具有解决一系列广泛的问题的智能呢[44]？这些问题远远还没有解决，因为尽管人们已经对猿类的智能进行了一个多世纪的研究，但对鸦科动物 93
工具使用的研究直到 21 世纪初才开始。

一个有趣的新课题是新喀里多尼亚乌鸦对多种工具的组合使用。人们给乌鸦一片肉，但它只有用长棍才能拿到这片肉。可是长棍在栏杆后面，乌鸦的喙可以伸过栏杆，脑袋却过不去，因此乌鸦无法拿到长棍。但是，在附近的一个盒子里有一根短棍，可以用来拿到长棍。要解决这个问题，正确的顺序是拿起短棍，用它拿到长棍，然后再用长棍去拿肉。乌鸦需要理解，工具可以用在非食物的对象上，而且需要按照正确的顺序一步步去做。亚历克斯·泰勒(Alex Taylor)及其同事将马雷岛上的野生新喀里多尼亚乌鸦暂时关在了一间鸟舍里进行这项实验。他们测试了七只乌鸦，全都能够组合使用多种工具。其中三只在第一次尝试的时候便找到了正确的顺序[45]。目前，泰勒正在尝试使用有更多步骤的任务，而乌鸦总能战胜挑战——这是最令人印象深刻的。而且多步骤任务对于猴子来说很难完成。在这一点上这些乌鸦比猴子要强得多。

灵长动物和鸦科动物之间仿佛进行着一场“演化高尔夫球”，而许多在演化地位上位于二者之间的古老的哺乳动物和鸟类祖先物种都并不会使用工具。因此，我们面对的是一例典型的趋同演化。灵长目和鸦科肯定在各自的环境中分别面临过对于物品进行复杂操作的需要，或者面临过其他刺激脑部生长的挑战。这些需要或挑战使得它们演化出了极为相似的认知技能[46]。鸦科动物的登场阐明了对精神生活的发现是如何形成涟漪扩散到动物王国中的。对于这一过程最好的总结便是我自创的认知涟漪规则：**我们所发现的每种认知能力都会比我们最初所认为的要更为久远，存在范围也更加广泛。**这很快就成了演化认知领域拥有最多证据支持的信条之一。

有个很好的例子便是我们如今已经有了哺乳动物和鸟类之外
94 的其他动物使用工具的证据。灵长动物和鸦科动物或许很好地展示了这种技能最为复杂的使用方式，但我们又该如何看待鳄鱼与短吻鳄半没在水中，用吻部平衡其上的大型树枝这一行为呢？在鹭和其他涉禽的繁殖季节——也正是它们迫切需要各种树枝的时候，鳄鱼尤其喜欢在鸟类聚居地附近的池塘和沼泽里这么做。你可以想象一下这个场景：一只鹭降落在了水中的一根浮木上，想拣起旁边一根颇为吸引它的树枝。但突然，这根浮木活动了，咬住了这只鹭。或许鳄鱼最初学到的是，当有树枝漂浮在附近时，鸟类会降落在它们身上。然后，在鹭的繁殖期间，鳄鱼通过保证自己待在水中树枝的附近而拓展了这种关联。在这之后，将它自己用某种物体盖起来以吸引鸟儿或许只是一小步。但这个主意的问题在于，周围自由漂浮在水上的各种树枝其实非常少，而鳄鱼的需求却很大。有可能，鳄鱼——这种被科学家在历史上悲叹为“无精打采、愚蠢而无趣”的动物——从远处找来了作为诱饵的树枝。这会是另一圈美妙的认知涟漪，这圈涟漪会将蓄意的工具使用扩散到爬行动物中[47]。

最后一个例子是关于印度尼西亚附近海域中的椰子章鱼的。

这个例子可能会对工具的定义再次进行扩展。我们这次所谈论的是一种非脊椎动物——一种软体动物！人们见过椰子章鱼收集椰子壳。由于章鱼是众多捕食者喜爱的食物，因此它们生命中的主要目标之一就是进行伪装。但在一开始，得到椰子壳并没有什么好处，因为椰子章鱼需要移动椰子壳，而这会吸引不必要的注意力。椰子章鱼会伸展触手使触手变硬，然后小心翼翼地踮着脚在海底行走，同时用触手捧住椰子壳。这样笨拙地走到一个安全的洞穴后，它就可以躲在椰子壳下边了[48]。一只软体动物为了未来的安全而收集工具，这无论多么简单，都体现出了一点：从人们认为技术是人类定义性特征的时代算起，我们已经走了多么远。

第 4 章

和我说话

Talk to Me

04

说话吧，我会为你洗礼！

——18 世纪早期，法国主教对一只黑猩猩如是说[1]

我们通常认为在动物的自然栖息地进行的研究是需要牺牲和勇气的，因为野外工作者必须应对热带雨林中各种令人不快且危险的生物——从吸血的水蛭到猛兽和蛇。相反，研究人工饲养的动物则通常被认为是轻松容易的。但我们有时会忘记，在坚决地反对面前为自己的观点辩护需要多大的勇气。绝大多数时候，这种情况只发生在学术界内，但纳迪娅·科茨（Nadia Kohts）却因此受到了生命威胁。科茨的全名是娜杰日达·尼古拉耶芙娜·拉德金娜-科茨（Nadezhda Nikolaevna Ladygina-Kohts）。20 世纪早期，她在克里姆林宫的阴影下生活和工作。由于特罗菲姆·李森科（Trofim Lysenko）——他本可以成为遗传学家——的危险影响，约瑟夫·斯大林（Joseph Stalin）以怀有错误思想为由，将许多杰出的苏联生物学家进行了枪决或送至了古拉格劳改营。李森科相信，动植物能将它们在自己一生中获得的性状遗传给后代。那些不赞同他观点的人很快便成了无人敢提的名字，整个科研界都垮掉了。 95

正是在这种压抑的氛围下，科茨和她的丈夫——莫斯科国家达尔文博物馆（State Darwin Museum）的创始人及馆长亚历山大·费奥多罗维奇·科茨（Alexander Fiodorovich Kohts）决心研究猿类的 96
面部表情。这一研究的灵感来源于《人类和动物的表情》（*The Expression of the Emotions in Man and Animals*）一书，该书的作者查尔斯·达尔文属于英国资产阶级。李森科对达尔文理论的态度格外矛盾，他将其中一些理论标为了“反动学说”。对科茨夫妻来说，当务之急是不要惹是生非。他们将档案和数据藏在了博物馆地下室收藏的动物标本中间。他们还聪明地在博物馆入口处为著名的获得性性状遗传理论提出者——法国生物学家让-巴蒂斯特·拉马克(Jean-Baptiste Lamarck)塑了一尊大型雕像。

科茨(指纳迪娅·科茨，后同)将自己的研究成果用法语和德语发表了，不过她发表的作品用得最多的还是她的母语俄语。她写了七本书，只有一本被译为了英文——科茨的原作于1935年问世，而译作则是在多年之后。2002年，我对英文版《婴儿黑猩猩与人类儿童》(*Infant Chimpanzee and Human Child*)进行了编辑。这本书将一只名叫乔尼的幼年黑猩猩与科茨的小儿子鲁迪(Roody)进行了对比，比较了其感情生活和智能。科茨研究了乔尼对黑猩猩和其他动物照片，还有它自己镜像的反应。也许乔尼太小了，还无法认出它自己，但根据科茨的描述，乔尼对着自己的镜像做鬼脸并伸出舌头，自娱自乐[2]。

与沃尔夫冈·克勒相比，科茨几乎不为人知。克勒于1912年至1920年进行了那些突破性的猿类研究。我很好奇，在1913年到1916年——乔尼于1916年夭折——当科茨在莫斯科工作时，她对克勒的工作究竟有多少了解。克勒已作为演化认知学的先驱受到了广泛的承认，而科茨的研究照片显示，她当时无疑是在和克勒做同样的事情。在博物馆的一个玻璃橱窗里，乔尼的尸体固定在那里，周围环绕着梯子和工具，包括可以相互连接的棍子。科茨是否遭到了科学界的轻视？是因为她的性别吗，还是语言原因？

图 4－1　纳迪娅·拉德金娜-科茨是动物认知领域的一位先驱。她不仅研究过灵长动物，还研究过鹦鹉，如图中的这只金刚鹦鹉。科茨在莫斯科的工作与克勒的研究是在同一时期完成的，但科茨依然远不如克勒知名

我是从罗伯特·耶基斯的著作中了解到科茨的。耶基斯曾到
过莫斯科，通过翻译与科茨讨论过她的项目。在耶基斯的书中，
他对科茨的工作表示了极大的钦佩。例如，科茨很有可能发明出
了匹配样本范式——现代认知神经科学的一大主要范式。如今， 97
在无数实验室里，匹配样本范式既用于研究人类，也用于研究动
物。科茨会对乔尼举起一件物品，然后将这件物品藏在一麻袋其
他物品中间，让乔尼摸索着找出最初那件物品。这一测试涉及两
种模式——视觉和触觉，并要求乔尼根据它对于之前见过的物品
的记忆来作出选择。

这位无名英雄的工作深深地吸引了我，于是我也来到了莫斯科。我获得了一次博物馆幕后之旅的机会，翻看了那里的私人相

册。科茨曾经（如今依然）为她的国家所热爱——在这里，人们普遍认为她是一名伟大的科学家，而她也的确是。最令我吃惊的是她养过至少三只鹦鹉。在照片里，她接过了一只凤头鹦鹉递给她的物品，或者将一个放有三个杯子的托盘递给一只金刚鹦鹉。科茨一只手拿着一份小小的食物，另一只手握着一支铅笔。这些鹦鹉坐在她对面的桌上，而科茨会测试它们分辨物品的能力，并对它们的选择打分。我就此请教了美国心理学家艾琳·佩珀伯格
98 （Irene Pepperberg）。她是当代的鹦形目专家，但她从未听说过科茨对鹦鹉的研究。我怀疑，西方世界是否曾有人怀疑过，在很久以前，鸟类认知尚不为人所知时，苏联也有人研究过它。

鹦鹉亚历克斯

当我从附近的一所大学顺道去艾琳所在的系拜访她时，我第一次见到了艾琳饲养并研究了 30 年的非洲灰鹦鹉亚历克斯。1977 年，艾琳在一家宠物店买下了这只鸟儿。当时她正着手建立一个规模宏大的项目，想要打开公众的视野，让他们对鸟类的心理更为了解。这个项目最终为所有关于鸟类智能的后续研究铺平了道路。在那之前，大家的普遍观点是鸟类的大脑过于简单，不可能支持高级的认知。因为鸟类脑中没有任何与哺乳动物的大脑皮质看上去类似的结构，所以人们认为鸟类拥有不错的本能，但却不善于学习，更别提思考了。尽管事实上有些鸟类的大脑相当大——非洲灰鹦鹉的大脑大约有去壳的核桃那么大，其中很大一

片区域的功能和大脑皮质很相似，而且鸟类的自然行为让人有充分的理由质疑这种对它们的贬低，然而，鸟类与哺乳动物不同的大脑结构成了对它们不利的证据。

我自己曾饲养并研究过寒鸦。它们是另一科脑部较大的鸟类——鸦科的成员。我从来都对它们行为的灵活性深信不疑。当我带着寒鸦们漫步穿过公园时，它们会对狗进行调戏，在狗的脑袋前方不远处飞来飞去，狗对它们龇牙咧嘴，但又刚好咬不着它们。狗的主人们对此又是惊讶又是窝火。在室内，我的寒鸦们会和我玩藏东西的游戏：我会将一件小物件，比如一个橡木塞子藏在枕头下面或者花瓶后面，而寒鸦则要试着将它找出来；或者它们藏东西，我来找。这个游戏有赖于乌鸦和松鸦广为人知的贮藏食物的天赋，但也同样暗示了**客体永久性**（object permanence）——对于某一物体即便从视野中消失，也会继续存在的理解。我的寒鸦们极其喜爱玩耍。在动物中，普遍来讲，这种行为暗示了较高的智能和对挑战的热爱。因此，当我拜访艾琳时，我做好了对某 99
只鸟儿刮目相看的准备，而亚历克斯没有令我失望。它骄傲地站在栖木上，开始学习钥匙、三角形、正方形等物品的标注。当研究人员指到这些物品时，亚历克斯就会说“钥匙”“三角”“四角”等。

一眼望去，这似乎是语言学习，但我不确定这种理解是否正确。艾琳并未声称，亚历克斯的行为是语言学上的“说话”。不过，物品的标注当然是语言中极为重要的部分。我们不应该忘记，语言学家曾将“语言”简单地定义为用象征符号进行的交流。只是当有证据证明猿类也能用象征符号进行交流时，语言学家们感到他们需要将标准提高一些，便对原来的定义作了一些改良，加上了诸如语言需要句法规则和递归性之类的条件。动物的语言获得已经成了相当吸引公众兴趣的一大主题，仿佛一切关于动物认知的问题都浓缩成了某种图灵测试：我们人类是否能够与它们进行一场有意义的对话？语言是人性的一个特殊标志。18 世纪时，有位法国主教愿意为一只猿洗礼——只要这只猿能够说话。可以肯定，这是 20 世纪 60 年代和 70 年代中科学界似乎唯一关心的问题。这使得人们尝试着与海豚对话，并给许多种灵长动物教授语言。但是，这种对动物语言获得的关注后来有些变了味儿。1979 年，美国心理学家赫伯特·特勒斯（Herbert Terrace）发表了一篇论文，对一只名叫尼姆·齐姆普斯基（Nim Chimpsky）的黑猩猩——它的名字来源于美国语言学家诺姆·乔姆斯基（Noam Chomsky）的名字——的符号—语言能力表示了极大的怀疑[3]。

特勒斯发现尼姆是一个乏味的交谈对象。尼姆的谈话方式中，绝大部分都是在要求某个它想要的结果，如食物，而不是在表达思想、观点或者想法。不过，特勒斯对此的讶异本身便颇令人吃惊，因为他本人的研究对操作性条件反射相当依赖。由于我们并不用操作性条件反射来教孩子语言，因此这让人好奇，为什么要这么教猿类语言。尼姆因手部信号而获得了几千次奖赏，那么它为何不用这些信号来获取奖赏呢？它不过是把教给它的东西付诸
100 行动罢了。但是，这个项目使得支持和反对动物有语言这一观点的声音逐日变大。在这些不和谐的声音中，一个鸟类的声音使许多人退出了争论——猿类显然不会说话，而亚历克斯则清楚地说出了每一个单词。从表面上看，亚历克斯的行为比其他任何动物

都更接近语言，尽管人们对这种行为事实上意味着什么并没有一致的意见。

艾琳对研究物种的选择很有意思，因为有个儿童图书系列里的主角，怪医杜立德（Doctor Dolittle）便有一只名叫波利尼西亚的非洲灰鹦鹉，这只鹦鹉教这位好医生学会了动物的语言。这些故事总是吸引着艾琳。当她还是个孩子时，她便给了她的宠物相思鹦鹉一满抽屉扣子，想看看这只鸟儿如何处理它们[4]。从儿时起，她便对鸟类及其对颜色和形状的偏好相当着迷，而她对亚历克斯的研究则是这种兴趣的直接发展。不过，在我们进一步探讨她的研究之前，让我简短地讲讲这种与动物交谈的渴望。这种渴望往往来自研究动物认知的科学家们。人们通常假设认知与语言之间有着深层的关联，与动物交谈的渴望和这一关联密切相关。

很奇怪，这种特别的渴望一定是和我擦肩而过了，因为我从没感受到过这种渴望。我并不会期待我的动物说出什么关于它们自个儿的内容，而是会采取维特根斯坦式的态度，认为动物表达的信息并没有那么大的意义。即便是对于我们人类自己，我也怀疑语言能否告诉我们当事人的脑海里到底发生了些什么。我周围尽是通过调查问卷来研究我们人类的同事。他们对自己收到的回答笃信不疑，并向我保证他们有办法检验回答的真实性。可是，谁说人们告知的信息就一定能揭示出他们真实的情感和动机？

对于一些与道德无关的简单态度（如“你最喜欢的音乐是什么？”）来说，其回答也许真实可信；但询问人们的感情生活、饮食习惯，或者对待他人的态度（如“你是一个令人愉快的同事吗？”）就几乎毫无意义了。事后为某个人的行为编造一些理由实在是轻而易举。这些理由可以用来解释为何某人闭口不谈自己的101 性习惯，为何对过度饮食轻描淡写，或者为何将自己描述得比实际更和蔼可亲。没有人会承认自己有过恶意的念头、气量狭小，或者是个混蛋。人们总在说谎，因此，凭什么会在心理学家面前停止说谎呢？这位心理学家可是会记录下他们所说的一切的。在一项研究中，当女性大学生连上一台假的测谎仪时，她们所报告的性伴侣人数比不连测谎仪时要多。这表明，她们没连测谎仪时撒谎了[5]。事实上，研究不会说话的受试对象让我松了一口气。我不必担心它们所说内容的真实性。我不必问它们多久进行一次性行为，我只要直接去数它们性行为的次数就好了。我对做一名动物观察者感到非常满意。

如今，当我想到这些，我对于语言的不信任变得更加深入了，因为我对于它在思考过程中的作用也不怎么确信了。我不确定我是否是用单词来思考的，我也从未听到过任何内心的声音。有一次，在一个关于认知演化的会议上，这导致了一些尴尬。当时一些学者一直提到一个内心的声音，说它会告诉我们孰对孰错。我说，对不起，但我从未听到过这种声音。莫非我是个没有良知的人吗？或者我是通过画面来思考的，就像美国动物专家坦普尔·格兰丁（Temple Grandin）某次对于自己的著名形容一样？再说，我们所谈论的是哪种语言？我在家说两种语言，在工作中说第三种，我的思维一定混乱得可怕。不过，尽管“语言是人类思想的基础”这一假设流传甚广，但我未发现自己有任何不正常。1973 年，美国哲学家诺曼·马尔科姆（Norman Malcolm）作为美国哲学学会会长致辞。他的讲话的标题很能说明问题，叫作“没有思想的野兽”

(Thoughtless Brutes)。在该演讲中，马尔科姆声称“语言与思想之间的关联一定非常紧密，因此，推测人类可能**没有**思想实际上是毫无意义的。同样，推测动物**可能**有思想也是没有意义的[6]”。

正因为我们通常用语言来表达想法和感受，所以我们理所当然地会给语言安排一个作用。但我们常常会想不出合适的话来表达自己的意思，这难道不奇怪吗？这并不是因为我们不知道自己的想法或感受，但我们就是没法用语言表达出来。倘若想法和感受一开始便是语言的产物，那么这种情况就完全不会发生了。若 102
是如此，我们说话就能像瀑布一般滔滔不绝了！目前被广泛接受的一种观点是：即便语言能提供事物的分类和概念，从而帮助人类思考，但它并非思想的内容。要想思考，语言实际上并非必要。瑞士科学家让·皮亚热(Jean Piaget)是认知发育领域的先驱。他肯定不会否认，还不会说话的孩子是有思想的。因此，他声称认知是独立于语言的。动物亦是如此。美国哲学家杰里·福多尔(Jerry Fodor)是现代心灵概念的主要构建者。他是这么说的：“世上存在着没有语言但也会思考的生物。这点显而易见，能够驳倒(而且我认为理由充分)自然语言是思考的媒介这一观点。”[7]

多么讽刺呀！我们走了如此之远——从前，人们将语言的缺失视为反驳其他物种也有思想的论据；如今，我们发现没有语言的生物明显也会思考，并用这一点来反驳语言的重要性。我对这一转变并无怨言，不过，它很大程度上得益于在亚历克斯等动物身上进行的语言研究。这并非由于这些研究证明了语言的本质，而是因为它们使动物的思想以另一种形式展现在了我们面前，使其更容易与我们自身相联系。在这些研究里，我们看到一只醒目的鸟儿，当有人对它说话时，它便会回答，会以极高的准确性念出物品的名称。这只鸟儿面对着一个装满物品的托盘，有些物品是羊毛做的，有些是木头的，有些是塑料的，色彩缤纷。它需要用喙和舌头感受每件物品。然后，实验人员会将这些物品全部放回托盘中，并问这只鸟儿那个蓝色的、有两个角的物品是什么做的。要答出正确答案“羊毛”，这只鸟需要将它关于颜色、形状和材料的知识，以及对于那件特定物品感觉的记忆结合起来。在另一些情况下，这只鸟会看到两把钥匙，一把是绿色的塑料钥匙，另一把是金属钥匙。实验人员会问它：“这两把钥匙的区别是什么?”它会说：“颜色。”再问它：“哪种颜色的钥匙更大?”它会说：“绿色。”[8]

在亚历克斯职业生涯的早期，我曾见过它的表现。任何像我一样看过其表现的人都会大吃一惊。怀疑论者显然试图将亚历克斯的技能归因于死记硬背式的学习。但是，由于刺激在不断变化，
103 所提的问题也在变化，因此很难想象亚历克斯是如何依靠背下来的答案来达到这种程度的表现的。如果是这样，那么它需要巨大的记忆容量以应对所有可能。这种情况所需的记忆容量实在太大。事实上，更为简单的方法是像艾琳一样，假设亚历克斯学会了一些基础的概念，并有能力在头脑中将它们结合起来。况且，亚历克斯回答问题并不需要艾琳在场，甚至不需要实际看见问题所涉及的物品。当现场没有任何玉米时，实验人员问亚历克斯玉米是什么颜色的，它会说“黄色”。亚历克斯有个能力令人印象格外深刻，那便是区分“相同”和“不同”的能力。这需要在多个维度上对物品进行比较。在亚历克斯刚开始训练时，人们假设所有这些能

力——标注、比较，以及判断颜色、性状和材料——都需要语言。而且，怀疑主义对鸟类的质疑程度大大超过了曾经对我们的近亲灵长动物的质疑。因此，艾琳经历了一番激烈的斗争，才终于让世界相信亚历克斯是具有这些能力的。不过，在多年的坚持并积攒了许多可靠的数据之后，艾琳满意地看到亚历克斯变成了“名人”。当亚历克斯于 2007 年去世时，《纽约时报》(*New York Times*)和《经济学人》(*The Economist*)杂志都发了讣告来纪念它。

与此同时，亚历克斯的一些近亲也开始给人们留下深刻印象。另一只非洲灰鹦鹉不仅能模仿声音，还会同时加上身体动作。它会在说“拜拜”的时候挥动一只爪子或翅膀来告别，还会边说“看看我的舌头”边把舌头伸出来，就像主人对它做过的那样。鸟类是如何能够将人类的身体与自己的身体联系起来进行模仿的呢？这还是个未解之谜[9]。还有戈芬氏凤头鹦鹉菲加罗，有人见过它从木头横梁上掰下一大片木头，用来将鸟舍外的坚果弄进来。在此之前，还没有人报告过鹦鹉会制作工具[10]。这令我好奇科茨是否在她的凤头鹦鹉、金刚鹦鹉及其他鹦鹉身上做过类似的实验。科茨对动物使用工具有着浓厚的兴趣，而且她还有六本著作尚无英文版。因此，假如以后有一天听说她做过类似的实验，那也在我的意料之中。很显然，还有许多东西依然有待我们去探索发现——这一点在亚历克斯数数能力的试验中也是显而易见的。

研究人员是偶然间发现亚历克斯的天分的。当时他们正在对 104
格里芬——一只以唐纳德·格里芬的名字命名的鹦鹉——进行测试，而亚历克斯也在那个房间里。为了了解格里芬是否能够将数量与声音关联起来，研究人员会点击两下，对此格里芬需要回答

“二”。但格里芬没有回答，于是研究人员又点击了两下。这时，房间另一头的亚历克斯插嘴道：“四。”研究人员又点击了两下，亚历克斯说：“六。”而格里芬依然缄默不言[11]。亚历克斯对数字十分熟悉。有一次，研究人员给它看了一个装着许多物品的托盘，其中有几件物品是绿色的。然后研究人员问道：“有多少物品是绿色的?”亚历克斯能够给出正确的答案。不过亚历克斯这次的行为可不仅仅是这样——它在没有视觉输入的情况下答出了正确的数字。将数字相加的能力也曾被认为是依赖于语言的，但几年以前，一只黑猩猩成功将数字相加，于是这种观点开始动摇了[12]。

艾琳开始着手更为系统性地对亚历克斯的能力进行测试。她将一些大小不同的物体(比如不同种类的意大利面)放在一个杯子下面。她在亚历克斯面前将杯子拿起来几秒钟，然后放下。然后她对第二个、第三个杯子依次这么做了。每个杯子下面只有少数几个物体，有时甚至一个都没有。之后，亚历克斯能看到的只有三个杯子。然后艾琳会问它：“总共有多少个物体?”在十次测试中，亚历克斯有八次答出了正确的总数。在那两次答错的测试中，它重新听一遍问题后就答对了[13]。由于没法实际看见物体本身，因此这一切都是在它脑海中进行的。

不幸的是，由于亚历克斯的意外死亡，该研究中断了。不过，这位穿着灰色西装的小数学天才已经给了我们足够的证据证明鸟类的脑袋里发生的事情比任何人想到的都要多。艾琳总结道：“太久太久以来，人们诋毁了所有的动物，尤其是鸟类，将它们仅仅作为只有本能的生物来对待。但它们其实是有知觉能力的。[14]”

红鲱鱼[1]

有时，亚历克斯的话会创造出绝妙的语言场景。例如，有一 105
次，艾琳因为她系里的一个会议而气得七窍生烟，气冲冲地朝实验室走去。亚历克斯对她说：“冷静点！”毫无疑问，亚历克斯自己过于兴奋的时候曾经成为过这个表达方式的对象。还有些其他著名的例子，包括一只会使用符号语言，名叫科科的大猩猩。它见到斑马后，自发地将“白色”和“老虎”两个符号组合在了一起。还有瓦苏，它是整个领域内的黑猩猩先驱，将“水”和“鸟”放在一起标注了天鹅。

我认为这一切可能暗示着某些更为深入的知识，但我需要获得更多的证据才能确认这点。我们应该记住，这些动物每天会发出几百个信号，而且人们已经对它们研究了几十年。我们需要对上千盘语言表达的录像带中正确次数和错误次数的比率有更好的了解。这些偶然的组合与另一些情况——比如因对 2010 年世界杯作出一连串正确预测而著名的章鱼保罗[昵称普尔波·保罗(Pulpo Paul)]——之间有着怎样的区别呢？保罗不过是一只幸运的软体动物。就像没有人会假设保罗懂得足球一样，我们也应该怀着同样的态度，检验动物的惊人之语是否是由随机性造成的。倘若我们不去看原始数据，比如未经编辑的录像带，而只听充满爱心的

---

[1] 在英语中，“红鲱鱼”(red herring)指用来转移焦点或注意力的无关话题。——译注

动物看护者讲述他们带有偏见的理解，那么就会很难对动物的语言技能作出评估。当猿类给出错误答案时，对它们行为进行解读的人们总是假设猿类具有幽默感，因此叫道：“噢，别老是开玩笑了！”或者“你这只大猩猩真逗！”，但这些做法对评估猿类的语言能力毫无帮助[15]。

2014 年，罗宾·威廉斯（Robin Williams）去世了。当时整个美国都因这位世界上最幽默的人的离世而陷入了悲伤，据说大猩猩科科也很哀痛。这听上去合情合理，更何况位于加利福尼亚州的大猩猩基金会称威廉斯为他们“最亲密的朋友”之一。问题是威廉斯和科科只见过一面，还是在 13 年前。而且科科“忧伤”反应的唯
106 一证据是一幅照片。照片里，科科坐着，头低垂着，闭着眼睛，看上去和打盹没多大差别。我认为这种“悲伤”论断是种过度延伸，这并不是因为我怀疑猿类是否有感情或者是否能够悲伤，而是因为对于一件动物没有亲眼见到的事情，要测量它们对此的反应是近乎不可能的。科科的情绪是完全有可能受到其周围人的影响的，但这并不等于其理解了发生在一位几乎不认识的人类成员身上的事情。

到目前为止，所有在猿类中观察到的对死亡和失去的反应都是和某位确实极为亲近的个体相关的（比如母亲和孩子，或者终生的朋友），而且猿类能够见到并触摸到逝者的尸体。仅仅因为提及某人的逝世而引起的悲伤需要一定水平的想象力以及对死亡的理解，而我们中大多数人并没有想到这一点。恰恰是由于这种夸大的论断，整个猿类语言领域的研究多年以来都声名狼藉。这也是再没有这一类的新项目开始的原因。目前还在进行的项目则通常

通过令人感觉良好的故事和宣传噱头来筹集资金。这种事情发生得太多，而实打实的科学则太少。

我通常不会这么说，但我认为我们人类是唯一有语言能力的物种。事实上，没有证据表明，在人类以外的物种身上存在着和我们一样丰富而多功能的符号式交流。这似乎是我们自己的魔法水井，是我们格外擅长的东西。其他物种完全能够交流内心活动，比如感情和动机，或者通过非语言的信号进行协作活动及进行计划。但是它们的交流既没有使用象征符号，也不像语言那样极度灵活。最重要的是，其他物种的交流内容几乎完全局限于当时和当地。黑猩猩也许能觉察到其他个体对于当时某个情境的情绪，但对于并非发生在当时当地的事件，它们连最简单的信息都无法交流。假如我顶着一只乌青的眼睛，那么我会向你解释我昨天是如何走进了一家有着醉鬼的酒吧，等等。黑猩猩却无法事后解释它是怎么受伤的。当攻击它的黑猩猩从旁边走过时，它有可能会对着攻击者尖叫，于是其他黑猩猩就能够推断出它的行为和伤口 107
之间的联系——猿类很聪明，可以将原因和结果联系起来——但这只有当攻击者和受伤者都在场时才会奏效。如果攻击者没有从旁边走过，那么这种信息传递就不会发生。

有无数的理论试图找出语言带给我们人类的优势，并解释语言为何会出现。事实上，有一个国际会议专门探讨这一主题。与会的发言人提出的猜测及推断的演化过程要超乎你的想象[16]。我自己则采纳了一种较为简单的观点：语言最为重要的优点是使信息传递不限于此刻此地。能够就不在眼前的事物及过去或未来发生的事件进行交流，这对生存来说极为有用。你可以让其他人知道山上有只狮子，或者你的邻居拿起了武器。不过，这只是许多观点中的一个。并且，现代语言对于这种有限的目的来说确实过于复杂精巧了。我们可以用现代语言来表达想法和感受、传授知识、发展哲学观念、写作诗歌和小说。这种能力是多么丰富，多么不可思议啊！它似乎完全是我们人类所独有的。

但是，正如人类中许多更为宏大的现象一样，一旦我们将现代语言分解成更小的部分，我们就会发现，其中一些部分也出现在了其他地方。我之前的一些畅销书中就用到了这一方法，这些书中讨论了灵长动物的政治、文化，甚至道德[17]。这些方面的关键部分，比如权力结盟（政治）、习惯传播（文化），以及公平性（道德），在我们人类以外的物种中也可以找到。潜藏在语言之下的种种能力也是如此。例如，蜜蜂可以传递信号，精确地交流蜂巢远处花蜜的位置；猴子可以发出有规律的一连串叫声，类似于语句的雏形。在这些语言的类似物中，最有趣的大概要数**指示信号**（referential signaling）了。肯尼亚平原上的青腹绿猴对猎豹、老鹰和蛇有不同的预警叫声。由于对不同的危险需要有不同的应对方法，因此这些根据天敌种类而变换的叫声构成了一个救生交流系
108 统。例如，如果预警叫声表示有蛇，那么正确的反应是在高高的草丛里站直并四处环视。但如果有猎豹潜伏在草丛中，那么这种行为无异于自杀[18]。有些其他种类的猴子没有针对每种天敌的特定叫声。它们会将同样的叫声用不同方式组合起来，用于不同的场合[19]。

在对灵长动物研究之后，认知的涟漪如往常一样泛开，将鸟类也囊括进了指示信号使用者的行列。以大山雀为例，它们会用

一种独特的叫声来警告有蛇——蛇会游走到鸟巢中吞食幼鸟，对大山雀是一大威胁[20]。但是，尽管这类研究有助于提高动物交流的地位，但也引起了一些严肃的怀疑。动物中类似于语言的交流方式被称为“红鲱鱼”[21]。动物叫声的含义并不一定和我们所认为的一样——这些叫声功能的一大关键在于听众如何理解叫声[22]。此外，我们需要记住，大多数动物并不会像人类学习单词那样学习自己的叫声，它们生来就会。无论动物天然的交流有多么复杂，它都缺乏人类语言那样的象征符号质量和开放式的句法。正是这些特点赋予了人类语言无限的用途。

或许，手势语与语言更为类似——猿类会自发控制手势语的使用，并且它们的手势语通常是习得的。在交流过程中，猿类会不断移动和挥舞双手。而且，猿类有着大量的特定手势，比如伸出一只张开的手来讨要东西，或者在另一只猿头上挥动自己的整个手臂，以表明自己的优势地位[23]。这些特定手势令人印象深刻。我们和猿类——也只和猿类——共有这种行为。猴子实际上是没有这种手势的[24]。猿类的手部信号极为灵活多变，通过有意地使用以使交流中的信息更为完备。当黑猩猩向一位正在进食的朋友伸出手时，是在请求朋友分享食物；但当这只黑猩猩受到攻击并向旁观者伸出手时，是在寻求保护。它甚至可能会朝敌人的方向
愤怒地拍打来指明敌人。不过，尽管手势比其他信号更加依赖于 109
具体的情境，并且大大丰富了交流，但依然无法与人类的语言相提并论。

这是否意味着一切试图在动物交流中寻找类似于语言的能力的努力——比如那些在亚历克斯、科科、瓦苏、坎兹身上进行的

研究——都是在浪费时间呢？在特勒斯的论文发表后，语言学家们急于将浑身长毛或羽毛的“入侵者”从自己的领土上赶走。他们将动物研究的一无所获看作他们自己的颂歌。他们对动物研究极为鄙视。在1980年一个标题中含有“**聪明的汉斯**”这几个字的会议上，语言学家们要求正式**禁止**一切教动物学习语言的尝试[25]。该行动没有成功，但它使人想起19世纪达尔文的反对者们——对这些人来说，语言是野兽与人类间的一大壁垒。巴黎语言学会（Linguistic Society of Paris）也是其中一员。1866年，巴黎语言学会禁止了对语言起源的研究[26]。这种措施所反映出的并非好奇心，而是智力上的恐惧。这些语言学家在怕什么呢？他们最好把头从沙子里拔出来，因为没有任何性状——包括我们自己深以为豪的语言能力——是凭空出现的。没有任何东西是突然间演化出来，之前没有任何雏形的。每个新性状都是在已经存在的结构和生理过程的基础上产生的。因此，我们可以在大型猿类的大脑中辨认出韦尼克区，这部分脑区对人类说话的能力至关重要。大型猿类的韦尼克区和我们的一样，都是大脑左半球上一片增大的区域[27]。显然，这提出了一个问题：在我们的祖先中，当这个特别的脑区还没有参与语言功能时，它的作用是什么呢？语言功能与其他功能之间的联系有很多，包括叉头框P2基因（FoxP2 gene），它既影响人类的语言发音，又影响鸟类鸣唱时精密的运动控制[28]。由于鸣禽和人类有着至少50个与鸣唱学习特定相关的共同基因，因此科学界逐渐将人类的语言和鸟类的鸣唱视为趋同演化的产物[29]。人类与动物的比较是所有认真对待语言演化的人无法绕开的主题。

与此同时，为了解语言而进行的研究破除了“动物的天然交流完全是情绪化的”这一观念。如今，我们对很多方面的理解都已远胜从前，比如交流是如何传达给听众或观众的，是如何提供关于 110
环境的信息的，又有多么依赖于信号接收者对于信号的理解。尽管动物交流与人类语言之间的联系依然颇具争议，但我们从这番研究中所获良多，可以更好地评价动物间的交流。事实证明，那些接受过语言训练的动物为我们提供了无价的信息，揭示了动物头脑中所拥有的能力。由于研究中的动物回应要求和提示的方式很容易理解，因此，这些研究的结果调动了人类的想象力，对于动物认知这一领域的开拓极为重要。当亚历克斯听到一个关于托盘里物品的问题时，它会仔细检查这些物品，然后根据被问到的那个作出回答。由于我们既能理解那个问题，也能理解亚历克斯的回答，因此对我们而言，要设身处地地理解亚历克斯是很容易的。

休·萨维奇-朗姆博夫(Sue Savage-Rumbaugh)是倭黑猩猩坎兹的研究者。坎兹能通过按一个键盘上的符号来进行交流。我曾问过朗姆博夫：“你认为你是在研究语言呢还是智能呢？这两者之间有区别吗?”她回答道：

“有区别。因为我们的猿类中有的没有任何类似于人类语言的能力，但它们在迷宫难题之类的认知任务中表现很好。不过，语言技能可以帮助认知技能变得更加复杂而完善，因为你可以告诉接受过语言训练的猿类一些它不知道的东西，而这可以将认知任务提升到一个完全不同的水平。例如，我们有一个电脑游戏，猿类可以在游戏中将三片拼图拼在一起组成不同的画像。当它们学会之后，屏幕上就会显示四片拼图，其中第四片来自一幅其他的画像。当我们第一次让坎兹完成这个任务时，它会拿起一片兔子面孔的拼图，将它和一片我面孔的拼图放在一起。但是当然，这两片是拼不到一起的。由于坎兹能极好地理解我们说的话，因此我会对它说：'坎兹，我们不是在拼兔子脸。把休的脸拼出来吧。'它听到这里，就不再拼兔子的面孔了，而是执着于我面孔的拼图——我的指导立刻起效了。[30]"

111 由于坎兹在亚特兰大生活了多年，因此我见过它很多次，并一直对它理解英语口语的能力印象深刻。令我困惑的并非它自创的表达方式——它的表达方式相当基础，绝对不如三岁孩童——而是它对周围人们的反应。在一段关于物品交换的录像中，休让坎兹"把钥匙放进冰箱里"。当时，休戴着一个焊接时用的面罩，以防止"聪明汉斯"效应。坎兹拿起了一串钥匙，打开冰箱，将钥匙放了进去。当休让坎兹给它的小狗打一针时，坎兹拿起了一个塑料注射器，给它的毛绒玩具狗打针。坎兹熟知大量物品和单词，这种熟悉对它的被动理解能力帮助很大。休对这一点也进行了测试，和坎兹玩了说单词的游戏。坎兹坐在桌边，从许多照片里选出它从耳机里听到的东西。尽管坎兹辨认单词的能力极为出色，但这依然无法解释为何它似乎能够理解整个句子。

尽管我自己的猿类都没有接受过语言训练，但我在它们之中也发现了这种对整句的理解能力。乔治娅是一只调皮的黑猩猩，它喜欢偷偷摸摸地从水龙头接水，然后喷到游客身上，给他们一个"惊喜"。有一次，我用一根手指指着它，用荷兰语告诉它，我看到它这么做了。它立刻把水从嘴里吐出来了，显然意识到试图给我们“惊喜”没多大意思了。但它是怎么明白我在说什么的呢？我怀疑很多猿类都听得懂一些关键词，而且它们对我们的语调、眼神和手势等情境信息极为敏感。毕竟，乔治娅只不过接了一满嘴水，而我则提供了一系列线索，比如用手指指着它并叫着它的名字。乔治娅不必听懂每个具体的单词。它的认知天赋使它能够将这些线索拼凑到一起，明白我大概是什么意思。

当猿类猜对了的时候，我们会对此有清楚的印象，认为它们肯定能理解我们所说的一切。但有可能，它们只理解了其中一些片段。当罗伯特·耶基斯与一只名叫奇姆皮塔的年轻雄性黑猩猩互动之后，他写下了这样一段惊人的描述：

> “有一天，我在给奇姆皮塔喂葡萄，它把葡萄籽吞下去 112
> 了。我担心葡萄籽会引起阑尾炎，因此我告诉它必须把葡萄籽给我。于是，它将嘴里所有的葡萄籽都给了我，然后还用它的嘴唇和双手从地上捡起了一些葡萄籽。最后，笼子壁上和水泥地板上还有两粒葡萄籽，奇姆皮塔无论是用嘴唇还是手指都够不着。我对它说：‘奇姆皮塔，等我走了之后，你肯定会把那些葡萄籽吃掉的。’他看了看我，仿佛在问我为什么要给它添这么些麻烦。然后它走到相邻的笼子里，看了我一会儿，然后弄到了一根小棍子，将葡萄籽从墙缝和地板缝中顶了出来，交给了我。[31]”

我们很容易认为奇姆皮塔一定理解了整个句子。也正因为此，讶异不已的耶基斯补充道："我们需要对这种行为进行仔细的科学分析。"但更有可能是，猿类会关注科学家的身体语言，这种关注比我们所习惯的要密切得多。我常会有种怪异的感觉，觉得猿类将我看穿了。这也许是因为它们不会因语言而分散注意力。我们将注意力集中在其他人讲的话上，于是忽略了身体语言。而动物则不会忽略身体语言——这是它们能够获得信息的唯一方式。这是它们每天都要使用的一项技能，这一技能不断完善，以至于它们可以像读书一样读懂我们。这让我想起了奥利弗·萨克斯（Oliver Sacks）写的一个故事。这个故事是关于一个失语症病房里的一群病人的，当他们收看罗纳德·里根总统（President Ronald Reagan）的电视讲话时，笑得直发抖[32]。尽管失语症患者无法理解讲话中的单词，但他们能通过面部表情和身体语言理解总统说了什么。由于他们对非语言线索极为关注，因此要对他们撒谎是不可能的。萨克斯总结说，总统的讲话对周围的其他人来说听上去完全是正常的，只有这些脑部受损的人才能看穿他是如何将欺骗性的词语巧妙地和语调结合在一起的。

讽刺的是，那些为寻找其他物种中语言能力而付出的努力使我们更清楚地意识到了语言是种多么特别的能力。它所依赖的特殊学习机制使得即便蹒跚学步的幼童也能在语言能力上胜过任何
113 经受训练的动物。事实上，这是一个绝佳示例，体现了我们人类中生理上有准备的学习行为。不过，意识到这一点并不意味着我们在动物语言研究中揭示的东西是没有意义的。我们不能将精华连着糟粕一起抛弃。从那些研究中，我们发现了亚历克斯、瓦苏、坎兹和其他动物奇才。在它们的帮助下，动物认知领域声名远扬。

这些动物使怀疑论者以及怀有类似怀疑的大众相信，它们的行为绝不仅仅是死记硬背的学习。当你看着一只鹦鹉在自己头脑里成功地对物品进行计数时，你不可能依然认为这些鸟儿只不过善于学舌而已。

致狗狗

艾琳·佩珀伯格和纳迪娅·科茨分别以他们自己的方式穿过了危险的水域。倘若每个人都能保持思想的开放，只对证据有着纯粹的兴趣，那该多好。但科学也无法逃避先入为主的观念和狂热的信念。任何禁止研究语言起源的人一定对新观点心存恐慌，就像那些认为孟德尔遗传学是国家迫害的人一样。伽利略（Galileo）的同事曾拒绝从伽利略的望远镜中看一眼——人类是非常奇怪的。我们有能力分析和探索周围的世界，但一旦所发现的证据可能超出我们的预期，我们便恐慌了。

当科学界开始认真对待动物认知时，所面对的便是这样的处境。对许多人而言，这是一段令人不安的时光。语言研究消除了曾经笼罩在动物认知之上的怀疑，尽管这并非语言研究的本来目的。当认知的精灵从瓶中钻出后，我们便无法将它再塞回去了。于是科学界开始用一种不带有语言相关偏见的方式来研究动物。我们回到了从前的路上，用科茨、耶基斯、克勒和其他科学家的思考方式，将关注点集中于工具、对环境的了解、社会关系、洞察力、预见能力，等等。如今，许多关于合作、分享食物、交换代币的研究所用的实验范式和一个世纪以前的研究是类似的[33]。
114 当然，就如何研究猿类之类难以控制的生物并激发它们的积极性而言，问题依然存在。倘若这些生物不是在人类身边长大，那么它们对我们命令的意思就一无所知，也不会像我们所希望的那样对我们多加关注。事实上，它们依然野性难驯。接受过语言训练的动物则要容易沟通得多，这让人怀疑我们怎么才能用野生动物来取代它们。

在绝大多数情况下，这种取代并不可能。我们只是需要了解如何对野生或半野生的生物进行测试。不过有一个例外，那就是我们人类特意饲养来与我们相伴的一种动物——狗。不久前，动物行为的研究者们刻意避开了用狗进行研究，其原因正是狗是家养动物，因此遗传上已经发生了变化，不再天然了。不过，科学界现在开始关注狗了，开始承认狗对智能研究有其优势。一大原因便是，研究狗的人员不必太担心自身的安全，也不必为将实验对象关在笼子里而担忧。研究人员不需要饲养实验动物，因为只需要请参与研究的人们将宠物在某个方便的时间送过来就行了。作为补偿，研究人员会给颇为自豪的狗主人们一份盖有大学印章的证书，证明他们的狗格外聪明。最重要的是，研究人员不必面对激发实验动物积极性的问题，而这在大部分其他动物中是很常见的问题。狗会热切地关注我们。不必多加鼓励，它们便会投入任务。无怪乎“犬认知”已然成了一个新兴领域[34]。同时，我们也对人类对动物的感知有了更多的了解。例如，你是否知道，养狗人士中有四分之一的人都相信他们的宠物比大多数人类更聪明[35]？狗还有一个优点，它们是极富同情心并喜爱社交的生物。因此，这些研究也阐明了动物的感情。达尔文对动物感情这一领域兴趣盎然。他常常用狗来阐明不同物种中感情的一致性。

狗为神经科学提供的视角是大多数其他动物依然无法提供的。在人类中，我们用功能性核磁共振扫描脑部，来观察我们害怕什么，或者我们有多爱彼此。新兴媒体常常报道这些研究的结果。 115
但我们为什么不这样研究动物呢？因为我们可以很容易让人类在一个大磁铁里躺下，并在好几分钟内保持不动。这是得到好的脑成像的唯一方法。我们可以对受试者提问，给他们看录像，并将他们的脑部活动与其静息状态对比。不过，我常常嘲笑脑成像是“**神经地理学**”（neurogeography），因为它的结果并不总是像假设的那样能提供那么多信息。典型的脑成像结果是一幅脑的图像，其中某个区域有着黄色或红色的高亮，这告诉我们脑中**哪里**有活动。但在大多数情况下，我们都无法解释到底发生了**什么**，而且究竟**为什么**[36]。

不过，除了这一限制以外，令科学家们颇为烦恼的问题在于如何从动物中收集这样的信息。人们曾经在鸟类中尝试过，但鸟类无法在扫描过程中保持清醒。我们也曾对无法动弹但保持清醒的猴做过大脑扫描。我们将这些小小的猴子放入看上去像婴儿襁褓的扫描仪器中，给它们闻各种气味[37]。但对于黑猩猩等较大的灵长动物，这么做不仅不现实，而且会造成很大的压力，使它们无法将注意力集中在认知任务上。我们也不能给它们用麻醉剂，因为这样就完全达不到实验目的了。真正的挑战在于使受试对象自愿参与实验，并完全保持清醒。

为了了解如何做到这一点，有一次，我下楼去了我们埃默里

图 4－2　图为考利在核磁共振扫描仪里。狗经过训练后能够坐着不动，这让我们可以通过功能性核磁共振等大脑成像的方法来研究它们的认知

大学(Emory University)心理学系的地下室，去检查为人类脑成像而设的新核磁共振装置。我的一位同事已经用这台精密的仪器做出了一大突破：他训练了一只动物，使其能够坐着不动。神经科学家格雷戈里·伯恩斯(Gregory Berns)也和我一样来到了等候室。那里还有一条完好无损的大型公狗，叫作伊莱，以及一条切除了卵巢的母狗考利。考利的体格比伊莱要小得多。考利是格雷戈里自己的宠物，也是他研究的主要对象。考利是第一只经过训练学会了躺着不动的狗。躺下后，它会将鼻子放在一个特殊设计的支撑物上。

就在我们等待的时候，两条狗在房间里愉快地一起玩耍。但
116 后来这种玩耍变成了打架，考利流了一点点血，于是我们不得不将它俩分开。这肯定和绝大多数人类的等候室不一样。这是考利

第八次戴上犬用耳罩或泡沫塑料耳塞。这种耳罩或耳塞像耳机一样挂在狗的头上用于隔音，这样它就听不见核磁共振仪的嗡嗡声了。这个项目中一个重要的部分便是让这些狗适应古怪的噪声。格雷戈里坚信这会成功。不过奇怪的是，他这种坚定的信念是在看了一段对奥萨马·本·拉登（Osama Bin Laden）大本营进行突袭的录像之后产生的。在录像里，海豹突击队第 6 分队让一条受过训练的狗戴着氧气面罩，绑在一名士兵的胸前，从直升机上跳下去。格雷戈里想：如果你可以训练狗这样做，那我们肯定能让它们适应核磁共振仪的噪声。我们还训练了这些狗，让它们将脑袋放到一个腮托上。这两种训练便是这一项目成功的秘密。我们耗费了许多小块的热狗肠，让这些犬科动物在家里接受了训练。因此，核磁共振仪里的腮托对它们而言并不陌生，它们知道自己应该怎么做[38]。

高频率的奖励引起了一点儿困难，因为吃东西需要颌骨的活动，而这会干扰脑成像。考利从一个特殊的犬用梯子上跑进了扫描仪，在它的位子上等着扫描开始。不过，它有点太兴奋了，尾 117
巴在疯狂地摇摆，因而增加了一项身体活动。格雷戈里开玩笑说，我们是在寻找负责摇尾巴的脑区，倒是说不定说对了。伊莱则需要多一点鼓励才能进入扫描仪，不过它一看到自己熟悉的腮托，便很容易地进去了。它的主人告诉我，伊莱对腮托非常熟悉，而且会将它与美好的时光联系起来。主人有时会发现它在家把头放在腮托上睡觉。伊莱能保持三分钟不动，这足够让我们得到些不错的成像了。

这些狗预先接受过一些手势信号的训练。这些手势告诉扫描仪里的狗是否会有一个食物奖励即将到来。格雷戈里通过这种方式来研究它们大脑中快感中心的激活。当时格雷戈里的目标并不太大，其中一个目标是揭示人类和狗用相似的脑区来进行相似的认知处理。格雷戈里发现，对食物的期待激活了犬类大脑中的尾状核，这种激活方式和商人期待金钱奖励时大脑的激活方式是一样的[39]。在其他领域中，人们也发现，所有哺乳动物大脑的工作方式基本上都是一样的。当然，在这些相似性的背后有着更为深层的信息。我们如今不再像斯金纳和他的同行那样像对待黑匣子一样对待心理过程，而是撬开了匣子，发现了神经同源性的宝藏。这些同源性显示出心理过程有着共同的演化背景，并为反对"人类-动物"的二分法提供了有力的论据。

尽管这项研究仍处于初级阶段，但它为未来关于动物认知和感情的神经科学提供了非入侵性的研究方法。那次实验完成得很好。伊莱小跑着从扫描仪中出来，将头靠在我的膝上，长长地出了一口气以示它的放松。这时，我觉得自己仿佛站在了门槛前，前面便是一个新的纪元。

第 5 章

一切的判断标准

The Measure of All Things

05

步没时间理会我，它正忙着在电脑上工作。它和其他黑猩猩 119
一起住在东京大学灵长类研究所（Primate Research Institute of Kyoto University）里的一片户外区域。那里有许多电话亭似的小房间，每个里面配有一台电脑。猿类可以在任何时候跑进这些房间，等它们想离开的时候也可以在任何时候离开。这样，何时去玩电脑游戏完全取决于它们自己，这可以保证它们拥有很高的积极性。这些小房间低矮且透明，因此我可以靠在上面，目光越过步的肩头，观察它的表现。我看着它作出决定，其速度快得不可思议。我欣赏地看着它，就像看着那些打字速度比我快十倍的学生一样。

步是一只年轻的雄性黑猩猩。2007 年，它令人类为自己的记忆力大感惭愧。经过训练，它学会了使用触屏，并能回忆起从 1 到 9 的一连串数字，在触屏上将它们用正确的顺序按出来。这些数字是在屏幕上随机显示的，而且一旦开始按屏幕，这些数字便会被白色的方块所取代。步记住了这些数字，并用正确的顺序点按了这些方块。研究人员减少了数字在屏幕上闪烁的时间，尽管人类在缩短时间间隔后准确性便会下降，但对步来说这似乎不成问题。我自己尝试过这一任务。我盯着屏幕看了许久，却最多只能记住五个数字。而步记住五个数字只需要对着数字看 210 毫秒，
即大约五分之一秒——真正是一眨眼的工夫。在一项后续研究中， 120
人类经过训练，用同样的时间记住了五个数字，但猿类可以记住九个数字，并达到 80% 的准确率。迄今为止，尚无人类能够做到这一点[1]。有位英国记忆力冠军曾因其拥有记住一整副扑克牌的能

图 5－1　步的图像记忆能力使它可以在触屏上以正确的顺序快速点击一系列数字，哪怕这些数字眨眼间便消失了。在这项任务中，人类赶不上这只年轻的猿。这让某些心理学家颇为不快

力而广为人知——这样说来，步便是“黑猩猩冠军[1]”。

步对于图像的记忆力使科学界颇为苦恼。半个世纪以前，科学界也曾有过程度相当的苦恼——当时人们通过DNA研究发现人类与倭黑猩猩及黑猩猩区别并不大，三者属于同一个属。不过，出于历史原因，分类学家们依然将我们人类作为人属中唯一一个物种。在各所大学的人类学系中，人类学家们因这一DNA比对结果而手足无措。当时的人类学系将颅骨和骨头的测量作为判断物种亲缘关系的至高标准。但是，要决定骨骼中什么参数重要则需要人为的判断，因此，这为主观偏见提供了可能，使我们戴着

[1] 原文此处为“chimpion”，即“黑猩猩”（chimpanzee）和“冠军”（champion）二词的结合。——译注

有色眼镜看待那些我们认为重要的性状。例如，我们将人类的两足行走能力看得很重，却忽视了许多动物——从鸡到跳跃行进的袋鼠，都是这样移动的。在某些稀树大草原野外观察点，倭黑猩 121
猩在高高的草丛里一直直立着行走，像人类一样迈着自信的步伐[2]。事实上，两足行走并不像我们以前想的那样特殊。DNA 的优点在于它能避免偏见，是一个更为客观的标准。

不过，就步的情况来说，这次手足无措的是心理学系。目前，步正在接受训练，要记住的数字比以前要多得多。研究人员还在用更短的时间间隔来测试它的图像记忆能力。我们目前还不清楚其能力到底有多强。不过，这只黑猩猩的表现已然违背了曾经的至理名言，即智能测试一定会毫无例外地证明人类是至高无上的。就像戴维·普里马克（David Premack）所说的："人类能使用一切认知能力，且所有这些能力都是能广泛使用的；而动物则相反，它们能使用的能力非常有限，而且所有动物的适应性都局限于一个单一的目标或活动[3]。"换句话说，在自然界中，智能的天空一片黑暗，而人类则是这黑暗中唯一一道明亮的光。传统上，我们将其他所有物种一律归为"动物"，甚至是"野兽"或"非人类"，就好像完全没有必要将它们彼此区分开来一样。这是一个"我们和它们"的世界。美国灵长动物学家马克·豪泽（Marc Hauser）曾发明了术语"**人类独特性**"（humaniqueness）。他曾说过："依我猜测，我们终将看到，人类与动物——哪怕是黑猩猩——认知间的差距，比黑猩猩与甲虫间的差距还要大[4]。"

你没看错，豪泽确实是在将甲虫与黑猩猩相提并论。前者是一种昆虫，它的脑小到肉眼很难看见；后者是一种有着中枢神经系统的灵长动物，尽管它的脑比我们的要小，但细节却都是一样的。我们的大脑几乎与猿类的一模一样，无论是各个脑区、神经、神经递质、脑室，还是血液供应，都是一样的。从演化的视角来看，豪泽的言论令人难以置信。他提及的三个物种里只有一个与另外两个不同，那便是甲虫。

止步于人类头脑的演化

122 由于这种非连续性的态度主要存在于演化论之前，因此，我直言不讳地称其为**新神创论**（Neo-Creationism）。可别将新神创论和智能设计论混为一谈。智能设计论不过是用新的瓶子装了神创论的旧酒；而新神创论更为微妙，它接受了演化论，但只接受了一半。它的中心信条是：我们的身体是从猿类演化而来，但精神却不是。当然，它没有说得这么直白，而是假定演化在人类头脑中止步了。这一观点在许多社会科学，如哲学和人文学科中依然很流行。它认为我们的头脑如此与众不同，任何其他生物的头脑都无法与之相比，因为比较的结果只会更加肯定我们头脑的独特地位。为什么要关心其他物种能做些什么呢？反正它们能做的其实压根无法与我们的所作所为相提并论。这种跳跃式的观点有赖于一个信念，即在我们与猿类在演化上分道扬镳之后，某些重大的事情发生了——在过去的几百万年里或者更近些时候，某种急剧的转变发生了。尽管这一奇迹般的事件依然隐藏在迷雾中，但它已获得了一个专用术语——人化过程。这一术语常与**火花**、**差**

距、鸿沟等词语同时出现[5]。在现代学者中，显然没有人敢提神圣的火花[1]，更不用说特创论了。但这一观点的宗教背景却是无可辩驳的。

在生物学中，“演化止步于人类头脑”这一观点称为华莱士难题(Wallace's Problem)。阿尔弗雷德·拉塞尔·华莱士(Alfred Russel Wallace)是一位伟大的英国自然学家。他与查尔斯·达尔文生活在同一时代，被认为是自然选择学说和演化论的共同提出者。事实上，这些观点也被称为达尔文-华莱士理论(Darwin-Wallace Theory)。尽管华莱士完全认同演化的概念，但他将人类头脑排除在外了。他极为在意某些称之为“人类尊严”的东西，无法忍受将其与猿类相比。达尔文相信所有性状都有其功用，只有对生存绝对必要的性状才会保留下来。但华莱士认为，这条原则肯定有所例外，那就是人类的头脑。那些生活简朴的人怎么会需要一个能够创作交响乐或做算术的脑呢？“自然选择，”华莱士写道，“赋予 123
野蛮人的脑可能不过比给猿类的优越一丁点儿。但是，这些野蛮人实际的脑功能比起我们开化社会中的一般成员来说，差得却并不多[6]。”华莱士曾在东南亚旅行，那时他对没有文字的人产生了极大的尊敬。当时种族主义盛行。根据种族主义的观点，那些东南亚地区的人们的智能处于猿类和西方人之间。因此，华莱士说这些人“差得却并不多”，其实已经是一个巨大的进步了。尽管华莱士并无宗教信仰，但他却将人类优越的大脑能力归因于“不可见的精神宇宙”——再没有其他东西能够解释人类的灵魂了。意料之中

[1] 神圣的火花(divine spark)是一个宗教概念，指人类灵魂中存在的上帝的本质。——译注

的是，达尔文见他令人尊敬的同事以一种隐蔽的方式向上帝伸出了“祈求的手”感到深为不安。达尔文认为，超自然的解释是完全没有必要的。但是，华莱士难题依然笼罩在学术圈中，急于将人类的头脑从生物学的辖制中拯救出来。

我最近参加了一位著名哲学家的讲座。他对意识的理解深深吸引了我们，直到后来，他大概又想起了什么，于是又补充道，人类拥有的意识“显然”比其他任何物种要多得多。我挠了挠脑袋——这是灵长动物内心冲突的表示，因为在此之前这位哲学家给我的印象一直是他在寻找一个演化上的解释。他提到了大脑中大量的交互连接，声称正是这些神经连接的数目和复杂程度产生了意识。我从机器人专家那里听到过类似的解释，他们认为，只要在一台计算机中连入足够多的微型集成电路片，就一定能产生意识。我很愿意相信这个观点，尽管似乎并没有人清楚这些相互连接是如何产生意识的，也没有人清楚意识到底是什么。

不过，对于神经连接的强调，让我很好奇：该如何对待那些有着比人脑更大的脑的动物呢？人脑有 1.35 千克，而海豚的大脑有 1.5 千克，大象的有 4 千克，而抹香鲸的有 8 千克。我们该如何对待它们呢？或许这些动物比我们**更**有意识？或者，意识有赖
124 于神经元的数目？在这方面，我们并没有一个清楚的认识。很久以来，人们认为我们大脑中的神经元比地球上任何其他物种的都要多，这和物种的体形大小无关。但我们现在知道，精确地说，大象脑中有着 2570 亿个神经元，是人类的 3 倍。不过，这些神经元的分布和人类脑中的不太一样，它们大部分位于大象的小脑中。人们也猜测过，厚皮动物的脑如此之大，相距遥远的脑区间应该

有着许多连接，几乎类似于一个额外的高速公路系统，增加了大脑神经连接的复杂程度[7]。在我们自己脑中，我们倾向于强调额叶的大小，因为我们认为额叶是理性的所在。但根据最新的解剖学论文观点，额叶并没有那么特别。人脑被称为“线性增大的灵长动物脑”，意思是人类脑中没有任何脑区是不成比例地增大的[8]。总而言之，神经差异似乎不足以让人类的独特性成为定局。如果我们能够找到办法测量意识，那么我们可能发现意识是广泛存在的。但在那之前，达尔文的某些观点依然面临着巨大的质疑。

这不是要否认人类是特别的——在某些方面我们显然是的——但如果这成了世上一切认知能力的先验假设，那么我们就会离开科学的世界，转而投身信仰的王国。作为一名在心理学系执教的生物学家，我已经习惯了不同学科研究这一问题的不同方法。在生物学、神经科学和医学中，物种间的连续性是默认的假设，否则这些学科不会成为今天这样。如果没有“所有哺乳动物的大脑都很相似”这一前提，为什么会有人在大鼠的杏仁核里研究恐惧，以治疗人类的恐惧症呢？在这些学科中，人们认为不同生命形式间的连续性是理所当然的。无论人类有多么重要，也不过是自然的广阔天地中的一粒微尘。

心理学正在渐渐向正确的方向发展。不过在其他社会科学和人文学科中，非连续性依然是惯常的假设。每次当我对这些观众讲话时，他们都会提醒我这一点。在一场讲座上，我不可避免地（即便我不总提到人类）揭示了我们与其他人科动物间的相似性。 125
讲座后，有人提出了这个不变的问题：“但这对人类来说又意味着什么呢？”这个问题以“但”开头，这很能说明问题，因为它将所有的相似性都扔到了一边，以便提出这个至关重要、将我们突显出来的问题。我通常用冰山的隐喻来回答这个问题。这个隐喻表明，我们和我们灵长动物亲戚间在认知、感情和行为方面有着极大的相似性，但也有几十处差别，那便是冰山露出来的顶端。自然科学试图理解整座冰山，而学术界中其他的学科则更乐意盯着冰山顶部。

在西方，对这一“冰山顶部”的迷醉由来已久，且永无休止。人们总认为我们独有的性状是积极的，甚至是高贵的，尽管反面的例子并不难找。我们总在寻觅某个**重大**的差异，无论是对生的拇指，还是合作行为、幽默感、纯粹的利他主义、性高潮、语言，或者是咽部的解剖结构。这也许起源于柏拉图(Plato)与第欧根尼(Diogenes)关于人类这一物种最简洁的定义的争论。柏拉图提出，人类是唯一一种用双腿行走的无毛生物。不过，这一定义被驳倒了——第欧根尼将一只拔掉羽毛的家禽带到了讲堂中，将它放开，说道：“这就是柏拉图的‘人’。”从那时起，“趾甲扁平”便补充进了柏拉图的定义中。

1784年，约翰·沃尔夫冈·冯·歌德(Johann Wolfgang von Goethe)得意地宣布他发现了人性的生物根源——人类上颌处的一小片骨头，即门齿骨。猿类等其他动物都有门齿骨，但此前从未在人类中发现过它，因此解剖学家们认为它是一个“原始”的性状。人类没有门齿骨被看作某种我们应该引以为豪的事情。歌德不仅是一位诗人，也是一位自然科学家。因此，他高兴地将我们人类与自然界的其他物种联系了起来，表示我们同样有着这块古老的骨头。歌德的发现比达尔文提出演化论要早一个世纪，这说明演化论的思想早已开始浮现了。

当年连续性与例外主义之间的对抗持续到了今天。不断有言论声称我们如何与众不同，随后这些论断便会被驳倒[9]。就像门齿 126
骨一样，关于独特性的言论通常会经过四个阶段的循环：它们不断重复，而后被新发现质疑，之后拖着蹒跚的步伐逐渐退却，最后被扔到了不光彩的坟墓中。它们武断的本质总令我颇为困扰。关于人类独特性的论断凭空产生，吸引了许多注意力。但所有人似乎都忘掉了，这些论断中提出的问题以前并不存在。例如，在英语（及不少其他语言）中，行为的模仿是用一个动词来表示的，指的是和我们亲缘关系最近的亲戚[1]。这暗示着，在某段时间内，模仿并非什么大不了的事情，且人们认为我们和猿类都能做到这点。但当人们将模仿行为重新定义为认知参与的复杂行为，并给它起名为“真模仿”时，猛然间，我们就变成了唯一能够做到这点的物种。这导致了一个古怪的一致意见：我们是唯一一种会模仿的猿类。另一个例子则是心智理论。这一概念事实上来源于灵长动物研究。但是，在某段时期，人们以某种方式重新定义了心智理论。至少在一段时间内，新的定义看上去表明，猿类是没有心智的。这些定义和重新定义让我想起了乔恩·洛维兹（Jon Lovitz）在《周六夜现场》（*Saturday Night Live*）中扮演的一名角色，他会为自己的行为编造些听上去很正当但不太可能的理由。他一直发掘和寻找，直到自己相信了自己编出的理由为止。这时，他便带着一种对自己很满意的傻笑欢呼道：“耶！这就对了！”

---

[1] 此处指英文单词“ape”，其作名词时指猿类，作动词时的意思是模仿。——译注

在工具使用方面，同样的事情也发生了。事实上，古老的蚀刻和画作中常常会描绘猿类拄着拐杖或其他工具。尤其是卡尔·林内乌斯（Carl Linnaeu）于 1735 年出版的《自然系统》（*Systema Natura*）一书中的插图，令人记忆犹新。当时，猿类使用工具广为人知，争议也非常大。艺术家们很可能将工具放到了猿类手里，使它们看起来和人类更为相似。而出于恰好相反的原因，20 世纪的人类学家们将工具使用提升为脑力的一大标志。从那以后，猿类的技术便经受了审查和怀疑，甚至到了一种滑稽可笑的程度。而我们自己的技术则一直被作为心智优越性的证据。与这一背景相悖的是对野外猿类工具使用的发现（或者说再次发现），这在当
127 时令人震惊。人类学家试图贬低这一发现的重要性。我听说，他们提出，也许黑猩猩是从人类这里学到如何使用工具的，就好像从人类这里学习要比黑猩猩自己发展出工具更有可能一样。这一提议显然退回了连模仿都尚未被称为是人类独有行为的年代。要使所有的论断都保持一致是很难的。利基曾提议，我们要么必须将黑猩猩也称为“人”，要么重新定义人类是什么，要么重新定义“工具”。意料之中的是，第二个选项受到了科学家们的欢迎。对“人”进行重新定义是种永不过时的行为，每种新的特点都将会收获人们的欢迎：“耶！这就对了！”

比起人类的捶胸顿足——又一个灵长动物的特点——更令人惊异的是人们贬低其他物种的倾向。是的，而且不仅限于对其他物种。高加索男性自认为在遗传上优于其他所有人的历史由来已久。当我们嘲笑尼安德特人是没有教养的野兽时，民族胜利主义已经延伸到了我们的物种之外。不过，我们现在知道了，尼安德

特人的脑比我们的要稍微大一点；我们自己的基因组曾吸收了某些他们的基因；并且，尼安德特人懂得生火、埋葬、制造手斧和乐器，等等。也许我们的这些兄弟终将获得一些尊重。不过，对于猿类来说，蔑视仍在继续。2013 年，BBC（英国广播公司）网站提问说：“你是否和黑猩猩一样蠢？”我很好奇他们是如何确定黑猩猩的智商的，但那个网站（后来网页被删除了）仅仅提供了一个关于人类对国际事件了解程度的测试，和猿类毫无关系。BBC 网站不过是将猿类拿来和我们人类对比罢了。但如果是为了这个，那么为什么要关注猿类呢？为什么不用其他物种，比如蝗虫或金鱼呢？原因当然在于，所有人都相信我们要比蝗虫或金鱼之类的动物更聪明，但对于与我们亲缘关系更近的物种，我们则不是那么确定。我们爱用人科的其他物种来与我们进行对比，其实是出于不安全感。这种不安全感也反映在了一些怒气冲冲的图书标题中，如《不是黑猩猩吗？还是不过是另一种猿类？》（*Not a Chimp or Just Another Ape?*）[10]。

人们对黑猩猩步的反应表现出了同样的不安全感。那些在互联网上观看步的录像的人们，要么不相信这是真的，表示这一定
是个恶作剧；要么留下诸如“难以置信！我居然比一只黑猩猩还 128
笨！”的评论。整个实验让人们深受冒犯，以至于美国科学家们认为他们必须接受特殊训练，以击败这只黑猩猩。当领导步这个项目的日本科学家松沢哲郎首次听说这种反应时，他将手放在了自己头上。弗吉尼娅·莫雷尔（Virginia Morrell）在幕后对演化认知学领域进行了观察，她的观察引人入胜。她详细叙述了松沢的回应：

> “我真的无法相信这些。正如你所看到的，我们从步的身上发现了黑猩猩比人类更擅长某种记忆测试。这是黑猩猩能够瞬间完成的事情，也是一件——只是一件——它们比人类更为擅长的事情。我知道这令人们不快，而且目前有研究者已经开始训练，以求变得和黑猩猩一样擅长这一测试。我实在无法理解我们这种在一切领域都要永远保持优越的需要。[11]”

尽管几十年来，冰山的顶部一直在融化，但人们的态度却似乎并没多大改变。我不想在这里进一步讨论这些，也不想温习关于人类独特性的最新论断。相反，我将对一些如今即将消亡的论断作一番探究。这些论断阐释了智能测试背后的方法论，这决定着我们会发现什么。你要怎样测试一只黑猩猩，或者一头大象、一只章鱼，或一匹马的智商呢？这听上去或许像某个笑话的开头，但它确实是科学界所面临的最为棘手的问题之一。人类的智商也许充满争议，尤其是当我们比较不同的文化群体或民族时。但当涉及不同物种的智商时，其中的问题就更上了一个数量级。

近年来，有一项研究发现喜欢猫的人比喜欢狗的人更聪明。我很愿意相信这项研究。但相较于猫与狗之间实际的对比，这种比较不过是小菜一碟。这两个物种如此不同，因此，要设计一个二者都能够理解并用类似的方式完成的智商测试是很难的。不过，人们争论的并非如何比较这两个物种——不可忽视的问题在于，如何将这两个物种与我们相比。在这个问题上，我们常常会抛弃
129 所有的审慎。科学对动物认知方面的新发现有多么挑剔，它对关于我们自己智能的论断就有多么盲目。科学吞下了那些论断的鱼

钩、鱼线，还有浮标，这在这些论断指向人们所预期的方向——而不是步的本领——的时候尤为明显。与此同时，大众对此颇为困惑，因为任何这种论断都会无可避免地引发一些反驳它们的研究。结果的变化通常是方法论的问题。方法论听起来或许很枯燥，但对于我们人类的才智是否足以了解动物的智慧这一问题，方法论却直指问题的核心。

作为科学家，方法论便是我们的一切。因此，我们对它极为关注。在一次触屏面部识别任务中，我们的僧帽猴表现不如平时。我们对着数据看了很久，最后发现这些猴子表现欠佳的时候都是在一周中的同一天。原来，有位我们的学生志愿者，她小心翼翼地按照计划进行了测试，但猴子们因她在场而分心了。这位学生坐立不宁，颇为紧张，总是在变换她的身体姿势或者摆弄她的头发。这显然使猴子们也很紧张。当我们请这位年轻的女士离开这个项目后，猴子的表现大幅改善了。人们最近也发现，男性实验人员会对小鼠造成极大的压力，以至于影响了小鼠的反应，但女性实验人员则不会。将一件男性穿过的 T 恤衫放在房间里也会引起同样的效果。这表明嗅觉是关键所在[12]。当然，这意味着有男性进行的小鼠研究也许会和女性进行的研究结果不同。方法论的细节比我们愿意承认的还要重要得多。而当我们比较不同物种时，这一点的意义格外重大。

知人之知

想象一下，来自遥远星系的外星人在地球上着陆了。他们很好奇这里是否有某个物种与其他物种都不同。尽管我并不相信外星人会选择我们人类，但就让我们假设他们这么做了吧。毕竟，我们能知道其他人知道些什么。你觉得外星人会基于这一点选择
130 人类吗？在我们所拥有的所有技能及我们已发明的所有技术中，外星人是否会特意仔细观察我们彼此理解的方式呢？如果是这样的话，他们的选择是多么奇怪而任性呀！可是，在近 20 年里，人类彼此理解的方式正是科学界认为最值得集中注意力研究的性状。理解其他人精神状态的能力称为**心智理论**。极为讽刺的是，我们对于心智理论的迷恋甚至都不是从我们人类开始的。一个人对其他人所知的东西究竟知道些什么呢？埃米尔·门泽尔是第一个思考这一问题的人，但他是在未成年黑猩猩中对此进行研究的。

20 世纪 60 年代后期，门泽尔会用手拉着一只年轻的猿类，走到路易斯安娜的一个长满青草的大院子里，给这只猿看藏起来的食物，或者一件可怕的物品，比如玩具蛇。之后，他会将它带回等候已久的那群黑猩猩中，将它们一起放出来。其他黑猩猩能理解它们中某一个的知识吗？如果可以，它们会作何反应呢？它们能否区分出对方是看到了食物还是蛇？毫无疑问，它们是能够理解其他黑猩猩的所知的。它们急切地跟着那只知道食物地点的黑猩猩走，而不愿和那只刚刚看见过一条隐蔽的蛇的黑猩猩待在一

块儿。通过模仿对方的热情或警惕，它们获得了关于对方所知的蛛丝马迹[13]。

关于食物的场景尤其能说明问题。如果“知情者”比“猜测者”的社会等级低，那么前者完全有理由隐藏它所知道的信息，以免食物落入其他黑猩猩手中。我们最近用我们自己的黑猩猩重复了这些实验，发现它们的花招和门泽尔发表的结果一样。凯蒂·哈勒(Katie Hall)会从黑猩猩们户外的院子里把两只黑猩猩弄走，将它们暂时关在楼里。雷内特在黑猩猩里的地位较低，关它的地方有一扇小窗子，它可以从窗子看到院子里。而地位较高的乔治娅 131
则没有这一待遇。凯蒂会在院子里走来走去，藏起两样食物：一根完整的香蕉和一根完整的黄瓜。猜猜黑猩猩更喜欢哪样——凯蒂会将食物塞在一个橡胶轮胎下或者其他什么地方，同时雷内特会在楼里关注着凯蒂的一举一动。然后，我们会将两只黑猩猩同时放出来。那会儿乔治娅已经知道了我们会藏起食物，但它对食物藏在哪儿毫无头绪。它学会了密切注视雷内特的行动。雷内特会尽可能无动于衷地走来走去，同时慢慢将乔治娅一点点引向藏黄瓜的地方。由于雷内特就在附近坐着，因此乔治娅会急切地刨出黄瓜。当乔治娅忙着吃黄瓜时，雷内特就会冲向藏香蕉的地方。

不过，我们进行的实验越多，乔治娅就越能看穿这些欺骗策略。在黑猩猩中有条不成文的规定：一旦某样东西到了你的手上或嘴里，那它就是你的了，哪怕你地位很低也是如此。但在此之前，当两个个体接近食物的时候，地位高的那个将享有优先权。因此，对于乔治娅来说，秘诀就在于要在雷内特拿到香蕉之前到达藏香蕉的地方。我们用不同的黑猩猩个体进行了许多次实验。

之后凯蒂总结道：地位高的黑猩猩会仔细观察另一只黑猩猩注视的方向，并看向对方看向的地方，以此来利用对方的知识。它们的搭档则不会往它们不想让对方去的地方看，竭尽全力来隐藏自己所知。两只黑猩猩似乎都尤为清楚，它们中有一只知道些什么，而另一只则不知道[14]。

这种“猫和老鼠”的设置显示出了身体有多么重要。我们关于自己的许多知识都来自我们身体内部，而我们关于他人的许多知识则来自对他们身体语言的解读。和许多其他动物——比如我们的宠物——一样，我们能很好地理解他人的姿势、手势和面部表情。这也是为什么当其他猿类研究使得心智理论成为一个盛行的主题后，门泽尔一点儿也不喜欢那些取而代之的“理论”语言。那会儿，中心问题变成了猿类或儿童是否怀有某种关于他人心智的理论[15]。我也无法理解这一术语，因为这听上去就好像我们是通过某种理性评估来理解他人的，且这种理性评估和我们理解水是如何结冰的及大陆是如何漂移分开的这类物理过程并无不同。这
132 听起来太理智，太脱离现实了。我不怎么相信我们或者任何其他动物会在如此抽象的层面上理解另一个个体的精神状态。

有些人甚至开始谈论**读心术**(mindreading)。这一术语使人想起魔术师的心灵感应把戏(“让我猜猜，你心里想的是哪张牌”)。但是，读心术这种东西是不存在的，魔术师变魔术的基础完全在于你的视线停留在哪张牌上，或者在于某些其他的视觉线索。我们所能做的一切便是弄清其他人看到、听到或嗅到了什么，并从他们的行为中推断他们的下一步可能做什么。将所有这些信息综合起来的能力并不简单，而且需要很多经验。但它是对身体语言

的解读，而不是读心术。这使我们得以从不同的视角来观察某一情况。因此，我更倾向于使用**观点采择**(perspective taking)这一术语。我们运用这一能力，既是为了我们自己的利益，也是为了他人的利益，比如我们对他人的不幸的反应，或者满足另一个人的需求。显而易见，这并没有将我们指向心智理论，但却让我们离同情心更近了。

人类的同情心是一项至关重要的能力。正是它将整个社会凝聚在了一起，让我们与我们所爱和关心的人相互联结。我得说，相较于了解其他人都知道些什么，同情心对生存重要得多。但由于同情心属于冰山没在水下的那一大块，即我们与所有哺乳动物共有的性状，因此相较于理解他人，人们并不那么尊重同情心。而且，同情心听起来很情绪化，而这正是认知科学所轻视的。只是，理解其他人想要或需要什么，或者如何尽量帮助他人或让他们开心，这些很有可能是最初的观点采择，所有其他的观点采择类型都是从这一种衍生而来的。这是生育繁衍所必需的，因为在哺乳动物中，母亲需要对其孩子的情绪状态保持敏感，知道孩子们是否冷了、饿了，或者遇到危险了。从生物学上来说，同情心是必不可少的[16]。

经济学之父亚当·斯密(Adam Smith)将共情式观点采择定义为“在想象中随着受难者改变处境”。人们早已知道，共情式观点采择存在于我们人类以外的物种中。例如，在猿类、大象还有海豚中有一些令人印象深刻的场景，在不幸的情况下，它们会互相
帮助[17]。想想看，在瑞典的一家动物园里，一只雄性首领黑猩猩 133
救了一只未成年黑猩猩的命。这只未成年黑猩猩被一条绳子缠住，

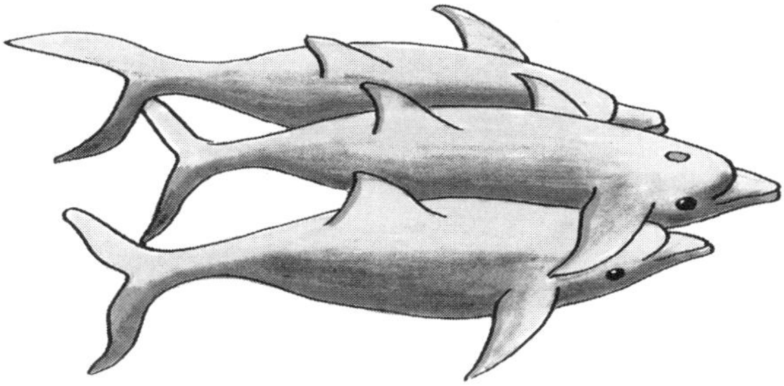

图 5-2　两只海豚将第三只海豚架在它们中间，支撑着它。它们架着这只被炸晕的受害者浮起来，这样它的气孔就能露在水面上了。但这两只海豚的气孔则没到了水下。本图根据赛比奈勒（Siebenaler）和考德威尔（Caldwell）出版于 1956 年的图书中的图例修改而得

差点被勒死。那只雄性首领黑猩猩将它举起（于是便消除了绳子的拉力），小心地将绳子从它脖子上解了下来。因此，这只雄性首领黑猩猩表现出了对于绳子导致窒息的理解，并知道遇到这种情况该怎么做。如果它使劲拉那只小黑猩猩或者使劲拉绳子，那么情况只会更糟。

我所说的是**针对性协助**（targeted helping），指的是在对另一个个体的确切处境进行估量后，基于估量而给予的帮助。在关于这点的科学文献中，最早的文献是和 1954 年佛罗里达海岸边的一起事件有关的。在一个公共水族馆出海捕捞时，人们将一根炸药在水下一队瓶鼻海豚的附近引爆了。一只被炸晕的海豚浮上了水面，身体倾斜着。就在这时，另外两只海豚过来营救它了。“这两只海豚分别从受伤海豚的身体两侧游上来，将它们头顶的侧面放在受

伤海豚胸鳍下面的位置，将受伤的海豚架到水面上。这番努力显然是为了让受伤的海豚能够在尚不完全清醒的情况下呼吸。”那一队海豚依然在附近，一直等到它们的同伴恢复过来。然后它们一 134
起匆匆逃走了，游得飞快[18]。

针对性协助的另一个例子发生在布格尔动物园里。一天，饲养员们打扫了室内大厅，准备将黑猩猩们放出来。在此之前，饲养员冲洗了所有的橡胶轮胎，将它们一个个挂在一根水平的横木上。这根横木有一头在攀爬架那儿。雌性黑猩猩克罗姆一看到这些轮胎，就想要一个里面还残留着一些水的轮胎。黑猩猩们常常会用轮胎作为喝水的容器。不幸的是，克罗姆看中的那个轮胎在这排轮胎的尽头，有许多个沉重的轮胎挂在它前面。克罗姆不停地拽它看中的那个轮胎，但怎么也拽不动。它在这个问题上做了十分钟的无用功，但其他黑猩猩都没注意到它，只有杰基例外。杰基是只七岁的黑猩猩，在其少年时期，克罗姆一直照顾它。正当克罗姆放弃了那只轮胎走开的时候，杰基来了。它毫不犹豫地将轮胎一个个地从横木上推了下去，从第一个开始，然后是第二个，第三个……任何理智的黑猩猩大概都会这么做。当它推到最后一个轮胎时，它小心翼翼地将其取了下来，以免将里面的水洒出来，然后带着轮胎径直走向了它的阿姨，将轮胎立在了克罗姆面前。克罗姆接受了礼物，没有作出什么特别的表示。不过当杰基离开时，克罗姆已经在舀水喝了[19]。

在《共情时代》(*The Age of Empathy*)一书中，我回顾了许多例富有洞察力的协助。我很高兴如今终于有这方面的受控实验了[20]。例如，在步所在的灵长类研究所中，研究人员让两只黑猩猩肩并肩坐着，让其中一只猜另一只需要什么类型的工具来拿到诱人的食物。第一只黑猩猩可以在许多不同的工具中选择，比如用于吸果汁的吸管或者用于将食物移得更近的耙子。这些类工具中，只有一类对它的搭档来说是有用的。这只黑猩猩需要看看它搭档的处境并作出判断，然后再从一个窗口将最为适用的工具递给搭档。而它也确实这么做了。这表明，这只黑猩猩有能力理解其他个体的特殊需求[21]。

另一个问题是：灵长动物能否识别出彼此的内心状态呢？例
135 如，饥饿的伙伴和吃饱的伙伴有什么区别呢？你是否会放弃宝贵的食物，将它让给某个刚在你面前大吃了一顿的个体？日本灵长动物学家服部裕子(Yuko Hattori)在我们的僧帽猴种群中向猴子们提出了这一问题。

僧帽猴可以相当慷慨。它们是很棒的社交进食者，常常凑成一堆，坐在一起大吃大嚼。当一只怀孕的母猴犹豫着该不该下到地面去为自己采集一些水果时(这些猴子生活在树上，它们觉得越高的地方越安全)，我们看见其他猴子采了比它们所需更多的水果，带了不少食物到树上给这只母猴。在这个实验中，我们将两只猴子用网栅隔开，网栅的网眼足够它们将胳膊伸过去。我们给了其中一只一个装着苹果片的小桶。在这种情况下，拥有食物的猴子常常会将食物分给两手空空的伙伴。它们坐在网栅旁边，让对方伸手从它们的手里或嘴里拿去食物，有时还会主动将食物推向对方。这是不同寻常的，因为在这一环境下，拥有食物的猴子完全可以不和对方分享，它只需要坐得离网栅远远的就好了。不过，我们发现了它们慷慨中的一个例外：若是它们的伙伴刚刚吃过东西，这些猴子就变得吝啬了。当然，这也可能是由于吃饱了的猴子对食物不是那么感兴趣了。但这些猴子只有在亲眼**见到**它们的伙伴进食后才会吝于分享。如果实验人员在它们看不到的地方给它们的伙伴喂了食，它们还是会对伙伴一样慷慨。裕子总结说，这些猴子会基于看到的同伴进食情况对对方是否有需求作出判断[22]。

在儿童中，对需求和渴望的理解能力很早便发展出来了，要比理解他人所知的能力早好些年。在能“读脑”之前，他们早就能“读心”了。这暗示着，在抽象思考和关于他人的理论方面，我们的说法是错误的。例如，儿童在很小的时候就能意识到，一个寻找宠物兔的孩子找到兔子后会很开心，而一个寻找爱犬的孩子则会对兔子漠不关心[23]。儿童能够理解他人想要什么。并非所有人都能利用这一能力。正因如此，我们才有两种送礼人：一种会想方设法找一件**你**可能会喜欢的礼物，而另一种则会送你**他们**喜欢 136
的礼物。后者做得还不如鸟类呢。在我们领域内常见的某一认知涟漪中，研究暗示，鸦科动物拥有共情式观点采择能力。雄性欧亚松鸦追求配偶的时候，会给对方献上美味的珍馐。基于每只雄性都希望给配偶留下深刻印象这一假设，实验人员为一只雄性松鸦提供了两种选择：蜡蛾幼虫和黄粉虫。但在让这只雄性将食物献给它的配偶之前，研究人员先给那只雌性松鸦喂食了两种选择中的一种。当雄性松鸦看到这一切后，它便会改变自己的选择。如果它的配偶刚刚享用了许多蜡蛾幼虫，那么，它便会为其配偶选择黄粉虫，反之亦然。但是，只有在雄性松鸦亲眼看见了实验人员喂食雌性时才会这么做。因此，雄鸟考虑到了它的配偶刚刚吃了什么，也许还假设它会想要换个口味[24]。因此，松鸦可能也会考虑其他个体的喜好，用其他个体的视角看问题。

现在，你也许会好奇，为何人们一度宣称观点采择是人类所独有的。为了了解这一点，我们需要看看 20 世纪 90 年代一系列设计独特的实验。在这些实验中，黑猩猩可以得到关于隐藏的食物的信息。这些信息要么来自一名见证了藏匿过程的实验人员，要么来自一名站在墙角头上罩着一个桶的实验人员。很显然，黑猩猩应该忽略后者，而听从前者的指示，因为后者压根不知道食物藏在哪里。但黑猩猩对待二者的态度却毫无区别。此外，猿类会向坐在它够不着的地方，且眼睛被蒙住的实验人员要饼干吃。难道黑猩猩不知道向看不见它们的人摊开手掌是毫无意义的吗？在经过了各种这类测试之后，人们得出结论：黑猩猩无法理解其他个体知道的事情，甚至意识不到：要想知道，先得看到。这是一个极为古怪的结论，因为该研究中的主要研究者曾讲述过猿类有多么顽皮，它们会将桶或毯子罩在自己头上，然后走来走去，直到撞到彼此为止。但是，当这位研究者自己将东西罩在头上时，他立即成了这些猿玩耍袭击的目标。这些猿利用了他受阻的视
137 觉[25]。它们知道他看不见自己，试图突然抓住他来吓唬他。

我认识几只爱朝我们扔石头的未成年雄性黑猩猩，它们的远程瞄准令人印象深刻。每当我将照相机移到眼前，看不见它们时，它们就总是这么做。这一行为本身告诉我们，猿类知道些关于其他个体视觉的东西，因此，那个蒙着眼睛的研究人员的实验肯定缺了什么。不过，在实验主义者中有一个非常常见的态度，那就是测试室里的行为要高于现实生活中的观测。因此，他们高声宣

告了人类例外主义。其中最为引人注目的是这一结论：猿类没有“任何哪怕有一点点类似于心智理论的东西[26]”。

这一结论受到了热烈的欢迎。尽管它经不起推敲，但直到今天还依然广为流传。在我所工作的耶基斯灵长类动物中心，戴维·利文兹(David Leavens)和比尔·霍普金斯(Bill Hopkins)进行了一些测试。他们将一根香蕉放在黑猩猩的院子外人来人往的地方。这些黑猩猩会去吸引人们的注意力，以便让人们将香蕉递给它们吗？它们是否能分辨出哪些人看见了它们，哪些人没看见？如果答案是肯定的，这就意味着它们能理解另一个个体的视觉角度。它们确实能。它们会向看向它们的人们发出视觉信号；但如果人们没有注意到它们，它们就会大喊大叫，并敲击金属。它们甚至会指指香蕉来澄清它们的愿望。有一只黑猩猩担心被误解，于是先用手指了指香蕉，然后又用一根手指指了指自己的嘴[27]。

有目的的信号不仅存在于人工饲养的猿类中，野生黑猩猩也有这种能力——这是科学家们将玩具蛇放在野生黑猩猩的必经之路上时发现的。他们在乌干达丛林里记录野生黑猩猩的预警叫声，发现叫声所反映出的并不仅仅是害怕，因为无论蛇离黑猩猩有多近，黑猩猩们都会大叫。这更多的是对其他黑猩猩的警告，因为当有其他黑猩猩在场时，它们会叫得更大声。如果在场的有没有
注意到蛇的伙伴，那就更是如此。喊叫者会在周围的黑猩猩和蛇 138
之间左顾右盼。相对那些已经知道蛇很危险的个体，它们对没见过蛇的黑猩猩叫得更大声。因此，它们是在特意警告那些缺乏相关知识的黑猩猩。这很有可能是因为它们能意识到：要想知道，先得看到[28]。

布赖恩·黑尔(Brian Hare)进行了关于“知道”与“看到”之间联系的一个关键测试。他当时是耶基斯灵长类动物中心的一名学生。布赖恩想知道，猿类是否能利用关于其他个体视觉输入的信息。他引诱一个在群体中地位较低的个体当着一个地位较高的个体的面去捡起食物。这件事情可不容易。大多数地位低的个体连和地位高的个体打照面都敬而远之。布赖恩他们给了地位低的个体两类食物以供选择：一种是当着地位高的个体的面藏起来的，另一种则是背着地位高的个体藏起来的。地位低的个体则目睹了这一切。在一项类似于复活节找彩蛋游戏的开放竞赛中，对于地位低的个体来说，最安全的选择就是只捡那些地位高的个体毫不知情的食物。它们也正是这么做的。这表明它们知道，由于地位高的个体没看见藏食物的过程，因此不可能知情[29]。布赖恩的研究重新开启了关于动物心智理论的问题。而后发生了一起意料之外的转折。东京大学的一只僧帽猴和一家荷兰研究中心里的好几只猕猴最近也成功完成了类似的任务[30]。因此，“视觉观点采择仅限我们人类独有”这一观念如今已经被弃如敝履。上面提到的这些实验中，每个实验本身也许并非完全无懈可击，但若将它们放在一起，就为“其他物种也拥有观点采择能力”这一观点提供了支持。

这证明了门泽尔的工作是先驱性的。我们一直在按照他建立的方法，藏起食物或蛇，让猜测者和知情者斗智斗勇。这些方法依然是评估人类及其他物种中这些能力的经典范式。也许最能说明问题的是门泽尔的儿子查尔斯(Charles)进行的一个实验。正如他的父亲一样，查尔斯·门泽尔(Charles Menzel)是一位爱钻研的思想家，他不满足于容易的测试或简单的答案。在亚特兰大的语言研究中心（Language Research Center），他会让一只名叫潘齐的雌性黑猩猩看着他将食物藏在潘齐院子周围的松林里。查尔斯会在地上挖一个小洞，将一包 M&M 巧克力放进去，或者将一条糖果 139 放在灌木丛里。潘齐会在栏杆后紧盯着这个过程。由于它不能走到查尔斯所在的地方，因此它需要得到人类的帮助才能最终拿到藏起来的食物。有时，查尔斯会在其他所有人都下班之后去藏食物。这就意味着在第二天早上之前，潘齐都无法和任何人交流它知道的信息。当饲养员来上班时，他们对这一实验一无所知。潘齐首先得引起他们的注意，然后将信息提供给某个毫不知情的人。

在一次对潘齐技能的现场展示中，查尔斯告诉我，和一般的哲学家或心理学家相比，饲养员对猿类心智能力的评价普遍更高。他解释道，这种高评价对他的实验至关重要，因为这意味着潘齐面对的人类会认真对待它。所有被潘齐召来的人说，他们起初对潘齐的行为颇为吃惊，不过很快，他们就理解了它想要他们做些什么。根据潘齐的指点、示意、绘画和叫声，他们毫不费力地找到了藏在森林里的糖果。要不是潘齐的指示，他们永远都不会知道该往哪里找。潘齐没有指错过方向，也没有指向从前藏过糖果的地方。这是猿类向毫不知情的另一个物种，就它记忆里一个从前的事件而交流的结果。如果人类正确地按照指示去做，离食物越来越近，潘齐就会用力点头以示肯定（仿佛在说“对！对！”）；和我们类似，当食物越来越远时，它会把手举得更高些进行指点。潘齐意识到了它知道某些其他人不知道的东西，而且它足够聪明，因而找人类来做自愿的奴隶，为它拿到想要的糖果[31]。

为了阐明黑猩猩在这方面多有创造力，我要在这里讲述一起我们野外研究站里的常见事件。一只年轻的雌性在篱笆后对我发出咕噜声，并一直用闪闪发亮的双眼看着我（暗示它知道些激动人
140 心的事），并不时用目光指向我的脚附近的草丛。我弄不明白它想要什么。于是它吐了口唾沫。顺着唾沫的轨迹，我注意到了一颗小小的绿色葡萄。当我将葡萄给它后，它跑到了另一个地方，重复着它的表演。它记住了饲养员落下的水果的位置。而且事实证明唾沫吐得很准——它成功地用这种方式收集了三颗葡萄。

与聪明汉斯相反

那么，我们为什么要先对动物的观点采择作出错误的结论呢？而又为什么在这之前和之后，这种事情发生过那么多次呢？关于某种能力不存在的论断覆盖广泛，从灵长动物不关心其他同伴的福祉，到它们不会模仿，或者甚至无法理解重力。想想看，不会飞行的生物怎么可能有在离地面很高的地方行进的体验！在我的职业生涯中，我曾面对过对“灵长动物在打架后会重归于好”或“灵长动物会安慰悲痛的同伴”这些观点的抵触。我还至少听说过与此相反的论断，即灵长动物并不会**真的**这么做。这就和“灵长动物不会‘真的模仿’”或“灵长动物不会‘真的安慰同伴’”这些论断一样，让人立刻将争辩转向了如何区分看上去像在安慰或模仿的行为和真正的安慰或模仿行为。这数量庞大的消极态度有时会让我丧气，因为有一类科学文献在迅速增多，它们对其他物种实际

做到的事情并不那么感兴趣，反而对其认知上的缺陷更为兴致勃勃[32]。这就好像你有一个职业发展顾问，他不断地告诉你你太笨了没法做这个，太笨了也没法做那个。这种态度多么令人沮丧呀！

所有这些否定的根本问题在于，要证明一个否定的论断是不可能的。这并非一个小问题。当任何人宣称某种能力在其他物种中不存在，并猜测该能力一定直到最近才在我们人类中出现时，我们不必检查数据就能看出这种论断不堪一击。无论何时，我们能够比较确定的结论只有一个：我们尚未在研究过的物种中找到某个特定技能。我们不能作出更进一步的结论了，我们当然也不能将这一结论说成是对该技能不存在的肯定。但是，每当人类与动物的对比遭遇危机，无法证明人类更为优越时，科学家们就总是会做这些不该做的事情。对于找出让我们与众不同的性状的渴 141
望压倒了一切理性的审慎。

即便说起尼斯湖水怪或喜马拉雅山雪人，你也从不会听说任何人宣称其证明了这些怪物不存在——尽管这种论断符合我们中大多数人的期待。同时，没有任何证据证明外星文明的存在，为什么政府依然要花数十亿美元来寻觅外星文明呢？难道如今不应该一劳永逸地得出结论说那些外星文明就是不存在的吗？但我们从未得出过这一结论。因此，最令人困惑的是，对不存在的证据本该小心对待，但德高望重的心理学家们却忽略了这一点。其中的原因之一是他们用同样的方式对猿类和儿童进行了测试——至少他们是这么认为的——但却得出了相反的结果。他们让猿类和儿童完成一系列认知任务，然后发现没有任何有利于猿类的结果。于是他们便将二者结果的不同作为人类独特性的证据四处兜售。

不然，为什么猿类表现没那么好呢？要想理解这一逻辑中的谬误，我们需要回顾聪明的汉斯，就是那匹会数数的马。但这次，我们不会用汉斯来阐明为何动物的能力有时会遭到夸大，而是用它来探讨人类能力所享有的不公平的优待。

这些猿类与儿童对比的结果本身便暗含了问题的答案。当猿类参与自己动手的任务，如记忆、推理和工具使用时，它们的表现与两岁半的儿童水平相当。但当任务涉及社交技能时，如理解他人或听从他人的信号，猿类便远远落在了后头[33]。但是，解决社交问题需要和一位实验人员互动，自己动手的任务则不需要。这表明，和受试者互动的人类很可能是关键所在。这些实验的典型形式是让猿类与一名它们不怎么熟悉的穿着白大褂的人类互动。由于实验人员需要保持平和中立，因此他们不能进行闲谈、爱抚或其他细微的行为。这使得猿类很难放松下来和实验人员打成一片。但儿童在这方面得到的却是鼓励。而且，猿类不是在和自己
142 物种的成员互动，儿童却是。这又为儿童提供了额外的优势。但是，对猿类和儿童进行对比的实验人员却坚称他们对所有的受试者都一视同仁。不过，这种安排之中固有的偏见越来越难以忽视了。如今我们对于猿类的态度有了更多了解——在最近的一项视线跟踪研究(该研究对受试者看向哪里进行了精确的测量)中得出了一个意料之中的结论，即猿类对它们自己物种的成员是不同的。它们会更为紧密地追随另一只猿的视线，而不是人类的视线[34]。这也许就是我们所需要的，它足以解释为何猿类在由我们人类提出的任务中表现不佳。

只有十来个研究所在进行猿类认知方面的测试，而我参观过

它们中的大多数。我注意到，在有些测试中人类几乎不与受试者互动，而在另一些测试中，人类和受试的猿类有密切的身体接触。出于安全问题，进行后一种测试的人只能是饲养猿类长大的人或者是某个猿类从小就认识的人。由于猿类比我们强壮得多，而且能够杀死人类，因此这种亲密而个性化的研究方法并不适合所有人。另一个极端则源自心理学实验室中的传统方法——将一只大鼠或鸽子带到测试间里，尽量避免与其接触。这里最理想的情况是有一个不存在的实验人员，即不存在任何个人关系。在某些实验室中，实验人员将猿类叫进房间，只给它们几分钟来表现，然后便将它们送出房间。其间没有任何嬉戏或友好的接触，简直像一次军事训练。想象一下，假如儿童在这种环境下接受测试，那么他们的表现会如何呢？

在我们位于亚特兰大的中心里，我们所有的猿类都是由猿类抚养长大的。因此它们对猿类更感兴趣，对人类则没有那么多兴趣。就像我们说的，和没有这么多社交经历的猿类或是由人类抚养长大的猿类相比，它们更“像黑猩猩”。我们从不和它们一起生活，但我们会隔着栏杆和它们互动，而且在测试之前我们总会和它们玩耍或给它们梳毛。我们和它们交谈来让其放松，给它们糖果，并且通常会创造一个轻松的氛围。我们希望它们将我们的任务看作游戏而非工作。当然我们也从不给其压力。如果黑猩猩群 143
体里发生了某些事情，或者另一只黑猩猩在外面敲打着门或声嘶力竭地大喊大叫，以至于受试的黑猩猩很紧张，那么我们会一直等到每个个体都平静下来为止，或者我们会重新安排测试时间。对没有准备好的猿类进行测试是毫无意义的。如果我们不按照这种程序来，那么猿类也许会表现得好像它们无法理解手头的问题一样，但高度的焦虑和分心才是问题的关键所在。这也许可以解释科学文献中大部分的负面结果。

科研论文中的方法部分很少能让读者对“准备间”一窥究竟，但我认为这是至关重要的。我自己的方式总是尽量坚定而友好。坚定是指我们态度要始终如一，不会提反复无常的要求。但是当动物不好好配合时，比如当它们只想玩耍并拿到免费糖果时，我们也不会让其为所欲为。但同时我们还是友好的，不会惩罚它们，也不会发火或试图控制它们。最后一项在研究者中依然太常见了。而对这类任性的动物来说，这样只会适得其反。如果猿类将一名人类研究人员视为敌人，那么它为什么要听从这位研究人员的指点和提示呢？这是负面结果的另一个潜在来源。

我自己的团队通常会对他们的灵长动物搭档进行劝诱、贿赂，或用甜言蜜语哄劝。有时我觉得自己像一名励志演说家。例如，我们的黑猩猩中最年长的雌性皮欧妮对我们为它准备的任务视而不见。20 分钟过去了，它一直躺在角落里。我在它身旁坐下，用平静的声音告诉它我没法把一整天都花在这上面，如果它能开始做任务的话就好了。它慢慢起身，瞥了我一眼，溜达到了旁边的房间，坐下开始进行任务。当然，正如我们在前一章里提到罗伯特·耶基斯时说到的，皮欧妮很有可能并没听懂我话里的细节。它只是对我的语调很敏感，一开始就知道我们想要什么。

但是，无论我们和猿类的关系多好，我们能用完全一样的方式对猿类与儿童进行测试这一观点都是极大的错觉。这就好像把鱼和猫都扔进游泳池里，还自认为是在以同样的方式对待它们。

在这里，儿童就相当于鱼。当心理学家对儿童进行测试时，他们 144
会一直微笑着交谈，指示儿童该往哪儿看或该做什么。“看看这只小青蛙!”这样，心理学家告诉了儿童很多信息，而一只猿对你手里这团绿色塑料物品却没有同样程度的了解。而且，儿童接受测试的时候，他们的父亲或母亲通常也在房间里，孩子就坐在他们腿上。儿童可以在屋里跑来跑去，并且面对的研究人员和他们自己是同一物种。因此，和猿类相比，他们得到了巨大的帮助。而猿类则只能坐在栏杆后，没有语言提示，也没有来自父母的支持。

发育心理学家们确实在试图降低父母的影响。他们告诉家长不要说话或指点，也许还给家长戴上墨镜或棒球帽来挡住他们的眼睛。可是，这些举措反映出的是他们极大地低估了父母对于看到自己孩子成功的渴望。当涉及自己视若珍宝的孩子时，很少有人会关心客观的真相。值得高兴的是，奥斯卡·冯格斯特在研究聪明的汉斯时设计出了更为严格的控制方法。事实上，冯格斯特发现，那位带着宽檐帽的马主人给了汉斯很大的帮助，因为帽子会放大头部的动作。即使是在冯格斯特证明了主人对于汉斯的作用后，汉斯的主人依然大声否认了这一点。同样，受试儿童的父母否认自己给孩子提供了线索时，他们的回答也可能完全是诚实的。但是对成年人来说，要无意识地引导他们膝上孩子的选择，方法实在太多了：轻微的身体移动、屏住呼吸、叹气、抱紧孩子、敲击，以及说些鼓励孩子的悄悄话。让父母出席孩子的测试是在自找麻烦，而且找的正是我们在测试动物时极力避免的那种麻烦。

145 图 5－3　从表面上看，实验人员测试儿童和猿类认知时用的是相似的方法。但是，实验人员没有把儿童关在阻隔物后面，而且他们会对儿童说话。同时，儿童通常坐在自己父母腿上。这些都会帮助儿童与实验人员建立联系并获取无意识的提示。但是，最大的区别在于，儿童面对的是自己物种的成员，而猿类面对的是另一个物种。由于这些对比将其中一类受试者放在了极为不利的位置上，因此我们无法就这些对比得出结论

美国灵长动物学家艾伦·加德纳(Allan Gardner)是第一个教会猿类美国手语的人。他以“皮格马利翁式引导”为题，探讨了人类的偏见。皮格马利翁(Pygmalion)是古代神话中的一位塞浦路斯雕塑家。他爱上了自己雕刻出的一尊女性雕像。人们用这个故事作为隐喻，来指代老师如何通过对特定儿童寄予很高的期望来提升这些儿童的表现。这些老师爱上了他们自己的预期，而这种预期则成了一个自我应验的预言。还记得吗，查尔斯·门泽尔认为只有对猿类高度尊重的人才能很好地了解猿类想要交流的内容。他的研究呼吁人们对猿类提高期待，但不幸的是，这并非猿类通常的处境。儿童则相反，他们得到了精心的呵护，这种方式使他们 146
自然而然地确信自己确实像人们认为的那样在心智上更胜一筹[35]。实验人员从一开始便会赞美并激励儿童，使他们如鱼得水。但在对待猿类时，实验人员的态度就像对待大白鼠一样——他们和猿类保持距离，将猿类关在黑漆漆的地方，同时不像对儿童那样给猿类任何言语上的鼓励。

不用说，我认为大多数猿类与儿童的对比都有着致命的缺陷[36]。

想想人们是怎么测试猿类的心智理论的吧。他们让猿类猜测人类是否知道某个信息。这里的问题在于，人工饲养的猿类完全有理由认为我们是无所不知的！假设我的助手给我打电话，告诉我那只名叫沙科的雄性首领黑猩猩在打架时受伤了。我赶到野外科研站，走向沙科，让它转过身去。它这么做了——它还是个小宝宝的时候就认识我了——给我看它背上的伤口。现在，我们来从沙科的角度看看这件事情。黑猩猩是很聪明的动物，它们总是

图 5－4　一只西部丛林松鸦将一条黄粉虫藏了起来，另一只松鸦在玻璃窗后面看着它。等另一只松鸦一离开，藏食物的松鸦就迅速重新藏起了它的宝藏。它仿佛意识到另一只松鸦知道得太多了

试图厘清发生了些什么。沙科当然会好奇我是如何知道它受伤的——我一定是一位无所不知的神。照这么看来，若想弄清楚猿类是否理解看到与知道之间的关联，那么人类研究员大约是最不合适的测试搭档。我们所做的一切都是在测试猿类所怀有的关于人类心智的理论。直到我们在类似于找彩蛋的场景中让猿类与猿类对上后，我们才取得了很大的进展。这并非巧合。

认知研究中有一个逃过了物种隔阂的幸运领域，那便是在与人类非常不同的动物中进行的心智理论的研究。由于这些动物与人类相差甚远，因此所有人都能理解人类不适合作为这些动物的测试搭档。鸦科动物就是这种情况。一名真正的动物观察者从不

休息。英国动物行为学家尼基·克莱顿(Nicky Clayton)便是在加州大学戴维斯分校(University of California at Davis)吃午餐时作了一个重大的发现。她当时坐在户外的阳台上，看见西部丛林松鸦偷偷从饭桌上叼了食物碎屑飞走了。这些松鸦不仅将食物藏了起来，还保护着食物以防被偷走。如果有另一只鸟看见了它们在藏匿食物，那么这些食物肯定会被偷走。克莱顿注意到，当这些松 147
鸦的对手离开之后，许多松鸦回到了藏食物的地点，重新埋藏了它们的宝藏。克莱顿位于剑桥大学的实验室进行了后续研究。克莱顿和她实验室的内森·埃默里(Nathan Emery)让松鸦将黄粉虫要么偷偷藏起来，要么当着另一只松鸦的面藏起来。只要一有机会，藏食物的松鸦就会将它们的虫子重新藏到新的地点——但只有当第一次藏虫子时有其他松鸦看着，它们才会这么做。它们似乎懂得，如果没有其他鸟儿知道食物在哪儿，那么食物就是安全的。而且，只有自己偷过其他鸟儿食物的松鸦才会重新藏匿自己的食物。俗话说，“以毒攻毒，以贼捕贼”，这些松鸦似乎能从它们自己的犯罪行为中推断出其他松鸦的这种行为[37]。

在这个实验中，我们能再一次看出与门泽尔类似的设计。在一个关于渡鸦观点采择的研究中，这种设计更为明显。奥地利动物学家托马斯·布格尼亚尔(Thomas Bugnyar)有一只在鸦群中地位较低的雄性渡鸦，它是开糖果容器的专家。但是鸦群里有一只居于统治地位的雄性，跋扈且喜欢不劳而获，常常抢走那只渡鸦的糖果。不过，那只地位低的渡鸦学会了分散竞争对手的注意力。它会充满干劲地打开空的糖罐，装作在从糖罐里吃糖。当那只优势雄性发现这一切时，“它十分恼怒，开始将东西扔得到处都 148

是”。布格尼亚尔还发现，当渡鸦接近藏食物的地点时，它们会考虑到其他渡鸦都知道些什么。当它们的竞争对手也知道食物藏在哪儿时，它们就会匆忙赶往那里，争取第一个到达。但如果其他渡鸦并不知情，它们便会优哉游哉地过去[38]。

总而言之，动物会进行许多观点采择，从知道其他个体想要什么到知道其他个体知道什么。当然，在这方面依然有些前沿领域尚无定论，例如它们是否能分辨出其他个体拥有**错误**的知识。在人类中，研究人员通过所谓的“错误信念任务”对此做了测试。但是，因为这些细微之处很难在没有语言的情况下进行评估，所以来自动物的数据极为稀缺。即使人类与其他物种间目前所认为的差别能一直成立，我们也依然应该将“心智理论是人类独有的”这一空泛的论断降为更细致入微的渐进论观点，这是毋庸置疑的[39]。也许人类对彼此的理解更为充分，但与其他动物的对比并没有那么明显——还没明显到会让外星人自动用心智理论作为将我们物种与其他物种区分开的主要标志。

这一结论是建立在来自重复试验的可靠数据之上的。不过，让我再添上一则趣闻。这则趣闻用一种完全不同的方式捕捉到了这一现象。在耶基斯野外研究站(Yerkes Field Stations)，猿类都生活在佐治亚温暖天气下的露天院子里。那里有只叫作洛利塔的雌性黑猩猩格外聪明，我和它发展出了一种特殊的友谊。一天，洛利塔生了一只黑猩猩宝宝，我想好好看看。这不是件容易的事，因为猿类新生儿实际上不过是一个黑乎乎的小球，贴在其母亲黑色的肚子上。洛利塔正在攀爬架的高处，与一小群黑猩猩一起相互梳理毛发。我将它叫了下来。它一在我面前坐下，我就指了指

它的肚皮。它看了看我，用右手握住小宝宝的右手，左手握住小
宝宝的左手。这听起来很简单，但由于小宝宝紧贴在它身上，它
得先交叉双臂才能做到这些。这个举动很像人类脱 T 恤时将双臂
交叉抓住 T 恤下摆的动作。然后，洛利塔慢慢地将小宝宝举到空 149
中，将其转了个面，放在了我面前。小宝宝现在被他母亲的双手
举着悬在空中，面对着我而不是其母亲。小宝宝露出了难受的表
情，啜泣了几声——黑猩猩婴儿不喜欢离开温暖的腹部，然后洛
利塔迅速地将其放回了自己怀里。

在这一优雅的行动中，洛利塔证明了它意识到我对新生儿的正面比背面更感兴趣。采择其他人的观点这一行为代表了社会演化中一个巨大的飞跃。

习惯的传播

几十年前，我的朋友们被报纸上的一篇文章触怒了。那篇文章对狗最聪明的品种排了个序。我的朋友们的狗正好是排在最末的品种——阿富汗猎犬。排在第一的自然是边境牧羊犬。我的朋友们深觉受辱，他们争辩说，人们认为阿富汗猎犬很笨的唯一原因是它们有着独立的思想，固执倔强，不愿听从命令。他们说，报纸上的排名是关于服从性，而不是智力的。阿富汗猎犬也许更类似于猫，不会受制于任何人。毫无疑问，这正是有些人认为猫没有狗智商高的原因。但我们知道，猫对人类没有反应并不是因为忽略。一项近年的研究表明，猫科动物可以毫无困难地辨认出

它们主人的声音，深层的问题是它们对此并不在意。这使得这项研究的作者补充道：“我们还不能确定，到底是猫的行为的哪些方面使得它们的主人对它们如此喜爱[40]。”

当狗的认知成为一个热点话题时，我不由自主地想到了这个故事。人们将狗描述得比狼更聪明，甚至比猿类更聪明，因为它们会对人类指点的手势更为关注。当一个人类指向两个桶中的一个时，狗会查看那个桶来寻找奖励。科学家们得出结论说，与狗的祖先相比，驯养使狗的智能更高了。但是，狼不会听从人类的
150 指示，这又意味着什么呢？狼的大脑比狗大三分之一，我敢打赌，狼的聪明程度在任何时候都能胜过狗。但我们作出判断的一切根据不过是它们对**我们**作何反应。而且，谁说这种反应上的差别是天生的，是驯养的结果，而不是基于对作出指点手势的物种的熟悉程度呢？这是由来已久的先天—后天困境。要确定一个性状在多大程度上是由基因产生的，又在多大程度上是由环境控制的，唯一的方法便是让基因和环境两者中的一个保持不变，看另一个会造成怎样的**差别**。这是一个复杂的问题，而且从未得到过完全的解决。在狗与狼的比较中，这个方法意味着像养狗一样在人类家里养狼，如果它们依然不同，那么遗传则有可能是其原因。

但是，在家中抚养小狼是一件要命的差事，因为它们精力极为旺盛，而且不像小狗那么听从命令，并且会将目力所及的所有东西都嚼烂。当具有献身精神的科学家们这样养大了狼之后，后天假说赢得了胜利。人类养大的狼能和狗一样很好地听从手势指令。不过，它们和狗依然有些不同。比如，狼比狗更少去看人类的脸，而且更为自立。当狗试图处理一个它们无法解决的问题时，

它们会回头看看陪着它们的人类以求鼓励或帮助。而狼从不会这么做，它们会自己不断地尝试。也许驯化是这一特定差别的原因。但是，这和智能无关，看上去更多是一个关于脾性和与人类的关系的问题——狼的演化让它们害怕这些奇怪的两足行走的猿类，而狗的育种让它们讨好这些猿类[41]。例如，狗会和我们进行大量的目光接触。它们劫持了人类脑中的有关父性和母性的通路，让我们用几乎和关心我们自己的孩子一样的方式来关心它们。看向自己宠物眼中的养狗人会经历催乳素的快速升高。这种神经肽在产生喜爱与建立联结中都有参与。当我们与爱犬交换满是同情和信任的目光时，我们就在享受与爱犬之间某种特别的关系[42]。

认知需要注意力和动力，但它并非注意力或动力本身。这和我们在猿类与儿童的对比中看到的是同样的问题。这个问题在围 151
绕动物文化的争论中再次出现了。在 19 世纪，人类学家还对其他物种拥有文化的可能性颇为开明；但是在 20 世纪，他们便开始将“文化”一词的首字母大写，同时宣称，我们之所以为人，就是因为有文化。西格蒙德 · 弗洛伊德(Sigmund Freud)认为，文化和文明是对自然的征服。而美国人类学家莱斯利 · 怀特(Leslie White)在一本名为《文化的演化》(*The Evolution of Culture*)——真是讽刺——的书中宣称：“根据文化的定义，人类和文化是同时产生的[43]。”自然，关于动物文化的第一批论文出现了，将文化定义为从其他个体那里习得的习惯——从洗红薯的猕猴到砸坚果的黑猩猩，再到用泡沫组成的网来捕食的座头鲸。这些研究家面对的是一堵由敌意构成的墙。对这种无礼观点的一道防线便是将注意力集中于学习的机制。如果能像许多观点所认为的那样，证明人类的文化有赖于独特的机制，那么我们也许能宣布文化是独属于人类的。模仿则成了这场大战中的圣杯。

为了这一目的，**模仿行为**（imitating）年岁久远的定义“做一个见过的动作”必须修改为某种更为狭义、更为先进的东西。一个新的类别——“**真模仿**”（true imitation）诞生了，它要求一个个体有意地照搬另一个个体的特定技术，用来完成一个特定的目标[44]。仅仅是复制行为，比如一只鸣禽学习另一只的鸣唱，已经是不够格的了。它必须涉及洞察力和理解能力。按照旧的定义，模仿在许多动物中颇为常见，但真模仿却很稀少。这一事实来自实验。实验人员给猿类和儿童提示，让其去模仿一位实验人员。他们会看着实验人员打开一个拼图盒子，或是用某个工具迅速地拿到食物。儿童能够复制这些动作，但猿类却失败了。因此，实验人员得出结论：其他物种没有模仿能力，于是也不可能拥有文化。这一发现给某些圈子带来的安慰令我深感困惑，因为它并没有就任何关于动物文化或人类文化的基本问题给出答案。它所做的一切不过是画下了一条脆弱的界线，借此表明立场。

152 在这里你可以看到，对某个现象的重新定义和对了解是什么使人类具有独一无二的追求，二者之间是如何相互影响的。不过，这里还有一个更为深层的方法学问题：猿类是否能模仿我们其实和文化完全无关。一个物种中要出现文化，唯一重要的就是该物种的成员能从**彼此间**获得习惯。在这个意义上，要公平地进行比较，只有两种方法（假定我们不管第三种选择：让猿类穿上白大褂主持对猿类和儿童的测试）。第一种是前面例子里用到的方法：在人类家里养大猿类，让它们像儿童一样对人类实验人员习以为常。

第二种是所谓的**同物种方法**(conspecific approach)，即用该物种的同类作为模仿对象来进行测试。

第一个解决办法很快便得出了结果。人们发现，有好几只由人类养大的猿类模仿我们人类成员的能力和小孩子一样好[45]。换句话说，猿类就像儿童一样，是天生的模仿者，它们喜欢复制将它们养大的物种的行为。在大多数情况下，模仿的对象都是它们的同类。但如果它们是由另一个物种养大的，它们也会模仿这个物种。当我们成为模仿对象时，猿类自发地学会了刷牙、骑自行车、生火、开高尔夫球车、用刀叉吃饭、给土豆剥皮，还有拖地。这令我想起互联网上关于被猫养大的狗的故事。这些故事颇有启发性。这些狗会表现出猫科动物的行为，比如坐在盒子里、蜷在狭小的空间里、舔爪子来清洁脸部，或者将前腿蜷在肚皮下坐着。

苏格兰灵长动物学家维多利亚·霍纳(Victoria Horner)进行了另一项至关重要的研究。她后来成了我团队中关于文化学习方面的领导专家。她和圣安德鲁斯大学(St. Andrews University)的安德鲁·怀滕(Andrew Whiten)一起在乌干达恩甘巴岛上的黑猩猩保护区里对十几只黑猩猩孤儿进行了研究。她对这些未成年黑猩猩表现得既像母亲又像饲养员。这些未成年的猿类在测试时就坐在她身边。它们很依恋维多利亚，热切地模仿她。维多利亚的实验掀起了波澜。正如步的情况一样，实验证明这些猿类比儿童还要聪明。维多利亚会将一根棍子伸进一个大塑料盒上的孔里。这样插了一系列孔后，一颗糖果就会掉出来，但其实只有一个孔是有用 153
的。如果盒子是黑色塑料制成的，那么就没法看出有些孔其实是没用的。若是一个透明的盒子，那么哪个孔会让糖掉出来就很明显了。小黑猩猩们拿到棍子和盒子后，只模仿了能让糖掉出来的步骤，至少在盒子是透明的时候是这样。而儿童则模仿了维多利亚所做的每一件事，包括那些不必要的步骤。哪怕盒子是透明的，儿童还是模仿了每一个步骤。他们解决这个问题的方式更像在对待一个魔法仪式，而非一个目标导向的任务[46]。

根据这一结果，对模仿重新定义的整个策略都事与愿违了！毕竟猿类才是最符合真模仿的新定义的。猿类所表现出的是**选择性模仿**(selective imitation)。这类模仿要求密切地关注目的和方法。假如理解是模仿所必需的，那么我们只能说能够模仿的是猿类，而不是儿童，因为儿童不过是在——我再找不到更好的词了——对行为进行愚蠢的复制。

现在该怎么办呢？戴维·普雷马克抱怨说，要让儿童看上去“很笨”实在太容易了——说得好像这是实验的目的一样！但是他认为，在现实中，这种解释肯定出了些差错[47]。他的苦恼很真实，展现了人类的自我对不带偏见的科学是多么大的阻碍。很快，心理学家们定下了一个说法。他们用一个叫作**过度模仿**(overimitation)的新术语来指代儿童对行为不予区分的复制。这真是一个了不起的成就。它满足了传言中我们人类对文化的依赖，因为它使我们能够在无视行为的用处的前提下对行为进行模仿。我们能完整地传播习惯，不会有人因自己信息不足而做出错误的决定。由于成年人知识更渊博，因此对于儿童来说，最佳策略便是不带疑虑地对成年人的行为进行复制。盲目的信任是唯一真正理性的策略——人们如释重负地总结道。

维多利亚在我们位于亚特兰大的野外研究站里进行的研究更

令人震惊。在那里，我们与怀滕合作，进行了一个长达十年的研究项目，其中用到的全部是同物种方法。当黑猩猩有机会观察彼此时，它们便会展现出令人难以置信的模仿天赋。“模仿”（ape）一词不愧来自猿类（ape）。猿类的行为可以在群体中不走样地传 154
播[48]。一盘记录凯蒂是如何模仿它的母亲乔治娅的录像带提供了一个很好的例子。乔治娅学会了将盒子上的一个小门打开，将一根杆子从开口处深深插进去来获得一个奖励。凯蒂看着母亲这样做了5次，紧盯着它的每一个动作。每当乔治娅拿到奖励时，凯蒂都会嗅嗅乔治娅的嘴部。当实验人员让乔治娅去了另一个房间后，凯蒂终于可以自己操纵盒子了。我们甚至还没来得及往盒子里添加奖励物，凯蒂就一手打开了小门，另一手将杆子插了进去。它就这么坐着，从窗户的另一侧抬头看着我们，不耐烦地敲着窗户，同时发出呼噜声，仿佛在催促我们快点儿。我们一将奖励放进盒子里，凯蒂就拿到了它。在还没有因这些行为获得奖励之前，凯蒂就完美地复制了它从乔治娅那里看到的动作顺序。

奖励通常是次要的。在人类文化中，没有奖励的模仿依然很常见，比如，我们会对发型、口音、舞步和手势进行模仿。但在灵长目的其他动物中，这种模仿也很常见。日本岚山山顶的猕猴会在一起习惯性地摩擦卵石。除了摩擦卵石产生的噪声外，小猴子不需要任何其他奖励就能学会这么做。如果有一个例子能够驳倒“模仿需要奖励”这一常见观点，那么这种奇怪的行为就是了。美国灵长动物学家迈克尔·赫夫曼（Michael Huffman）对此研究了数十年。他就这种行为记录道：“很有可能，猕猴婴儿在出生前便首次听到了它的母亲玩石头时发出的撞击声。当它出生后，眼睛开始关注它周围的物体时，这又是它首先见到的活动之一[49]。”

克勒率先将“**时尚**”（fashion）一词用于描述动物。克勒的猿类总是会发明一些新游戏。它们会排成单列纵队绕着一根柱子一圈又一圈地行进，踩着同样的节拍小跑——一只脚重重踏下，另一只脚则轻轻落下。它们还跟着这一节拍摇头晃脑。所有的猿的动作都是同步的，就好像它们受了催眠一般。有几个月，我们自己
155 的黑猩猩会玩一个被我们称为“烹饪”的游戏。它们会在土上挖一个洞，将桶放在水龙头下接水，然后将水倒入洞中。它们会坐在这个洞周围，将一根树枝戳在泥里，就好像在汤里搅拌一样。有时，它们会弄三四个这种洞同时进行操作，这会使半个猩群都颇为忙碌。在赞比亚的黑猩猩保护区，科学家跟踪了另一个模因[1]的传播。一只雌性率先将一根草秆伸进了自己的耳朵。它就这么让草秆在耳朵里挂着，走来走去，给其他黑猩猩梳毛。随后的几年中，其他黑猩猩效仿了它。好些黑猩猩都用上了这种新“妆容”[50]。

就像在人类中一样，在黑猩猩中，时尚也来来去去，不断变化。但我们发现，有些习惯只在某一群体中出现，而另一个群体中则没有。在某些野生黑猩猩群落中，黑猩猩会将手扣在一起给彼此梳毛，这便是一个典型的例子。在这一行为中，两个个体将双手举过它们头部，同时用另一只手梳理彼此的腋窝[51]。由于习惯与时尚的传播通常和奖励无关，因此，社会学习确实是社会性的，重要的是随大流而不是收获利益。一个雄性黑猩猩幼儿可能

[1] 模因（meme）指通过非遗传方式，尤其是模仿，而在不同个体间传播的文化或行为元素。——译注

会模仿雄性首领的冲撞展示行为。在这一行为中，雄性黑猩猩首领会一直重重敲击特定的一扇金属门，来给它的表演加上重音。这是一项危险的活动。在这个过程中，母亲们会将它们的孩子护在身边。十分钟后，雄性首领结束了表演，小雄黑猩猩的母亲也放开了它。这只小黑猩猩毛发倒竖地走到了那扇金属门前，开始像它的偶像一样击打那扇门。

我记录了无数这样的例子，也因此发展出了“**基于关系与认同的观察式学习**”(Bonding-and Identification-based Observational Learning, BIOL)这一观点。根据这一观点，灵长类的社会学习来自对归属感的渴望。BIOL 指的是因为想和其他个体表现得一样及想要融入群体的渴望而产生的对其他个体的模仿[52]。它解释了为什么猿类对自己同类的模仿要比对一般人类的模仿好得多；也解释了为何在人类中，人们只模仿那些他们感到亲近的人。这还解释了为什么年轻的黑猩猩，尤其是雌性[53]，会在许多方面学习其母亲；而又是为什么，地位高的个体是最受欢迎的模仿对象。在我们自己的社会中，这种偏好也广为人知。用名人来代言展示的手表、香水和汽车等广告便体现出了这一偏好。我们热爱模仿贝克汉姆(Beckhams)、卡戴珊(Kardashians)、比伯(Biebers)及朱莉(Jolies) 156
等名人家庭。或许在猿类中也是如此？在一项实验中，维多利亚将色彩鲜艳的塑料片撒在了一个院子里，黑猩猩们可以收集塑料片，并将它们放进一个容器里以换取奖励。维多利亚训练了黑猩猩群中地位最高和最低的成员。地位最高的黑猩猩将塑料片代币放进了其中一个容器里，而地位最低的将其放进了另一个不同的容器里。黑猩猩种群看到这一幕后，争先恐后地追随了那位更有威信的成员的脚步[54]。

随着关于猿类模仿行为的证据尘埃落定，其他物种也无可避免地加入了这一行列，显示出了相似的能力[55]。如今，在猴子、狗、鸦科动物、鹦鹉和海豚中，都有了关于模仿的令人信服的研究。如果我们把视线放得更宽广一点，就会看到甚至更多可能有模仿能力的物种，因为文化传播是广泛存在的。回到狗和狼身上，近年来有一个实验用同物种方法研究了犬科动物的模仿。在实验中，狗和狼不是听从人类的指示，而是会看见一名它们自己物种的成员在操纵一根杠杆，来打开一个藏着食物的盒子的盖子。然后，它们得到机会自己对这个盒子进行尝试。狼所需要的时间比狗要短得多[56]。狼也许不擅长听从人类的指点，但就从同类那里读取暗示这方面，它们完胜了狗。研究人员将这种对比归结于注意力而非认知。他们指出，狼会更密切地注视彼此，因为它们的生存有赖于狼群，而狗的生存则有赖于人类。

我们如今显然应该开始远离以人类为中心的研究方法，转而根据动物的生物学来对它们进行测试了。我们最好将实验人员置于不引人注意的位置，而不是将其作为主要的模仿对象或测试搭档。用猿类来测试猿类，用狼来测试狼，用人类成人来测试儿童——只有这样，我们才能在某物种本来的演化背景下评估其社会认知能力。狗可能是唯一的例外，因为它们经我们驯养(或者狗驯养了它们自己，就像某些人所相信的那样)，已经与我们建立了联结。用人类来对狗的认知进行测试或许其实是一件很自然的事。

暂停

我们已经逃出了将动物仅仅视为刺激—反应机器的黑暗时代， 157
我们可以自由地对动物的精神生活进行思考了。这是一个巨大的进步。格里芬当年不断斗争追求的就是这样的进步。尽管动物认知这一主题如今越来越流行，但我们依然面对着一种从前的观念模式，即相对于我们人类所拥有的认知，动物认知不过是可怜的替代物。动物认知不可能真的有深度且令人惊异。在漫长职业生涯的最后，许多学者都无法自抑地列出了所有我们能做到但动物做不到的事情，以澄清人类所拥有的天赋[57]。从人类的视角来看，这些猜测读上去让人颇为满足。但我所感兴趣的是，我们星球上范围宽广、各种各样的认知能力。对于和我一样的人来说，这些猜测不过是对时间巨大的浪费。我们是种多么奇特的动物啊，以至于在谈及我们在自然界中的位置时，我们所能问出的唯一问题不过是：“魔镜魔镜告诉我，谁是世界上最富有智慧的生物？”

这不过是由于古希腊人那个奇怪的阶梯将人类一直放在阶梯中他们最爱的位置上，导致了一种对于语义学、定义、重新定义，以及不断改变目标的痴迷——我们需要面对这一点。每当我们将对于动物的低期待转化为实验时，魔镜最常说的回答便会响起。带有偏见的比较是怀疑的一大基础，而另一大基础则是对不存在的证据的兜售。在我自己的抽屉里有许多负面结果。它们从未发表，因为我不确定它们意味着什么。它们也许暗示了我的动物没有某一特定能力。但在大多数情况下，尤其是在自发行为所暗示的东西和负面结果不一致的情况下，我不确定我对动物进行测试的方法是最佳的选择。我也许创造了一个令动物表现不佳的情境，或者我展示问题所用的方式无法使动物理解，以至于它们对解决这个问题毫无兴致。回想一下，在长臂猿手掌的解剖结构被考虑在实验设计中之前，科学家们一直对长臂猿的智能予以轻视；根据大象对于一个过小的镜子的反应，人们得出了“大象缺乏在镜子中自我识别的能力”这一不成熟的结论。解释负面结果的方式太多
158 了。在怀疑受试对象前先怀疑测试方法，这种方式要更为安全。

书籍和论文通常会宣称，演化认知学的中心问题之一便是找出是什么使我们人类与众不同。学术会议完全是围绕着人类的重要性而组织的，讨论的问题是“是什么使我们为人”。但这真的是我们领域内最重要的问题吗？恕我无法苟同。这个问题本身看上去便是一个智力上的死胡同。为什么这要比知道是什么使凤头鹦鹉或者白鲟与众不同更为重要呢？我想起了达尔文的一缕闲思：“若你能了解狒狒，那么你对形而上学的贡献将超越洛克（Locke）。”[58]每个物种都有其深远的洞察力，因为正是塑造我们认知的力量塑造了它们的认知。想象一下这样一本医学教科书，它宣称该学科的中心问题是找出人类的身体有何独特之处。对此我们会表示不屑，因为尽管这个问题谈不上无趣，但医学所面对的问题中有太多更为基础的问题了，比如心脏、肝脏、细胞、神经突触、激素还有基因都是如何发挥作用的。

科学寻求的并非理解大鼠的肝脏，也并非要理解人类的肝脏，而是要理解肝脏——如此而已。所有的器官和生理过程都要比我

们人类要古老得多。它们演化自数百万年前，在每种生物中都发生了一些特定的修改。这是演化一贯的作用方式，认知为什么会是例外呢？我们的第一个任务是找出在普遍意义上认知是如何进行的、它需要哪些因素来行使功能，以及这些因素是如何适应某一物种的感觉系统和生态环境的。我们想要一个能够覆盖自然界中所有各类认知能力的统一理论。为了给这一项目创造空间，我建议暂时停止关于人类独特性的论断。由于这些论断的历史成绩实在太糟糕了，因此我们应该在未来几十年对它们予以限制，这将会使我们发展出综合性更强的理论框架。多年后的某一天，等我们对人类中什么特殊什么不特殊有了更好的了解，形成了新的概念，我们也许就可以带着这些新概念再回到我们人类头脑这一特定情况上来。

在这段暂停期间，我们也许可以关注另一面，那就是用其他 159
方法来替代过于理智的研究方法。我在前文中提到过，观点采择和身体很可能是密切相连的。对模仿来说，这点同样适用。毕竟，模仿需要理解另一个个体的身体动作，然后将其转化为自己的身体动作。人们通常认为镜像神经元(运动皮质中的特殊神经元，它们将其他个体的行为投射到该个体自己脑中的躯体分布图上)介导了这一过程。同时，我们应该意识到，这些神经元不仅存在于人类中，在猕猴中也有。尽管介导模仿行为的精确神经连接依然颇具争议，但模仿很可能是一个由社会亲密性促成的躯体过程。

这一观点与理性版的观点颇为不同。根据理性版的观点，模仿完全依赖于对因果关系和目的的理解。多亏英国灵长动物学家莉迪娅·霍珀(Lydia Hopper)精妙的实验，我们知道了哪个观点是正确的。霍珀给黑猩猩们看了一个所谓的“鬼盒”。它是由钓鱼线控制的，会神奇地自己开合。如果对模仿行为来说，技术上的洞察力是唯一重要的东西，那么对这个盒子进行观察就足够了，因为盒子展示了所有必需的动作和结果。但事实上，即使黑猩猩们反复观看这个“鬼盒”，看到生厌，也没有从中学会任何东西。只有实际看过一只黑猩猩操纵这个盒子后，黑猩猩们才学会了如何拿到奖励[59]。因此，要进行模仿，猿类需要建立关于身体运动的关联，且这种关联最好来自它们自己物种的成员。技术上的理解并非关键所在[60]。

要弄清身体是如何与认知关联的，可供研究的材料丰富得令人难以置信。将动物加入这些材料中无疑会刺激到新兴的“具身认知”领域。这一领域假设认知反映出了身体与世界的相互作用。到目前为止，该领域主要集中于研究人类。实际上，人类身体不过是多种多样的动物身体中的一种。而具身认知领域却未能利用这一事实。

想想大象吧。它们的身体与我们非常不同，但它们的脑力使它们也具有很高的认知能力。这种最为庞大的陆生动物用它们那
160 数目三倍于我们人类的神经元都做些什么呢？有人可能对这一数目不予重视，认为算上体重比例，这一数目并无多大意义。但按体重比例计算更适用于脑的重量的比较而不是神经元的数目的比较。事实上，有人曾提出过，对一个物种智能的最佳估计并非大脑或身体的体积，而是神经元的绝对数目[61]。如果是这样，那么我们最好对这种比我们神经元数目多得多的物种多加注意。由于大象的大部分神经元都位于小脑，因此有些人认为它们不那么重

要。他们所基于的假设是，只有前额叶皮质的神经元才是重要的。但是为什么要将人脑组织方式作为一切的判断标准，且因此贬低皮质下的脑区呢[62]？最为重要的是，我们已知和我们的新皮质相比，我们的小脑在人科的演化中经历了更为显著的扩张。这表明，在我们人类中，小脑也是极为重要的[63]。我们如今应竭尽所能来找出大象大脑中非同寻常的神经元数目是如何产生其智能的。

大象的长鼻子，即象鼻，是一个极为灵敏的嗅觉、抓握和触摸器官。据说象鼻里有一根特别的长鼻神经，从象鼻鼻尖一直延伸到另一端，协调着象鼻上的4000块肌肉。在象鼻鼻尖处，有两根敏感的“指头”。有了它们，大象就可以拾起小到草叶之类的物品。大象还可以用象鼻吸多达8升水，或者掀翻一头愤怒的河马。与象鼻这一附肢相关的认知确实是非常特化的，但谁又知道我们自己的认知是不是与我们身体的特定附肢——比如双手——相关呢？如果我们没有双手这样极度灵活、功能无限的附肢，那么我们是否还会演化出相同的技能和智能呢？有些关于语言演化的理论推测说语言起源于手势以及和扔石头长矛相关的神经结构[64]。人类和其他灵长动物拥有“双手智能”，而与此相似，大象也许拥有“象鼻智能”。

还有一个问题是，演化仍在继续。有一个广为流传的错觉认为，人类依然在不断演化，而与我们亲缘关系最近的物种们已经不再演化了。但是，唯一不再演化的只有**缺失的一环**（missing link），即人类与猿类距今最近的共同祖先。它被称为“缺失的一 161
环”是由于它在很久以前便已经灭绝了。这一环将会永远地缺失下去，直到我们偶然挖出某些化石残骸为止。我用“缺失的一环”玩了个文字游戏，将我的研究中心命名为“当前环节”（Living Links），因为我们所研究的黑猩猩和倭黑猩猩是现存物种中与过去相联系的环节。因为如今世界上又有了一些其他的当前环节研究中心，可以看出这个名字颇受欢迎——如果一个性状在这两个与我们亲缘关系最近的猿类亲戚及我们人类中都存在，那么这三个物种中的这一性状很可能有着共同的演化来源。

不过，除了共同点以外，这三个物种还都通过自己独特的方式进行了演化。由于演化是不会暂停的，因此这三者很可能都在演化中发生了极大的变化。在这些演化变化中，有些使我们的亲戚获得了优势。例如，艾滋病于人类中肆虐之前，西非的黑猩猩们就早已演化出了对人类免疫缺陷病毒I型（HIV-1）的抵抗力[65]。人类的免疫力真得好好追赶一下了。与此相类，不仅仅是我们人类，这三个物种都经历了认知特异性的演化。没有哪条自然规律规定我们人类在每件事情上都必须是最优秀的。也正因为此，我们应该准备好作出更多的发现，就像黑猩猩步的快速记忆力以及猿类的选择性模仿天赋。有个荷兰的教育项目最近推出了一个广告，其中人类儿童面对着漂浮花生任务（见第三章）。尽管在儿童不远处就站着拿着水瓶的人类成员，但他们却直到看到猿类解决同样问题的录像后才想出了解决办法。有些猿类却能自发地想出解决办法，哪怕周围并没有水瓶来给予它们提示。它们会走到水龙头那儿，因为知道可以在那里接到水。这个广告想要用猿类的故事来说明，学校应该教育孩子们跳出窠臼来思考[66]。

关于动物认知，我们知道得越多，发现的这类例子可能也就越多。而日本灵长类研究所的美国灵长动物学家克里斯·马丁

(Chris Martin)又为黑猩猩添上了一项专长。他让猿类在各自分开的电脑屏幕上玩一个竞技性游戏，这个游戏需要它们预测彼此的行动。这有点像“石头—剪刀—布”游戏。它们能否根据对手之前的选择看透对手呢？马丁让人类玩了同样的游戏。黑猩猩的表现胜过了人类。相比我们人类成员，它们能更快速更全面地达到最佳表现。科学家将这一优势归因于黑猩猩能更快地预测对手的行动和反抗手段[67]。 162

基于我对黑猩猩的政治及先发制人策略的了解，这一发现引起了我的共鸣。黑猩猩的地位基于结盟，结盟的雄性为彼此提供支持。处于统治地位的首领雄性通过分而治之的策略来维护自己的权力，它们尤为痛恨对手拉拢它们的支持者。它们会试图预先阻止这种对自己不利的勾结。而且，为权力而竞争的雄性黑猩猩和那些在镜头面前将婴儿高高举起的总统候选人并无不同。这些黑猩猩会对婴儿产生一种突然的兴趣，它们会抱着婴儿并逗弄它们来迎合雌性[68]。由于在雄性的对抗中，雌性的支持会带来极大的不同。因此，给雌性留下良好印象是很重要的。鉴于黑猩猩这种手段老道的精明，如今我们能用电脑游戏来测试这些非凡的技能，这真是一个伟大的进步。

不过，我们没有理由仅仅关注黑猩猩。它们通常是一个很好的起点，但“黑猩猩中心主义”不过是人类中心主义的一个延伸罢了[69]。为什么不关注适用于探索认知的特定方面的其他物种呢？我们可以将精力集中在为数不多的几种生物上，用它们来进行测试。在医学与普通生物学中，我们已经这么做了。遗传学家利用果蝇和斑马鱼进行研究，而研究神经发育的科学家则通过研究线虫取得了很大的进展。并不是每个人都意识到了科学是如此发展的。正因如此，前副总统候选人萨拉·佩林(Sarah Palin)的抱怨才使得科学家们哑口无言。佩林说，税收被用在了一些毫无用处的项目上，比如“在法国巴黎进行的果蝇研究——我不是在开玩笑[70]”。对于有些人来说，这也许听上去很傻，但毫不起眼的果蝇(*Drosophila*)一直是我们在遗传学中的主要工具，为我们提供了关于染色体和基因之间关系的洞见。从一小部分动物中得出的基础
163 知识可以用于许多其他物种，包括我们自己。这同样适用于认知研究，就像大鼠和鸽子曾经塑造了我们对记忆的看法一样。可以想象，在未来，我们会基于普遍性的假设，在特定的生物中对许多种能力进行探索。也许最后，我们会在新喀里多尼亚乌鸦和僧帽猴中研究技术性技能，在虹鳉中研究顺从性，在犬科动物中研究同情心，在鹦鹉中研究物体的归类，等等。

但这一切需要我们避开脆弱的人类自我，像对待其他一切生物现象那样对待认知。倘若认知的基础特性来自代代相传中逐渐的改变，那么关于飞跃、界限和火花的观念便不再适用了。我们面对的并非鸿沟，而是由数百万朵浪花的不断拍打所造就的一片坡度平缓的沙滩。尽管人类的智能处于沙滩的高处，但塑造它的同样是拍打着这片海滩的力量。

第 6 章

社交技能
Social Skills

06

尤恩，一只年长的雄性黑猩猩，正面临着一个对政治家来说 165
很重要的选择。每天都有两只彼此敌对的雄性为它梳毛，它们俩都急于得到尤恩的支持。尤恩似乎很享受这种关注。让一只强大的雄性首领——正是它于一年前废黜了尤恩——给自己梳毛是十分放松的，因为没有任何黑猩猩敢打扰它们。但是，让第二只年轻些的雄性梳毛就很微妙了。它和尤恩在一起让首领极为不快。首领认为它们在密谋反对自己，因而会试图妨碍它们。首领会竖起所有的毛发，大吼大叫，到处展示自己的力量，撞击门板，殴打雌性，直到那两只雄性变得特别紧张，不得不彼此分开并离开那里。将它俩分开是使首领镇静下来的唯一方法。由于雄性黑猩猩从未停止用各种手段“谋朝篡位”，而且在不断达成和破坏协议，因此，毫无其他目的的梳毛活动实际上是不存在的。每次梳毛都带有政治上的暗示。

如今的雄性首领极受热爱与支持。它的支持者包括年长而有威信的雌性黑猩猩马马，马马是所有雌性的首领。如果尤恩想要过得轻松点儿，那么就会选择和雄性首领结为密友。不惹出是非，尤恩的地位也不会受到任何威胁了。另一方面，若尤恩与第二位野心勃勃的年轻雄性结盟，那么尤恩的生活便会充满风险。无论这只雄性多么高大而健壮，它都还处于青春期。它尚未进行过任何尝试。当它像地位最高的雄性们通常所做的那样去阻止雌性打架时，它几乎毫无威信，倒很有可能会激怒打架的双方。讽刺的是，这意味着它确实解决了争端，只不过它自己代价惨重。两只 166
雌性不再对彼此尖叫，而是互相支持，一起追逐这只想当仲裁者的雄性。但是，一旦两只雌性将它逼至角落，这两只雌性就会很聪明地不去与它进行体力上的格斗——它们太了解它的速度、力量和犬齿了。在这一情况下，这只雄性便成了一个不可小觑的角色。

雄性首领则相反，它在维护和平方面颇有技巧。它能不偏不倚地进行调解，并保护处于弱势的一方。它也因此极受爱戴。它为这个群体带来了长期动乱后的和平与和谐。雌性总喜欢为它梳毛，并让它与自己的孩子一同玩耍。这些雌性很可能会对任何胆敢挑战它的统治的黑猩猩予以抵抗。

当尤恩站到那只年轻雄性的那一方时，它就面对这种情形。它们俩进入了一个很长的战斗期，付出了紧张和受伤的代价，企图废黜这位颇有根基的领导。无论何时，这只年轻的雄性都会和雄性首领保持一定的距离，用越来越大的喊叫声来激怒首领。而尤恩则会坐在这位挑战者的正背后，用手臂抱住年轻雄性的身体中部，跟着一起轻声叫喊。这样一来，它俩的结盟就是毋庸置疑的了。马马和其雌性朋友们的确对这种背叛行为予以了抵抗。它们的抵抗偶尔会导致对这两个捣乱者的大规模追逐。但那位年轻雄性的强壮与尤恩的头脑彼此结合，势不可当。打一开始，尤恩就很明显并不想为自己争取首领的位置，而是同意让搭档来干这吃力不讨好的活儿。它俩从不言弃。就这么每天对抗持续了几个月后，那位年轻的雄性成了新的首领。

它们俩的统治持续了好几年。尤恩的角色就像迪克·切尼(Dick Cheney)或特德·肯尼迪(Ted Kennedy)，是幕后的实权人物。它一直非常有影响力，以至于一旦它的支持开始动摇，首领
167 的位子便坐不稳了。在性感而有吸引力的雌性引起了尤恩和新首

领间的冲突后，这种情况时有发生。新首领很快便明白了，需要给予尤恩特权，才能让尤恩一直站在它这边。大部分时候尤恩都能与雌性交配——这种事情若是换了其他雄性，年轻的首领是不会容忍的。

为什么尤恩要支持这位新贵，而不是加入根基已固的权力集团中呢？在人类同盟的形成过程中，参与者们通过合作取胜，关于这个方面的研究可以为我们提供许多信息。同时，我们也可以通过研究关于国际条约的势力均衡论来获取相关信息。这里的基本原则是“强壮即为弱点”的悖论。根据这一悖论，势力最大的一方通常是最缺乏政治吸引力的合作对象，因为其并不一定需要其他参与者的帮助。因此，势力最大的一方会认为结盟者的支持是理所当然的，并将结盟者看得一文不值。在尤恩的例子里，已有根基的雄性首领太强有力了，以至于危害到了它自己的利益。如果加入那边，那么尤恩能得到的将会很少，因为这只雄性真正所需的不过是要尤恩保持中立。更为聪明的策略则是选择一位缺了它便无法获胜的搭档。当尤恩支持那只年轻的雄性时，尤恩所获得的便是从龙之功。尤恩便又得到了特权以及与雌性首先交配的机会。

权谋智慧

1975 年，我开始观察布拉格动物园中世界上最大的黑猩猩种群。当时我并没有想到我会在余生中一直研究这一物种。就这样，在一个丛林密布的岛上，我坐在一张木头凳子上，对岛上的灵长动物进行大约一万小时的观察，我没有想到自己后来再也没有机会享受这种闲适了。我也没有意识到我会对权力关系产生兴趣。在那个时期，大学生们坚决反对传统。我当时留着及肩长发，以证明自己的反叛。我们认为野心是可笑的，权力是邪恶的。社会等级不过是文化制度，是社会化的产物，是我们可以在任何时候消除殆尽的东西。但是，我对黑猩猩的观察令我开始质疑这一观点。社会等级看上去比这个观点所说的要根深蒂固得多。即便是
168 在最类似于嬉皮士的组织中，我也能轻易发现同样的等级倾向。这种组织通常是由年轻人运作的。他们模仿权威，宣传平等主义，却问心无愧地驱使其他人，或者抢他们同伴的女朋友。黑猩猩其实并不奇怪，人类看上去却不太诚实。政治领袖们习惯用更为高尚的愿望——比如为国家服务或促进经济——来掩盖他们的权力欲。英国政治哲学家托马斯·霍布斯(Thomas Hobbes)推测了一种无法抑制的权力欲的存在。对于人类和黑猩猩来说，他的话都切中了要害。

事实证明，生物学文献对于理解我所观察到的社会策略并无太大帮助。因此，我转向了尼科洛·马基雅弗利(Niccolò Machiavelli)。在我进行观察的那段时间，安静闲暇时，我在一本出版了四个多世纪的书里读到了他的观点。《君主论》(*The Prince*)令我集中了思想来理解我在黑猩猩的森林小岛上所看到的东西，尽管我很确定这位佛罗伦萨哲学家从未想过他的理论会被用在这里。

在黑猩猩中，社会等级无处不在。当我们对黑猩猩进行测试时，我们通常会将两只雌性带进楼里。通常总有一只会准备好参

与任务，而另一只则犹豫却步。第二只雌性极少得到奖励，也不会去触摸拼图盒子、电脑，或者任何其他我们所用的东西。它或许和另一只一样怀着热切的心情，但会服从于它的“上级”。它们之间气氛并不紧张，也没有敌意，而且在户外群体里时也许是最好的朋友。只不过一只雌性支配了另一只而已。

在雄性中恰恰相反，它们永远都在争权夺利。权力的获得无关乎年龄或任何其他性状，但必须经过一番争夺，而且还要小心翼翼地守护着以防被其他竞争对手钻了空子。在长期记录它们的社会事务之后，我动笔写出了《黑猩猩的政治》（*Chimpanzee Politics*）。这本书对我所见证的权力斗争作出了解释，且该解释颇受欢迎[1]。我冒着葬送我刚刚开始的学术生涯的风险，提出动物具有颇富智慧的社会策略——在我所接受的训练中，这一暗示是需要不惜代价地避免的。要在一个满是敌人、朋友和亲戚的群体中 169
过得不错，需要相当多的社交技能。在今天看来，这是理所当然的；但在那时，人们甚至不认为动物的社会性行为是需要智能的。例如，观察者会用被动语态来描述两只狒狒中地位的反转，就好像这种反转只是发生**在**了它们身上，而不是**由**它们所造成的。这些观察者不会提到，一只狒狒一直跟着另一只，引发了一次又一次对抗，露出它巨大的犬齿，并招募附近的雄性来帮助它。这并不是因为观察者没有注意到这些，而是因为动物不应该有目的和策略。因此，科研论文都保持了沉默。

我的书则有意地与这种传统决裂了。书中将黑猩猩描述成了搬弄是非、诡计多端的权谋家，吸引了广泛的关注，并被译为了许多种语言出版。美国白宫发言人纽特·金里奇（Newt Gingrich）

甚至将它列入了给国会新议员的推荐书单。书中的解释所遇到的阻力，包括来自我的灵长生物学家同行们的阻力，都远远比我所担心的要少得多。显而易见，1982 年，时机已经成熟了，是时候用一种更为认知式的方法来研究动物的社会行为了。尽管我是在写完我自己的书之后才学到这一方法的，但唐纳德·格里芬的《动物的觉知问题》的出版时间比这也只早几年[2]。

我的工作是一股新的**时代思潮**(zeitgeist)的一部分。我有许多可以依靠的前辈，比如埃米尔·门泽尔，他对黑猩猩合作与交流的研究提出了黑猩猩拥有目的这一假设，并暗示了它们可以提出需要智能的解决方案；再比如汉斯·库默尔，他从未停止过探究是什么导致他的狒狒按它们的方式行动的。例如，库默尔想要知道，狒狒是如何计划它们的出行路线的，而且到底是由谁来决定去哪儿——是走在前面的狒狒还是后面的那些？他将这一行为分解为了可以辨认的机制，并强调了社会关系是如何作为长期投资来起作用的。库默尔将经典动物行为学与关于社会性认知的问题结合在了一起，这是前人中没人做到过的[3]。

我还对一位年轻的英国灵长动物学家所著的《黑猩猩在召唤》(*In the Shadow of Man*)一书印象非常深刻[4]。当我读到这本书时，我已经对黑猩猩足够熟悉了。因此，我对珍·古道尔关于坦桑尼亚
170 贡贝河地区生活的描述中的具体细节并不吃惊。不过她解释的论调的确令我耳目一新。她并没有明确指出她研究对象的认知能力，但书中的内容让你无法忽略其中复杂的心理学。比如迈克，它是一只地位不断上升的雄性，它将多个空的煤油罐一起敲响，从而震慑了它的对手；还有年长而有威望的雌性黑猩猩芙洛，书中描

述了它的感情生活和家庭关系。古道尔的猿类拥有人格、感情，还有社会议题。古道尔并没有将它们过于拟人化，只是用朴实平淡的语调讲述了它们所做的一切。若是换成办公室中的一天，这一切看上去完全正常。但放在动物身上，这就不同寻常了。当时的倾向是将对行为的描述湮没在引号和密密麻麻难懂的术语中，以避免精神方面的暗示。因此，古道尔的描述是一个巨大的进步。在当时，动物的名字和性别通常都会略去(每个个体都是“它”)。而古道尔的猿类却不是这样，它们是拥有名字和面孔的社会主体。它们并非本能的奴隶，而是自己命运的缔造者。古道尔的方法完美地契合了我自己最初萌生的对黑猩猩社会生活的理解。

尤恩与年轻首领的结盟便是一个合适的例子。我并不能决定它如何且为何作出这样的选择，同样，古道尔也不可能知道迈克的职业生涯可能会因煤气罐是否存在而不同。但这两个故事都显示出了经过深思熟虑的策略。要准确指出这些行为背后的认知，需要收集大量系统性的数据，并进行实验，比如我们如今已经知道黑猩猩格外擅长的那些电脑游戏[5]。

让我简要地介绍两个关于如何处理这些问题的例子。第一个例子是关于布格尔动物园自己的一项研究的。由于猿类喜欢将其他个体拉进争端中，因此种群中的冲突极少会局限于最初的冲突
双方。有时，十只或是更多的黑猩猩会到处奔跑，威胁并追逐彼 171
此，发出一英里之外都能听见的尖锐叫声。自然，冲突的每一方都试图将尽量多的同盟者拉到自己这一方。当我对录像带(当时录像还是个新技术呢!)中的数百起事件进行分析时，我发现在斗争中输掉的黑猩猩会向它们的朋友伸出一只摊开的手以示恳求。它

们试图获取支持以便翻盘。但是，当它们来到敌人的朋友面前时，它们会想方设法安抚对方。它们会用一只手臂环绕着对方，亲吻对方的面颊或肩部。它们并不乞求帮助，而是设法让对方的态度更加中立[6]。

要认识对手的朋友是需要经验的。这意味着个体甲不仅知道自己与乙和丙的关系，还知道乙和丙之间的关系。因为这反映出了对于整个甲乙丙三角关系的了解，所以我给这起名叫“**三角关系意识**”（triadic awareness）。三角关系意识对我们同样适用。当我们意识到谁和谁结婚了，谁是谁的儿子，或者谁是谁的老板时，我们就在应用这种意识。如果没有三角关系意识，人类社会就无法正常运转了[7]。

第二个例子是关于野生黑猩猩的。众所周知，雄性黑猩猩的地位与其体形大小是没有明显的关联的。最为高大而凶残的雄性并不会自动获得最高的地位；而一只体形小的雄性如果结交了正确的朋友，那么也同样有机会争夺首领的位置。因此雄性黑猩猩投入极大的努力来建立同盟。一项对多年来在贡贝收集的数据的分析显示，体形较小的雄性首领花在为其他个体梳毛上的时间要大大多于体形更大的雄性首领。很明显，某一雄性的地位越依赖于第三方的支持，该雄性也就需要将越多的精力放在外交上，比如为其他个体梳毛[8]。在距贡贝不远的马哈雷山中，西田利贞（Toshisada Nishida）及其日本科学家团队进行了一项研究。他们观察到有只雄性首领的任期长得不同寻常，有十多年。这只雄性发展出了一个“贿赂”系统，只和忠实的盟友分享作为奖励的猴子肉，而其对手则没有机会尝到这种美味[9]。

在《黑猩猩的政治》出版许多年后，这些研究确认了我曾暗示的这种针锋相对的交易策略。不过，即便是在我写那本书的时候，也已经有人开始收集支持性的数据了。我当时并不知道，西田一 172
直在马哈雷跟踪研究一只名叫卡伦德的雄性黑猩猩。卡伦德让更为年轻而有竞争力的雄性彼此鹬蚌相争，自己渔翁得利，坐上了一个重要的位置。这些年轻的雄性是来寻求卡伦德的支持的。卡伦德以一种变化不定的方式提供支持。这使得对于这些年轻雄性中的任何一个来说，卡伦德都是它们更进一步所不可缺少的。作为一名被废黜的雄性首领，卡伦德差不多东山再起了。不过，和尤恩一样，它并不为自己争取最高的位置，而是作为幕后的实权人物发挥作用。这一情形和我之前描述过的尤恩的故事相似得出奇，以至于在 20 年后当面见到卡伦德时，我激动不已。当时利贞——西田的朋友们都这么称呼他——邀请我参与一些野外工作，我愉快地接受了。利贞是世界上最伟大的黑猩猩专家之一，跟着他穿过丛林实在是其乐无穷。

当你住在坦噶尼喀湖附近的露营地里时，你会意识到我们对自来水、电、马桶和电话都评价过高了。对生存来说，这些完全不是必需的。每天，我们的目标便是很早起床，快速地吃完早饭，然后在太阳升起之前出发。我们得找到黑猩猩。营地里有几个追踪系统为我们提供帮助。幸运的是，黑猩猩非常闹腾，这使得我们很容易定位它们。并不是所有的黑猩猩都在同一个群体里活动。它们散布在单独活动的“党派”中，每个“党派”只有几只黑猩猩。在一个能见度很低的环境下，它们相当依赖于叫声以保持联络。例如，假如你跟着一只成年的雄性，那么你会不断看到它停下来，歪歪脑袋，倾听周围其他黑猩猩的叫声。你会看到它在决定如何回应，是用他自己的叫声应答，还是默默地往叫声来源的方向行进(有时它的行进如此快速，以至于你会被抛下，艰难地应付交缠的藤蔓)，或是像这声音与它毫不相干一样，继续它愉快的旅程。

那时，卡伦德是群体里最老的雄性，体形只有成年雄性全盛时期的一半大小。40 岁左右，它便开始变得越来越矮小了。不过，尽管年纪很大，但它依然对权力游戏相当热衷。当首领长时间不在时，它常常陪着雄性二把手，并为它们梳毛，直到首领回来为止。我参与研究的时候，首领陪着一只处于受孕期的雌性去
173 了群落领地的周边。据我们所知，地位高的雄性可能会连续几周与一只雌性一起“游猎”以躲避竞争。若不是利贞告诉我，我还不知道首领出人意料地回来了。但我确实注意到了我整天都在跟踪的那些雄性十分激动。它们坐立不安，在山坡上跑上跑下，令我精疲力竭。首领标志性的吼叫以及在空心树上的敲击声宣告了它的回归，这使得每只黑猩猩都紧张过头了。接下来的一些天里，卡伦德转移了阵地。看着它这么做是非常有趣的。有时它会为归来的首领梳毛，而第二天又会与雄性二把手厮混，就好像在试图决定应该站在哪边一样。卡伦德为利贞称之为“墙头草”的策略做了完美的注解[10]。

你可以想象，我和利贞有说不完的话，尤其是关于野外和动物园里黑猩猩的对比。显而易见，两者有着很大的差别，但这并不像某些人——尤其是那些不明白为什么一定要研究人工饲养的动物的人们——所认为的那么简单。这两类研究的目的是非常不同的，而两者我们都需要。野外研究对于理解任何动物的自然社

会生活都很关键。对于任何人来说，若想要了解这些动物的典型行为是如何且为何演化而来的，唯一的办法就是在动物的天然栖息地观察它们。我参观过许多野外观察点，从哥斯达黎加的僧帽猴，到巴西的绒毛蛛猴，再到苏门答腊岛上的猩猩、肯尼亚的狒狒，还有中国的藏猕猴。我发现，看到野生灵长动物的生态环境，听到同行们描述他们为何种问题而着迷，是能够从中了解到许多东西的。今天的野外研究是非常系统而科学的。在记录本上草草写下一些观察记录的日子已经一去不返了。数据收集是连续而系统的，保存在手持电子设备中，并且有基于粪样和尿样的DNA分析和激素化验作为补充。所有这些艰苦而费力的工作都极大地促进了我们对于野生动物社会的理解。

但是，要得到关于行为的细节以及行为背后的认知，光靠野 174
外研究是不够的。假设有人要测试儿童的智力，那么绝不是观察儿童和朋友们在操场上跑来跑去。仅仅观察是不足以让我们窥见儿童的心智的。我们需要将儿童带进房间里，给他展示涂色任务或电脑游戏，让他堆积木，问他问题，诸如此类。我们正是这样对人类的认知进行测量的，而这也正是确定猿类智慧的最好方法。野外研究提供了线索与建议，但很少能得出确定的结论。例如，你可能会遇见野生黑猩猩用石头砸开坚果，但你却无法得知它们是如何发现这一技术的，或者它们是如何从其他黑猩猩那里学会这个技术的。因此，我们需要在小心地控制下进行实验，实验对象是第一次拿到坚果和石头的黑猩猩，它们对这一技术毫无经验。

在开明的条件下（如一个规模不小的群体生活在一片开阔的户外区域中），人工饲养的猿类有额外的优点，可以让我们近距离地观察自然行为。这是在野外无法做到的。在这里，对猿类的观察和录像都比在森林中能做到的要全面得多——在森林里，当事情开始变得有趣时，灵长动物常常会消失在灌木丛中或树冠里。野外工作者常常被落下，只能根据断断续续的观察复原出整个事件。要做好这个可是门艺术，而野外工作者们对此非常擅长。但这缺乏人工饲养条件下规律性收集的那种行为细节。例如，在一项关于面部表情的研究中，可以放慢并放大处理的高清录像是极为重要的。这需要很好的照明条件，而这在野外通常是没有的。

难怪关于社会行为和认知的研究领域一直鼓励人工饲养研究和野外研究的结合。两者代表了同一幅拼图中不同的两片。最理想的情况是，来源于两者的证据都为认知理论提供了支持。野外观察通常会为实验室中的实验提供灵感；反过来，人工饲养条件下的观察——比如发现黑猩猩们在打架后会重归于好——也引发了在野外对同样现象的观察。另外，如果实验的结果与我们已知
175 该物种在野外的行为相冲突，那么这说明也许是时候换个新方法了[11]。

尤其是当涉及动物文化的问题时，人工饲养研究和野外研究如今常常结合使用。自然学家们记录了某一特定物种的行为在地理上的变化，这说明该物种的行为有着地区性的起源与转变。但自然学家们通常没能排除其他的解释（比如种群间的遗传差异）。因此，我们需要通过实验来确定习惯是否是通过一个个体对另一个个体的观察来传播的。这一物种是否能够模仿？如果能够，那么这就大大增强了野外观察到了文化学习的例子的说服力。如今，我们总是在这两种证据来源之间不断奔走。

不过，这一切有趣的发展所发生的时间都远远早于我在布拉格动物园进行的观察。当时我效仿了库默尔的例子，目标是详细理解我所观察到的行为背后可能的社会机制。我所说的不仅是三角关系意识，还有分而治之策略、居于统治地位的雄性的政策制定、互惠交易决策、欺诈、打架后的重归于好、对悲伤者的安慰，等等。我列出了一张非常长的假说清单，决心用我今后的职业生涯来证明它们——首先通过细致的观察，不过之后还要进行实验。提出假说所需的时间要比证明它们需要的时间少多了！不过后者可能非常富有指导意义。例如，你可能会设计一些实验，其中一个个体可以为另一个个体提供帮助，就像我们在自己的僧帽猴中所做的那样。不过我们后来又加了一个条件，那便是受到帮助的搭档可以反过来帮助第一个个体。这就让帮助在双方之间双向传递了。我们发现，如果帮助是相互的，那么，相比只有一方能够得到帮助的情况，猴子会明显变得更为慷慨大方[12]。我喜欢这类实验操作方式，因为它给出的关于互惠的结论比任何观察性的解释都可靠得多。观察是无法得到实验所能得到的这种结论的[13]。

尽管《黑猩猩的政治》开启了一个新的科研议题，同时也将马 176
基雅弗利的思想带进了灵长生物学中，但我并不为“权谋智慧”成为这一领域内的一个流行标签[14]而感到高兴。这个词暗示着对其他个体不择手段的操纵，还有对与制胜无关的大量社会知识及理解的忽略。有两只未成年黑猩猩因一根长满树叶的枝条而打架了。一只雌性将这根枝条掰成了两段，给它俩一人一段，解决了它们的争执。还有，有只雄性首领黑猩猩帮助了一位因受伤而一瘸一拐的母亲，帮它抱着孩子。当这一切发生时，我们所面对的是令人印象深刻的社交技能，这些技能并不符合“权谋”的标签。在几十年前，人们将所有动物（包括人类）的生活都描述为充满竞争、肮脏及自私的，因此这种愤世嫉俗的标签在那时或许还有意义。但随着时间的推移，我自己的兴趣慢慢转移到了相反的方向。我的大部分研究都致力于探索同情心和合作行为。将其他个体作为“社会工具”的利用依然是一个议题，也是灵长动物社会性中一个不可否认的方面。但作为整个社会认知领域的关注点来说，它太过狭隘了。关心、对关系的维持，以及保持和平的尝试，这些都同样值得关注。

对社会网络进行有效应对是需要智慧的。这种智慧也许可以解释为何灵长目经历了非同寻常的脑扩张。灵长动物的大脑格外大。英国动物学家罗宾·邓巴（Robin Dunbar）称之为“**社会脑假说**”（Social Brain Hypothesis）的理论认为这与灵长动物的社会性有关。灵长动物的脑部大小与其群体的大小是相关的，生活在较大群体中的灵长动物通常有着较大的脑部，这为社会脑假说提供了支持。但我总是发现，要将社会性智能与技术性智能分开是很难的，因为许多拥有较大脑部的物种在这两个领域都很擅长。即便是秃鼻乌鸦和狒狒之类在野外几乎不使用任何工具的物种，在人工饲养条件下也可能很擅长使用工具。不过，有一点依然是真的：关于认知演化的讨论倾向于关注物种与环境的互动，而社交方面
177 的挑战已经遭到了太久的忽视。考虑到在我们研究对象的生活中，解决社交问题是多么重要，灵长动物学家对这一观点进行修正确实是做对了[15]。

三角关系意识

合趾猴是长臂猿科中巨大的黑色成员。它们在亚洲的丛林里最高的树上荡得老高。每天清晨，雄性和雌性会发出美妙的二重唱。它们的歌最开始是几声响亮的叫喊，然后逐渐成为更为响亮而复杂的音符串。它们的声音经过气球一样的喉囊放大，能够传播得又远又广。我在印度尼西亚听到过它们的歌声，整个森林都回响着它们的声音。合趾猴会在中途休息时倾听其他合趾猴的歌声。尽管大多数有领土意识的动物所需要的不过是知道领土的边界在哪儿，同时了解邻居有多强壮、多健康，但合趾猴面对的情况却更为复杂，它们的领土是由夫妻俩共同守护的。这意味着夫妻关系非常重要。夫妻之间出了问题，守卫便会很脆弱；而关系密切的夫妻则会拥有牢固的守卫。由于夫妻双方的歌声会反映出它们的婚姻状况，因此，歌声越美妙，邻居便越会意识到不要去惹它们。亲密和谐的二重唱不仅在说“走开！”，而且还在表达“我们心心相印！”。另外，如果一对夫妻的二重唱很糟糕，叫声不和谐，互相打断对方，那么邻居们就听到了一个利用这对夫妻出问题的关系来入侵的机会[16]。

理解其他个体是如何彼此关联是一项基本的社交技能，对于群居动物来说则更为重要。它们需要应对的情况比合趾猴更为多种多样。例如，在一群狒狒或猕猴中，一只雌性在社会等级中的地位几乎完全取决于其家庭出身。由朋友和亲属组成的紧密关系

网使得没有雌性能游离于母系等级的规则之外。根据这些规则，地位高的母亲生下的女儿也会拥有高地位，而出身于底层家庭的
178 女儿则最终依然会居于底层。一旦一只雌性攻击另一只，第三方便会介入，保护其中的一方，以巩固现有的亲属关系系统。“上流社会”家庭中最年轻的成员们对这一切都太过熟悉了。它们衔着银勺出生，可以自由自在地挑起与周围任何个体的争端——它们知道，在地位比它们低的家族中，哪怕是最为庞大凶恶的雌性也不可以与它们针锋相对。这些小狒狒或小猴子的尖叫会惊动它们富有权力的母亲和姐妹。事实上，人们发现，猴子所遇到的对手类型不同，尖叫声听上去也会不同。因此，整个群体便立刻清楚了这场喧哗的打斗是否遵守了已经建立的秩序[17]。

人们对野生猴子的社会知识进行了检验。研究人员将扬声器藏在灌木丛里，趁着一只未成年的猴子不在目力可及之处时，播放它悲伤的叫声。当附近的成年猴子听到这个声音时，它们不仅看向了扬声器的方向，还偷偷看了看那只未成年猴子的母亲。它们认出了那只未成年猴子的声音，并且似乎将之与其母亲联系了起来。它们也许正在好奇这位母亲会为孩子遇到的麻烦做些什么[18]。在某些更为自发性的时刻，我们也可以观察到这一类的社会知识。一只未成年的雌性抱起了一个踉踉跄跄地到处走的幼儿，并将它送回了它母亲那儿。这意味着这只雌性知道这个幼儿属于哪只雌性。

美国人类学家苏珊·佩里（Susan Perry）分析了白面僧帽猴是如何在打架时组成同盟的。苏珊跟踪了这些极度活跃的猴子 20 多年。她知道它们中每一个的名字和过去的生活。我参观了她在哥

图6－1　两只白面僧帽猴采用了一种“霸主”姿势，这样，它们的对手就会同时面对两副露出森森白牙的威胁面孔

斯达黎加的野外观察点，亲眼看见了标志性的同盟态度。两只猴子用了一种被称为“**霸主**”(overlord)的姿势，其中一只骑在另一只的身上。它们瞪着第三只猴子，用目光和张大的嘴威胁它。于是，第三只猴子面对着一个可怕的情景：两只猴子合二为一，凶巴巴的脑袋摞在一起威胁着它。通过将这些同盟关系与已知的社会关系相比较，苏珊发现僧帽猴喜欢招募比它们的对头地位更高的朋友。这本身是很符合逻辑的。但她还发现，僧帽猴并不寻求它们最好的朋友的支持，而是会特意招募那些与它们的关系比与 179

它们对头的关系更亲密的猴子。它们似乎意识到了，妄图吸引对手的好哥们是没有意义的。这一策略同样需要三角关系意识[19]。

僧帽猴通过将头在潜在的支持者与它们的对手之间剧烈来回摆动来寻求支持。这一行为称为“**甩头信号**”（headflagging），还用
180 于示意蛇之类的危险。事实上，这些猴子对一切它们不喜欢的东西都要进行威胁。它们有时会利用这一倾向来操纵对方的注意力。苏珊有一次观察到了下面的欺诈行为：

“三只雄性组成了同盟，追逐着瓜波。它们的地位都比瓜波要高。瓜波突然停了下来，开始发出凄厉的蛇类报警叫声，同时看向地面。我就站在它旁边，可以清楚地看到那儿啥也没有，只有光秃秃的地面。它向柯马基恩（瓜波的对头之一）甩头，寻求帮助来对付想象中的那条蛇。追逐瓜波的猴子们暂时停了下来，用后腿站立着，想看看那里是否有条蛇。经过仔细地检查之后，它们又开始威胁瓜波了。瓜波转变了策略。它瞥见了空中飞过的一只鹊鸦（一种对僧帽猴没有威胁的鸟类），快速地连续发出了三声鸟类报警叫声——这样的叫声通常只用于大型猛禽和猫头鹰。瓜波的对头们仰头看了看，见那并非一只危险的鸟类，于是又开始了对瓜波的威胁。瓜波又一次用上了蛇类报警叫声。它在那片光秃秃的地面上剧烈地跳脚，发出威胁那条‘蛇’的声音。尽管柯马基恩又盯着瓜波看了一会儿，其他的两只猴子却停止了对瓜波的威胁。瓜波又可以开始寻觅昆虫来吃了。它冷漠地慢慢走向柯马基恩，偶尔会向它投去狡诈的一瞥。[20]”

这种观察暗示了高水平智力的存在，但我们无法证明这一点。我们急需关于野生灵长动物智能的信息。野外工作者正在寻找巧妙的方法来收集这些信息。例如，在乌干达的布东戈森林（Budongo Forest），凯蒂·斯洛科姆（Katie Slocombe）和克劳斯·祖贝布勒（Klaus Zuberbühler）着手录下了黑猩猩在受到威胁或攻击时的尖叫声。这些响亮的叫声起着求助的作用。这给了科学家们提示：尖叫声的效果可能有赖于听众。由于野生黑猩猩生活得颇为分散，因此，只有在听力所及范围内的个体——即听众们——有可能会帮助一名尖叫的受害者。科学家们不仅发现叫声的强度能反映出 181
所受攻击的强度，还注意到了其中隐藏着的一起微妙的欺诈行为。当黑猩猩受害者的听众中有比攻击者地位更高的个体时，受害者的叫声明显有所夸张（使得这次攻击听上去比实际上更为严重）。换句话说，只要老大们在附近，黑猩猩受害者就会叫得像发生了血案一样。它们通过声音扭曲了事实，这暗示着它们对于自己对手在其他个体面前的地位有着精确的了解[21]。

关于灵长动物对其他个体关系的了解，更多的证据来自灵长动物基于家庭关系对其他个体作出的分类。有些研究探索了灵长动物对攻击行为**重新定向**（redirect）的倾向。受到攻击的那一方通常会寻找替罪羊。人类中也有和这非常相似的行为：在工作中遭到责骂的人们回家后可能会粗暴地对待配偶和孩子。由于猕猴有着严格的社会等级，因此它们是这方面研究的主要对象。当一只猴子遭到威胁或追逐时，它就会威胁或追逐其他猴子，且总是会拣软柿子捏。于是，重新定向后的敌意便顺着社会等级向下传递。值得注意的是，重新定向敌意的猴子喜欢以最初那个攻击者的家庭作为目标。当一只猴子受到地位高的个体的攻击后，它会看看周围，以便找到攻击者家庭中较为年轻、没什么势力的成员，将怒气都发泄在这个可怜的家伙身上。这样一来，重新定向便类似于复仇了，因为它使挑起事端者的家庭付出了代价[22]。

这种关于家庭关系的知识还能起到更为积极的作用。例如，当来自不同家庭的两只猴子打架后，这两个家庭中的**其他**成员会消解冲突矛盾。因此，倘若两只未成年猴子间的玩耍变成了尖叫着的掐架，那么它们的母亲可能会聚到一起，弥补孩子们的过失。这是一个绝妙的系统，但是就像之前说到的一样，它要求每只猴子都知道其他每只猴子属于哪个家庭[23]。

正如已故的美国海洋哺乳动物专家罗纳德·舒斯特曼（Ronald Schusterman）所提出的那样，按照家庭给其他个体分类也许是**刺激等效**（stimulus equivalence）的一个例子。在我所踏进过的水生动物实验室中，罗纳德的实验室是最为奇特而宜人的，因为它的全部
182 不过是一个位于阳光明媚的加利福尼亚州圣克鲁斯市的室外游泳池，再没多少其他东西了。游泳池边立着几块木质嵌板，上面固定着给罗纳德的海狮准备的符号。这些海狮在池子里游泳。它们以超越人类能力范畴的速度快速地游来游去，还会跳出水面几秒钟，用湿漉漉的鼻子蹭某个符号。罗纳德的明星是他最喜欢的那只海狮，名叫里奥。如果里奥做出了正确的选择，罗纳德就会扔给它一条鱼，然后它会立即跳回到游泳池里。里奥用流畅的动作完成了这一切，接住了鱼，同时滑回了水中。这反映出了实验人员与受试对象间完美的协作。罗纳德解释说，对里奥来说，大多数测试都太过简单了，以至于它感到无聊，开始走神。当它犯了

错误时，它会对罗纳德发脾气，认为他没给足够的鱼，并会生气地将所有的塑料玩具都扔出游泳池。

里奥学过将一些任意的符号彼此联系起来。它首先学会了符号A是属于符号B的，然后又学会了B是属于C的，以此类推。当罗纳德因找出正确的联系而奖励了它之后，他会出乎意料地给它一个全新的组合，比如A和C。如果A和B是等价的，且B和C也等价，那么A和C也一定是等价的。里奥能够将A、B、C三组放到一起，从之前的联系中推断出这一点吗？里奥做到了。它将这一逻辑应用到了它此前从未见过的组合中。罗纳德将这视为一个原型，认为动物在头脑中将不同个体按家庭或小团体等分组归纳到一起的方式便是基于这一原型[24]。我们也会这样做：假如你首先学会了将我与我的一位兄弟相联系，而后又与另一位兄弟相联系（我有五位兄弟！），那么，哪怕你从未见过我与这两位兄弟在一块儿，你也应该会将他们归为同一个家庭。等效性学习有利于快速而有效的分类。

罗纳德走得更远，他想到了其他没有亲眼看见的关联。例如，雄性黑猩猩因其愤怒的攻击著称。它们会摧毁雄性对手留在其领土边界树上的空的过夜巢穴。它们无法攻击敌人本身，于是敌人建造的巢穴便显然成了最佳的攻击对象。这让我想起，有段时间，荷兰的黑色铃木雨燕汽车的车主们有过一段艰难的时光。他们常 183
常受到人们下流的辱骂，更有甚者会故意毁坏他们的车。造成这种情形的原因是，有人怀着谋杀意图，在女王节驾着一辆黑色的铃木雨燕汽车冲进了庆祝节日的人群中，导致8人死亡。显而易见，这辆车本身毫无过错，但人类却很快地将它与谋杀联系了起来。一个憎恨行为将一个特定的汽车品牌变为了憎恨的对象。这一切归根结底还是刺激等效。

现在我们了解了三角关系意识的自发使用，那么下一个问题就是，这种能力是如何获得的？对动物来说，仅仅是观察其他个体就足以获得这一能力了吗？法国心理学家达莉拉·博韦(Dalila Bovet)在佐治亚州立大学(Georgia State University)进行了一项研究。她让猕猴从录像中找出处于统治地位的猴子，并给成功找对的猴子以奖励。观看录像的猴子并不认识它们所看到的那些猴子，因此，它们完全依赖于对录像中猴子的行为来对它们的关系进行判断。例如，录像中有一只猴子在追逐另一只。当受试的猴子看完这一段之后，研究人员会在这个场景中选出一帧，训练观看了录像的猴子从这两只猴子中选出地位更高的一只(即追其他猴子的那一只)。在学会了这样做之后，观看录像的猴子会将这种做法延伸到看上去不像追逐但依然暗示着更高地位的行为上。例如，处于从属地位的猕猴会对处于支配地位的猕猴大大地咧开嘴露出牙齿。博韦给猴子们看了一段猕猴们交换这种信号的录像。尽管观看录像的猴子并未见过这一幕，但依然正确地指出了处于支配地位的那一方。这一研究的结论是，这些猴子是有等级观念的，它们能根据陌生个体如何与其他个体互动来快速地估量这些个体的社会等级[25]。

渡鸦也能表现出类似的理解力，这在它们对扬声器播放的叫声的反应中表现得相当明显。渡鸦能认出彼此的声音，并会对体现出支配地位和从属地位的叫声特别关注。但是，后来研究人员修改了重放的声音，使其听上去好像有只处于支配地位的个体变

得唯命是从了。当渡鸦们听到这起正在酝酿的政变时，会停下正 184
在做的事情凝神倾听，同时表现出了不安。发生在它们自己群体内同性中的社会等级逆转是令它们最为沮丧的，不过它们也同样会对相邻鸟舍中渡鸦间的社会地位逆转作出反应。研究人员得出结论：渡鸦有着等级观念，且这一观念并不受它们自己地位的局限。它们知道其他个体通常如何互动，而且，当偏离这种模式的事情发生时，它们会惊慌失措[26]。

我总会好奇一个相关的问题：人工饲养的黑猩猩会对周围的人类之间社会地位的差别作出评估吗？我曾在一家动物园工作。那儿的园长要求颇多。他会时不时地到园里各处转转，把每个人使唤得团团转，挑各种问题，说这个该清洗了、那个该搬走了，等等。他表现出了典型的支配者行为，让每个人都不敢懈怠——就像一个好园长该做的那样。尽管那些黑猩猩们极少与园长互动——他从不给它们喂食或和它们说话——但黑猩猩们领悟了他的行为。它们怀着最高的敬意对待此人，在他离得还挺远时就用表示顺从的呼噜声向他问好（它们从未这样对待过任何其他人），就好像它们意识到了：**老板来了，周围每个人都因他而紧张不已。**

黑猩猩作出的这种判断并不仅仅与地位相关。在黑猩猩对冲突的调解中，我们可以看到对于它们三角关系意识的最佳阐释。在好斗的雄性打完一架后，可能会有第三方促使它们握手言和。有趣的是，只有雌性黑猩猩会这么做，而且仅限于雌性中地位最高的那些。当敌对的雄性双方无法和解时，雌性便介入了。这两只雄性也许会坐得离彼此很近，避免目光接触，没法或不愿做主动和解的那一方。倘若第三只雄性想要靠近，哪怕只是想要促进和解，它也会被当成是冲突中的一方。因为雄性黑猩猩们总是在寻找同盟，所以它们的存在从来不会是中立的。

年长的雌性就是在这时介入的。阿纳姆黑猩猩种群里的雌性家长马马是位出类拔萃的调解者，没有任何雄性会对它予以忽视，也没有雄性会不慎挑起一场可能惹恼它的打斗。马马会走近那两只雄性中的一只，为其梳一会儿毛，然后慢慢走向另一只，而第
185 一只雄性就跟在马马后头。在走向第二只雄性前，马马会先对第一只雄性从头到脚打量一番。如果第一只雄性不太情愿跟马马走，那么马马就会拽它的胳膊。然后，马马会在第二只雄性身旁坐下。这时，这两只雄性会坐在马马的两边，为它梳毛。最后，马马会从这一幕中离开。而那两只雄性则会用比之前更大的声音喘气、发出嘶嘶声、拍巴掌。这些声音是一种信号，表示想要为对方梳毛——不过当然，这会儿它们已经在为彼此梳毛了。

我也在其他黑猩猩种群中见到过年长的雌性缓和雄性间对立局面的情形。这事儿颇具风险（那些雄性明显正在气头上），因此，年轻的雌性并不试图去进行调解，而是促使其他黑猩猩去调解。年轻的雌性会走向地位最高的雌性，同时看向那些不愿和解的雄性。它们就这样尝试着促进和解，尽管它们自己没法安全地进行调解。这种行为显示出黑猩猩相当了解其他个体的社会关系，比如那些敌对的雄性间发生了什么、该做些什么来恢复融洽，以及谁是完成这项使命的最佳人选。在人类中，我们认为这种知识是理所当然的；但如果没有这种知识，那么动物的社会生活永远也不可能变得像我们所知的那么复杂。

实践出真知

当我们打扫耶基斯灵长类动物中心的老图书馆时，我们发掘出了被遗忘的宝藏。其中之一是罗伯特·耶基斯的旧木头书桌，如今它是我的私人书桌了。另一件宝藏是一卷大约半个世纪都没人看过的电影胶卷。我们找来了一台可以用来播放这卷胶卷的投影仪。这花了我们不少时间，不过是值得的。这部影片没有声音。在其画质很差的黑白画面中穿插着手写的标题。影片讲的是两只年轻的黑猩猩一起完成一项任务。每当其中一只黑猩猩不那么努力时，另一只黑猩猩就会在它背上拍一巴掌。这可真是出闹剧，倒挺适合这部片子摇晃不定画面闪烁的风格。我给许多观众播放过这部影片的电子版，这种类似于人类的鼓励方式引起了观众们 186
的哄堂大笑。人们很快便抓住了这部影片的精髓：猿类对合作的好处有着深入的了解。

这是20世纪30年代时，耶基斯灵长类动物中心的一位学生，梅雷迪思·克劳福德(Meredith Crawford)所做的实验[27]。我们所看到的是两只未成年黑猩猩，布拉和比姆巴在拉绳子。绳子另一头拴着它们笼子外面的一个沉重的盒子，盒子里放着食物。这个盒子太重了，它们独自拉是没法拉动的。它们这么一起拉了四五回，协作得非常好，以至于你几乎会觉得它们在数“一，二，三……拉!”——它们当然是没有这样数的。在实验的第二阶段，研究人员给布拉喂了许多食物。因此布拉去拉食物盒子的动力消失得无影无踪了，表现也十分懈怠。比姆巴不时地恳求布拉，戳戳它或将它的手推向绳子。当它们终于成功地将盒子拉到够得着的地方后，布拉几乎没怎么从盒子里拿食物，将那些食物全留给了比姆巴。为什么布拉对结果这么不感兴趣，却还为其如此努力呢？答案很有可能就是互惠。这两只黑猩猩认识彼此，很有可能还生活在一起，因此，它们帮对方做的每件事都很有可能会得到报答。它们是好朋友，而好朋友会互相帮助。

这项开创性研究包含的所有要素都在其后更为严格的研究中得到了拓展。这种实验设计称为**合作拉绳范式**（cooperative pulling paradigm），人们将它应用在了猴子、鬣狗、鹦鹉、秃鼻乌鸦、大象等许多动物中。假如受试的搭档视线受到阻挡，无法看见彼此，那么拉绳的成功率就会下降。因此，拉绳的成功有赖于真正的协作，而不是两个个体在随意拉绳，只是碰巧同时拉了绳子[28]。而且，灵长动物更喜欢合作意愿强且能够容忍分享奖励的搭档[29]。它们还能够理解，搭档的付出是需要回报的。例如，僧帽猴似乎会对彼此的付出表示感谢。相较于提供了它们并不需要的帮助的搭档，它们会分更多食物给帮助它们拿到食物的搭档[30]。在了解
187 了所有这些证据后，你可能会好奇，为何近年来，社会科学会认同一个奇怪的想法，认为人类的合作行为代表着自然王国中“极为不同寻常的现象”[31]。

有些论断说，只有人类才真正懂得合作是怎么回事，或者真正了解该如何处理竞争与吃白食的行为。这类断言已经变得稀松平常。人们将动物的合作行为描述为很大程度上依赖于亲属关系，仿佛哺乳动物不过是社会性昆虫一般。这一观点很快就被证伪了。

野外工作者分析了从野生黑猩猩粪便中提取出来的DNA，并据此确定了黑猩猩的遗传关系。他们得出结论：在森林里，绝大部分的互相帮助都发生在没有亲属关系的猿类之间[32]。人工饲养环境下的研究发现，甚至彼此陌生的灵长动物——它们在参与实验前从未见过彼此——也会受到诱惑，彼此分享食物或互相帮助[33]。

尽管有了这些发现，但传播人类独特性观点的模因依然顽固地不断复制。莫非它的支持者们没注意到在自然界中发现的数目庞大、多种多样，且不断增多的合作行为吗？我刚刚参加了一场以“合作行为：从细胞到社会”（Collective Behavior：From Cells to Societies）为主题的会议。这场会议在单细胞、生物体及整个物种层面上探讨了多个个体一起实现目标的各种奇妙的方式[34]。关于合作的演化，我们最棒的假说来自对动物行为的研究。E. O. 威尔逊在其出版于1975年的《社会生物学》（*Sociobiology*）一书中总结了这些观点。在他的帮助下，演化方面的方法慢慢应用到了对人类行为的研究中[35]。

可是，威尔逊重要的观点整合所带来的热情似乎已开始退却了。也许它的影响太过广泛且包罗万象，以至于那些将人类拎出来单独看待的学科无法接受。尤其是黑猩猩，如今人们常常将它们描述得非常具有攻击性且极其好胜，并因此认为它们不可能真正具有合作性。如果按照这种想法，与我们亲缘关系最近的亲戚都是这样，那么我们就理所应当地忽略动物王国中其余的物种了。著名的美国心理学家迈克尔·托马塞洛（Michael Tomasello）是这一观点的拥护者。他对儿童与猿类进行了大范围的比较。这使他得出结论：我们人类是唯一能够彼此分享与共同目标相关意图的物

图 6－2　在布格尔动物园，通上电的电线环绕在生机勃勃的树木周围。但黑猩猩还是想到了进到电线圈里的办法。它们从死掉的树上折下长长的枝条，将其拿到一棵活着的树那儿。然后其中一只黑猩猩会稳稳地扶住树枝，而另一只则爬到树枝上

种。有一次他将他的观点凝练为了一句吸引人的话：“你不可能看
188 见两只黑猩猩一起抬木头[36]。”

好一句断言！埃米尔·门泽尔的照片和录像里就有一队队未成年的猿类彼此动员，一起抬起一根很沉的杆子，将它架到园子的围墙上，以便逃出去[37]。我常常看见黑猩猩用长树枝当梯子来跨过活着的山毛榉树周围的电线。一只黑猩猩会扶住树枝，而另

一只则会爬上树枝，摘取新鲜树叶，同时又不会遭到电击。我们 189
还录下了这样一段场景：两只青春期的雌性常常试图爬上我办公室的窗户。这扇窗户俯瞰着耶基斯野外研究站中的黑猩猩园。这两只雌性会互打手势，同时将一面沉重的塑料鼓挪到我窗户的正下方。其中一只会跳到鼓上，之后另一只则会爬到它头顶，站在它的肩膀上。然后这两只雌性会同时蹲下站起，仿佛一只巨大的弹簧。每当站在上面的那只靠近我的窗户时，就会试图攀上窗户。它们非常同步，而且显然想法一致。这两只雌性通常轮流交换角色来玩这个游戏。由于它们从未成功过，因此它们的共同目标大部分是出自想象的。

这些猿类的杰作中也许并不包括实打实地抬木头，但亚洲象却经常受到抬木头的训练。直到不久前，南亚的林业还依然用大象来运送货物。如今，人们已很少再这样使用大象了，但大象依然为旅游者展示着这些技能。在泰国清迈附近的大象保护中心（Elephant Conservation Center），两只高大的青春期公象会用它们的长牙轻松地抬起一根长长的木头。它们俩分别站在木头的两端，将鼻子覆在木头上，以防木头滑掉。然后，它们会迈开步伐，动作完全协调一致。它们彼此间隔着好几米，木头就在它们中间。两位驯象员骑在它们的脖子上，正谈笑风生并四处张望。几乎可以肯定，这两位驯象员并没有指导这两只大象的每一个动作。

很显然，在这一场景中，训练是必不可少的。但不是任何动物都能被训练得如此协调的。你可以训练海豚们同时跳起，因为它们在野外也会这么做；你可以训练马匹用同样的速度一起奔跑，因为野生的马也会这么做。训练是建立在天然的能力之上的。显然，假如一只大象在抬着木头的时候走得比另一只稍快一点儿，或者没将木头抬到正确的高度，那么整个计划就会迅速分崩离析。这项任务需要这两头公象自己把握每一步中节奏和动作的协调。它们从“我”这一身份（我在完成这项任务）转变到了“我们”的身份
190 （我们一起来完成它），这正是集体性行动的标志。在表演的最后，它们一起放下了木头。它们将木头从象牙上移到象鼻上，然后慢慢地放到了地上。它们将最重的这根木头放到了一堆木头上，没有发出一点儿声响。它们完美的协作是毋庸置疑的。

乔舒亚·普洛特尼克用合作拉绳范式对大象进行了测试。他发现，大象对保持同步的需要有着深入的了解[38]。对于座头鲸之类的群体捕猎者来说，团队合作更为常见。座头鲸会吐出数百个泡泡来围住一群鱼，这些泡沫柱就像渔网一样将鱼困在里面。座头鲸会一起行动，使泡沫柱越来越紧密，直到最后好几只鲸鱼张大着嘴掠过泡沫柱的中心，吞下了它们的酬劳。逆戟鲸更进一步——它们有一种令人极为震惊的行为，其中的协作如此出色，以至于只有包括人类在内的极少数物种能够做到同等的程度。当南极半岛周围的逆戟鲸看到一只浮冰上的海豹时，它们会给这块浮冰换个位置。它们会付出大量辛苦的劳动，将浮冰推到开阔的水域。然后，四五只鲸鱼会肩并肩地排开，像一只巨型鲸鱼一样一起行动。它们会以完美而和谐的动作快速游向那块浮冰，弄出
191 一波巨大的浪花，将那只不幸的海豹从浮冰上掀下来。我们并不知道虎鲸[1]是如何达成一致意见排成一行的，也不知道它们是如

［1］ 虎鲸（killer whale）为逆戟鲸（orca）的俗名。——译注

图 6-3　动物王国中最高水准的合作意向大约要数虎鲸了。它们会先悄悄跳出水面观察猎物。在它们看准了浮冰上的海豹后，好几只虎鲸会排成一行，以完全一致的速度高速游向那块浮冰。它们的行为会造成一波巨大的浪花，将海豹从浮冰上冲下去，直接落进那些悄然等待的虎鲸嘴中

何使自己的行为同步的，但它们肯定在开始行动之前有过关于这些的交流。我们还不是很清楚它们为何要这么做，因为即便逆戟鲸在那之后捕到了海豹，但它们通常最后还是会放了它，于是海豹回到另一块浮冰上，又可以多活一天[39]。

在陆地上，狮子、狼、野犬、栗翅鹰（成队的栗翅鹰控制着伦敦特拉法尔加广场上鸽子的数目）、僧帽猴等动物也表现出了许多紧密的团队合作。瑞士灵长动物学家克里斯托弗·伯施（Christopher Boesch）描述了象牙海岸的黑猩猩是如何猎取疣猴的：有些雄性黑猩猩会充当驱逐者，而其他黑猩猩则待在远处，埋伏在某棵树的高处，静待猴群穿过林中的树冠，逃到它们这个方向。由于这种捕猎发生在塔伊国家公园（Taï National Park）茂密的丛林

里，且黑猩猩和疣猴的活动区域都很分散，因此，要准确指出在立体空间中到底发生了什么是很困难的。不过，这种捕猎似乎包括了角色分工和对猎物行为的预判。当一只埋伏者捉住了猎物。它其实可以悄悄地带着猴肉偷偷溜走，但它的做法却恰恰相反。在捕猎的时候，黑猩猩们都很安静。但一旦捉住了猴子，它们中就会爆发出一阵喧嚣，大声尖叫着将每只黑猩猩都叫过来。于是，一大堆雄性、雌性和小黑猩猩互相推搡着找位置。我曾经站在一棵树下(在另一片森林中)看着这一切发生。头顶震耳欲聋的噪声让我毫不怀疑黑猩猩非常喜欢疣猴肉。相较于后来者，参与打猎的个体看上去分到了更多的猴肉——即便是雄性首领，如果没有参与捕猎，也可能最后两手空空。黑猩猩似乎能识别谁对成功有所贡献。捕猎后的公共盛宴是唯一能使这种合作持续下去的方法。毕竟，要不是期待着共同的回报，又有谁会为一项共同的事业投资呢[40]？

有一个观点认为，黑猩猩和其他动物并没有基于共同意图的联合行动。而上述那些观察很明显与这一观点相矛盾。你可以想象得出两名持有如此截然相反观点的科学家是如何针锋相对的，
192 就像伯施和托马塞洛一样——他俩的办公室在同一栋楼里。他俩被任命为位于莱比锡的马克斯-普朗克研究所(Max Planck Institute)的共同所长。这莫非是一个关于人类如何在观点不同的情况下进行合作的实验？介于在这方面存在着许多不同的观点，请容我先回到那个导致托马塞洛提出他的人类独特性论断的实验上来。托马塞洛用一个合作拉绳任务对儿童与猿类进行了测试，得出结论说只有儿童展现出了共同的意向。

但是，能否这样对儿童与猿类进行比较是一个老问题了。幸运的是，这一研究留下了对于儿童和猿类各自实验设置的照片[41]。有张照片里是两只猿分别关在单独的笼子中，每只面前有一张小小的塑料桌子，它们可以通过一条绳子将桌子拉得近些。奇怪的是，这些猿类并不像在克劳福德的经典研究里那样拥有共同的空间，它们的笼子甚至都不挨着——它们隔着一段距离，还有两层铁丝网。每只猿都专注于它们自己的绳子末端，似乎对另一只要做什么毫不知情。而儿童的照片则相反，照片里的儿童们坐在一个大房间的地毯上，他们之间毫无阻隔。他们也使用了一个可以拉动的装置，但他们肩并肩地坐着，可以毫无阻碍地看到彼此，而且可以自由地走来走去，接触彼此并进行交谈。这些不同的安排有助于解释为何儿童表现出了共同的目的，而猿类却没有。

这种比较若是发生在另外两种不同的物种身上，比如大鼠和小鼠，我们绝不会接受这种对两个物种不同的实验设置。假如大鼠接受联合任务测试时肩并肩坐在一起，而小鼠则被分开了，那么没有任何明智的科学家会得出大鼠比小鼠更聪明或更具有合作性这种结论。我们会要求对这两个物种使用同样的实验方法。但是儿童与猿类间的比较却成了例外。正因如此，许多研究一直坚称儿童与猿类的认知水平极为不同。而在我看来，这种不同是无法与由方法造成的不同区分开的。

鉴于这一从未间断的争论，我们决定不再进行成对的测试——不管是分开还是一起进行的——同时建立一种与自然条件更为类似的实验设置。我有时会将它称为我们的“实践出真知”实验，因为我们极力想要一劳永逸地确定黑猩猩们处理利益冲突的 193

能力究竟多好——当竞争存在时，合作将会如何发展呢？了解哪种趋势会发展开来的唯一方法就是给这些黑猩猩一个机会，让它们能同时进行竞争与合作。

我的学生玛莉妮·苏恰克（Malini Suchak）设计出了合适的装置来对耶基斯野外研究站里一个有15只黑猩猩的种群进行测试。这一装置固定在黑猩猩的户外院子的篱笆上，必须要两只或三只黑猩猩同时拉动不同的杆才能将装置移近，拿到奖励。这需要非常精确的协调。与两位搭档协作比与一位搭档协作要更难，但这两种方式猿类都能做到。它们会隔开一点儿距离坐着，不过能毫无障碍地看到彼此。由于整个黑猩猩群都在那儿，因此搭档的组合有着许多种可能。猿类能够一边决定要和谁一块儿工作，一边对竞争者保持警惕——比如处于支配地位的雄性或雌性，还有可能会偷窃奖励、妄图不劳而获吃白食的个体。它们会自由地交换信息并选择搭档，但也会自由竞争。此前人们从未尝试过这类型的大规模实验。

倘若黑猩猩真的无法克服竞争，那么这个测试应该会造成一片混乱！这个种群应该会变成一堆不断争吵的猿类。它们应该会为奖励而打架，互相追逐着离测试点越来越远。竞争应该会扼杀一切共同目标。不过，我研究黑猩猩的时间很长，因此我对测试的结果并不太担心。我在它们中研究过几十年的冲突解决。尽管它们名声不佳，但我见过太多黑猩猩试图维持和平、缓和冲突的局面了，因此并不担心它们会突然放弃这种努力。

由于玛莉妮和我们其他人希望了解黑猩猩是否能够自己弄清这个任务是怎么回事，因此在测试之前，玛莉妮没有给这些黑猩猩任何训练。它们所知道的不过是那儿有了台新装备，和食物有关。事实证明，它们学得极快，很快便意识到了必须一起操作， 194
并在几天之内掌握了双向拉杆和三向拉杆两种方法。丽塔会坐在一根拉杆旁，抬头看向其母亲博里。博里正在一个高高的攀缘架顶端的窝里睡觉。丽塔会一直爬到那儿，戳戳博里的肋骨，直到博里跟着爬下来为止。然后丽塔会走向那台装置，并不断回头看，以确定它的母亲在跟着它。有时我们会有种印象，觉得黑猩猩们通过某种我们不知道的方式达成了一致。它们中的两只会肩并肩地走出夜间栖息的楼房——这可是挺长的一段路——一起直奔那台装置，就好像很清楚接下来准备做什么一样。多么明显的共同意向呀！

这项研究的要点在于了解猿类是会竞争还是会合作。很显然，在大部分时间里，合作都获得了胜利。我们看到了一些攻击行为，但并未造成实际的伤害。大多数打斗程度都很轻，比如拉一下某只黑猩猩，让它远离那台装置，或是将某一个体赶走，或者扔沙子。为了得到这些装置的使用权，有些黑猩猩会给正在拉杆的黑猩猩梳毛，直到这只黑猩猩让它们占了自己的位置。在那台装置那儿，合作几乎从未停止过。最终黑猩猩们一共进行了 3565 次合作拉杆[42]。它们会避开想要不劳而获的个体，有时会对这些个体的活动进行惩罚。而竞争性过强的个体很快便发现它们的行为让它们相当不受欢迎。这项实验进行了好几个月，为所有的黑猩猩提供了足够的时间来明白，宽容是会有回报的——这会让它们更容易找到一起工作的搭档。最后，我们发现了实践得出的真知：黑猩猩具有很强的合作性。为了达到共同的目的，它们可以毫无问题地控制和抑制冲突。

我们所观察到的这一行为与我们从自然栖息地中所了解的知识非常一致。其中一个可能的原因是我们这个黑猩猩种群的背景：当我们进行这个测试时，我们的黑猩猩们已经在一起生活近 40 年了。无论按什么标准来说，这都是很长的一段时间。这使得这个群体配合得非常好，这是不同寻常的。我们最近在一个新组成的黑猩猩群体中进行了测试。在这个群体中，许多个体彼此认识不
195 过数年，但我们还是发现了同样的高度合作和低攻击水平。换句话说，黑猩猩普遍很擅长为了合作而处理冲突。

黑猩猩目前的名声是暴力而好斗的，甚至“像恶魔一般”。这种说法几乎完全是基于它们在野外对待邻近群体的成员的方式，因为它们时不时会因领土而发动残暴的攻击。这一事实成了它们形象的污点。但这种攻击其实极少是致命的，以至于科学家们花了几十年才对这种攻击的发生达成了一致意见。在任意一个野外观察点，黑猩猩因攻击造成的平均死亡率是每 7 年一例[43]。况且，我们人类也不是没有这种行为。那么为什么要将这种行为作为一个论点来攻击黑猩猩合作的天性，却又将我们人类自己内部的战争正确地看作一种合作性的事业呢？我们对人类自己的态度对黑猩猩同样适用——它们几乎从来不独自攻击邻居。如今，我们该看看黑猩猩的本来面目了：它们是极具天赋的团队合作者，压制群体内部的冲突对它们来说根本不成问题。

最近在芝加哥的林肯公园动物园（Lincoln Park Zoo）进行的一项实验确认了黑猩猩的合作技能。科学家们让一群黑猩猩用量油计蘸取番茄酱，番茄酱就在人工“白蚁巢”土丘上的小洞里。在实

验最开始时，小洞的数目足够所有群体成员各自独立地进食。但在这之后，小洞的数目每天都会减少一个，直到只剩下很少的几个。由于每个洞只能供一只黑猩猩享用，因此科学家们认为黑猩猩们会为了得到不断减少的资源而竞争并争吵。但这类事情压根没有发生。黑猩猩们通过恰好相反的行为适应了新处境。它们融洽地聚在剩下的小洞周围——通常是两个，有时是三个——轮流将棍子伸进洞中。每只黑猩猩都很有礼貌地静待着轮到自己。所有科学家观察到的不是冲突的产生，而是轮流和分享[44]。

当两个或更多聪明而具有合作性的物种在食物资源附近相遇时，结果可能是合作而非竞争。每个物种都知道如何利用对方。在捕鱼合作中，人类和鲸目动物(鲸鱼和海豚)便一起工作。这种 196
合作有数千年了，从澳大利亚和印度到地中海国家和巴西都有过报道。在南美，这种合作发生在咸水湖泥泞的岸边。渔民会拍打水面以宣告自己的到来。这时，瓶鼻海豚便会游上水面，将鲻鱼驱赶至渔民的方向。海豚会用特殊的潜水方式等方法给渔民发送信号，而渔民会等到收到海豚的信号时再撒网。海豚也会这样为它们自己驱赶鱼群，但在这里它们却是将鱼赶到了渔民的渔网里。渔民认识他们的每只海豚搭档，他们会用著名政治家和足球明星的名字给海豚命名。

人类与虎鲸之间的合作则更为惊人。在澳大利亚的图福尔德湾(Twofold Bay)还有捕鲸业的时候，逆戟鲸会靠近捕鲸站，做出引人注目的跃身击浪和鲸尾击浪动作来告知人类有一只座头鲸来了。它们会将那只大鲸鱼驱赶到靠近捕鲸船的浅水中，这样捕鲸人就可以用鱼叉叉中这头疲惫的庞然大物了。当人们杀掉这只座头鲸后，他们会给逆戟鲸一天时间来享用它们最爱的美食——座头鲸的舌头和嘴唇。在那之后，捕鲸人便会将战利品收集起来。这里的人类也一样会给他们喜欢的逆戟鲸搭档起名字，并且知道投桃报李是一切合作的基础。对人类和动物来说都是这样[45]。

人类的合作只有一个方面远远超越了我们在其他物种中已知的合作，那就是合作的组织程度和规模。我们用等级结构来建立非常复杂且历时颇长的工程，在自然界的其他地方是不可能找到这样的合作方式的。大多数动物的合作是自我组织的，其中每个个体根据自己的能力来担任不同的角色。有时，动物的协作方式看起来好像它们提前就分工问题达成了一致一样。我们不知道它们是如何交流共同的意图和目标的，但它们似乎并不是像人类一样通过上级领导的安排来做到这一点的。我们会作出一个计划，同时安排一个等级制度来执行这一计划，这使得我们可以铺设穿越全国的铁路，或者建造一座需要几代人来完成的宏伟的大教堂。
197 靠着这种历时千百年演化而来的倾向，我们将人类社会塑造成了复杂的合作网络——它令我们得以完成前所未有的浩大工程。

鱼的合作

关于合作的实验通常会提出关于认知的问题。参与者们意识到了他们需要一个搭档吗？他们知道搭档的作用是什么吗？他们是否做好了分享战利品的准备？若有一个个体想要独占所有的好处，那么这显然是会危及未来的合作的。因此，我们假设动物不仅会观察它们得到了什么，还会将它们的所得与搭档的所得相比较。不公平是很令人烦恼的。

这个想法提供了灵感，使我和萨拉·布罗斯南(Sarah Brosnan)在成对的褐色僧帽猴中进行了一个后来极为流行的实验。当僧帽猴们完成了一项任务后，我们用黄瓜片和葡萄给这两只猴子奖赏。我们确认过，知道在这两样食物中它们全都更喜欢后者。如果两只猴子得到了同样的奖赏，哪怕都是黄瓜，它们也能够很好地完成任务。但如果一只得到了葡萄而另一只得到的是黄瓜，那么它们就会激烈地反对不公平的结果。得到黄瓜的猴子会满足地吃下第一片黄瓜。但当注意到伙伴得到了葡萄后，便会暴怒不已。它会扔掉那微不足道的蔬菜，极其激动地摇晃实验箱，几乎要把实验箱摇散架[46]。

由于其他个体得到了更好的食物，因而拒绝接受毫无问题的食物。这种行为类似于人类在经济学游戏中的反应。经济学家们说这种反应是“非理性的”，因为得到些东西从本质上来说是要好过什么都没有的。他们说，猴子不应该拒绝平常吃的东西，人类也不应该拒绝较低的报价。比起没钱，有一美元还是要好些的。但是，我和萨拉并不相信这类反应是非理性的，因为它力图使结果公平，而这种公平是使合作继续的唯一方法。在这方面，猿类也许比猴子还要在意。萨拉发现黑猩猩有时会对不公平的结果进行抗议。它们抗议的不仅是得到的**较少**，还抗议得到的**较多**。得 198
到葡萄的黑猩猩可能会拒绝这份好处！显而易见，这与人类对公平的理解更为接近了[47]。

在此我就不对这些研究的更多细节加以赘述了。在这些研究

图 6－4　一对奇怪的猎人：一条鳃棘鲈和一条巨海鳗一起徘徊在礁石周围

中，有些鼓舞人心的事情发生了——研究很快便扩展到了其他物种中，到了灵长动物之外。一个领域的扩展一向是其成熟的标志。研究人员在狗和鸦科动物中进行了不公平测试，发现了与猴子中相似的结果[48]。显然，没有物种能够逃过合作的逻辑——是否能选择一位好搭档，或者付出与回报是否平衡。

瑞士动物行为学家和鱼类学家雷杜安·布斯哈里(Redouan Bshary)关于鱼类的工作是这些原则普遍性的最佳阐释。布斯哈里观察了小小的濑鱼清洁工与其大型鱼类寄主之间的互动及互利共生关系，这令我们非常着迷。清洁工会啃噬掉寄主皮肤上的寄生虫。每条清洁工濑鱼都有一个位于礁石中的“清洁站”。客户会来到清洁站，展开它们的胸鳍，摆出特定的姿势好让清洁工为它们清洗。这是完美的互利共生。清洁工从客户的身体表面、鱼鳃，甚至嘴里除掉寄生虫。有时清洁工实在太忙了，客户们不得不排
199 队等候。布斯哈里的研究包括在礁石上进行的观察，不过也包括在实验室中进行的实验。他的论文读起来很像优秀商业行为的指

导手册。例如，清洁工对偶然漫步至此的顾客要比对附近居民的态度更好。如果一位偶然到来的顾客与一位附近的居民同时来到清洁站，那么清洁工会先为偶然到来的客户服务。它们可能会让居民一直等着，因为居民没有其他地方可去。这整个过程就是一个供求关系的案例。清洁工偶尔会欺骗客户，它们会从客户身上小口咬下一些健康的皮肤。客户们并不喜欢这样。它们会摇晃身体或者游走。清洁工唯一不会欺骗的客户就是食肉鱼类，因为这类客户有一种激进的对策——将清洁工吞掉。清洁工似乎对自己行为造成的得失有着完备的理解[49]。

在红海中的一系列研究中，布斯哈里观察了豹纹鳃棘鲈和巨海鳗的协作捕猎。豹纹鳃棘鲈是一种美丽的红褐色石斑鱼，能长到约一米长。这两个物种是天生一对。海鳗能进入珊瑚礁的缝隙内，而鳃棘鲈则在珊瑚礁周围开阔的水域捕猎。从鳃棘鲈那儿逃脱的猎物会躲到珊瑚礁的缝隙里，而从海鳗那儿逃脱的猎物则会进入开阔的水域中——但这些猎物无法同时从鳃棘鲈和海鳗的联手中逃脱。在布斯哈里的一部录像中，我们能看到鳃棘鲈和海鳗肩并肩地游泳，仿佛两位朋友在一同散步。它们会寻求彼此的陪伴。鳃棘鲈有时会主动招募海鳗。它会靠近海鳗的头部，做出一种奇怪的头部摆动行为。而海鳗则会离开它藏身的缝隙，加入鳃棘鲈，作为对邀请的回应。由于这两个物种并不与彼此分享猎物，而是将猎物整个吞下，因此它们的行为似乎是一种特定的合作形式。在这种合作中，每一方都能得到奖赏，并且不必为对方做任何牺牲。它们是为了自己的利益这么做的，这样就可以轻而易举地获得比独自捕猎更多的猎物了[50]。

对于两个捕猎方式不同的捕食者来说，布斯哈里观察到的这种角色分工是很自然的。真正奇妙的是这整个模式——两位参与者似乎知道它们要做些什么，且这些做法会如何为它们带来好处。我们通常并不会把这种模式和鱼类联系起来。对于我们自己的行
200 为，我们有许多关于高水平认知能力的解释。我们很难相信同样的解释也许可以用在脑部比我们小得多的动物身上。不过，就好像唯恐人们认为鱼类所表现出的是一种简化版的合作一样，布斯哈里最近的工作对这一观点提出了挑战。他们给鳃棘鲈看了一条可以帮助它们捕鱼的假海鳗（一个塑料模型，它可以做几个动作，比如从一根管子里钻出来）。这一实验设计遵循的是和拉绳测试同样的逻辑。在拉绳测试中，黑猩猩会在需要时寻求帮助。但如果能够独自完成任务，它们就不会寻求帮助了。鳃棘鲈的表现在每个方面都与黑猩猩非常相似，在决定是否需要搭档方面也和黑猩猩同样擅长[51]。

看待这一结果的一种方式是认为黑猩猩的合作也许比我们以为的要更简单，但另一个方式则是认为鱼类对如何合作的理解要比我们所假定的程度要深刻得多。这一切是否可以归结为鱼类的联想学习还有待观察。如果确实是的话，那么任何鱼类都应该能够发展出这种行为。这看上去颇为可疑，而且我同意布斯哈里的观点，某一物种的认知是与该物种的演化史和生态环境密切相关的。如果我们将这一实验与在野外对鳃棘鲈和海鳗间合作捕猎行为的观察联系起来，这就暗示了一种与这两个物种的捕猎技术相适应的认知能力。由于鳃棘鲈发起大部分合作并作出大部分决定，因此，这种合作捕猎行为有可能完全只依赖于一个物种特化的

智能。

演化认知学标志性的比较方法正适用于这些在非哺乳动物中激动人心的探索。认知的形式不是单一的，将认知能力从简单到复杂分成等级是毫无意义的。一个物种的认知能力通常是与其生存的所需相一致的。亲缘关系很远但有着相似需求的物种也许会用上相似的解决办法，在权谋策略领域中也是如此。当年我发现了黑猩猩中的分而治之策略，且西田的研究确认了野生黑猩猩也会使用这一策略。如今，还有一篇论文报道了渡鸦对这种策略的使用[52]。进行这项研究的是约尔格·马森(Jorg Massen)。他是一位年轻的荷兰人，曾花了数年时间在布格尔动物园研究黑猩猩，之 201
后才开始在奥地利的阿尔卑斯山(Alps)上对野生渡鸦进行跟踪。因此，他能发现渡鸦的这一策略或许并不是巧合。在阿尔卑斯山上，马森观察到了许多企图分开其他个体的干涉行为，即一只鸟儿会打断其他鸟儿间友好的接触，比如互相用喙为对方整理羽毛等。打断这类接触的鸟儿会攻击其中一方，或者会自己站到它们中间。这只干涉者没有得到任何直接的好处(这里并没有需要争夺的食物或配偶)，但确实成功摧毁了其他个体间建立关系的机会。地位高的渡鸦通常彼此有着密切的社会关系，中等地位的渡鸦之间的关系则较为松散，而地位最低的鸟儿彼此间并没有特定的社会关系。由于大部分的这种干涉都是由社会关系较多的鸟儿发起的，目标是社会关系松散的个体，因此，干涉者的主要目的可能在于阻止后者通过建立友谊而提高地位[53]。这看上去和黑猩猩的政治非常相似——对于脑部较大的物种来说，这正是它们健康的权利欲应有的表现。

巨型政治

我们倾向于认为大象是生活在母系群体中的——这完全正确。象群是由雌性与幼象组成的，有时周围会跟着一两只急于交配的成年公象。公象不过是跟随者罢了。“**政治**”(politics)一词并不太适用于这些象群，因为雌性是根据年龄、家庭出身，也许还有性格来分等级的，而所有这些性状都是稳定且很难改变的。政治冲突的标志是地位竞争，以及机会主义式地建立及破坏同盟。而在象群中，留给这些的空间并没有多少。要找到这些行为，我们必须观察雄性，在大象中亦是如此。

在相当长的一段时间里，人们认为公象是奔波在稀树草原上的独行侠，偶尔会因**狂暴**(musth)状态而发生行为上的改变。在狂暴状态下，公象体内的睾酮水平会上升20倍，这有点像大力水手吃了菠菜后的结果。于是，公象会变成一个自信的暴徒，与它所到之处的任何个体打斗。只有为数不多的动物在其社会体统中有这种生理上的怪咖。不过如今，我们从美国动物学家凯特琳·奥
202 康奈尔(Caitlin O’Connell)在纳米比亚的埃托沙国家公园(Estosha National Park)所做的工作中得知，事情并不仅是如此。公非洲象比我们所认为的要社会化得多。它们也许不像牛那样跟随群体行动——牛会待在一块儿，以防食肉动物伤害它们的幼崽。但公非洲象认识每一个其他个体，并有着领导者和追随者，还有能持续很久的社会关系。

奥康奈尔描述的某些方面让我想起了灵长动物的政治，但她的描述的其他方面听上去有些奇怪，这是因为大象有着奇特的交流方式。例如，如果领头的公象对另一头公象有所畏惧，那么它可能会在晃动着臀部后退时将阴茎放下来。这是怎么回事呢？这头公象在笨拙地向后倒退，那相当显眼的阴茎是一种信号。为什么这时候不把阴茎缩回去呢？原来，它们将阴茎放下是在表示顺从。或者，按奥康奈尔的话说，是在“表示乞求”。

在处于支配地位的那一边，公象的行为也极不寻常。这里是一段关于狂暴行为的描述：

> “它非常激动地走到了格雷格之前排便的地方，对那堆颇具冒犯性的粪便做出了引人注目的狂暴行为。它撒着尿，将象鼻盘绕在头上，扇动着耳朵，将前腿抬到空中，嘴巴大张着，做出腾跃的动作。[54]”

人们曾经认为，公象年龄和体格越大，地位也就越高。如果是这样，这一结构就会相当的固化。但是，奥康奈尔记录了社会地位的反转。有只领头的公象逐渐失去了召集追随者的能力。它会扇动着耳朵，发出低沉的声音，表示“我们走吧”，但其他大象却不再像早年间那样对它予以关注了。一个完整的“男孩俱乐部”的标志之一就是其他公象会附和处于支配地位的公象发出的叫声。在领导者的叫声结束的那一刻，从属者的叫声便响起了，之后是另一位从属者的叫声，然后是又一位。这样便在公象中形成了一串重复的叫声，向世界宣告它们是紧密团结在一起的。 203

大象的联盟是微妙的。在人类眼里，这些动物所做的每件事都好像是慢动作影片。有时，两只公象会故意站在彼此身旁，将耳朵支棱开，以便暗示对手该离开水坑了。这些联盟控制了局面。它们通常是围绕着一位明确的领导者组成的。其他公象会前来向领导者表示敬意。它们将鼻子伸长，靠近领导者，因不安而微微颤抖，用鼻尖放在领导者嘴里以示信任。在进行了这一紧张的仪式后，地位较低的公象便如释重负地放松了下来。这些场景令人想起处于支配地位的雄性黑猩猩。它们让从属者们蜷在尘土里，发出表示服从的呼噜声。更不用提人类与地位相关的仪式了，比如亲吻德高望重之人的戒指，或者萨达姆·侯赛因(Saddam Hussein)对其下属亲吻其腋窝的坚持。当涉及对社会等级的强化时，我们人类是相当有创造力的。

我们对这些过程非常熟悉，足以在其他动物中辨认出同样的过程。一旦权力不再依赖于个体的体格或力量，而是建立在了同盟之上时，便打开了一扇通向精心算计的策略的大门。基于大象在其他领域的智能，我们完全有理由预期，厚皮动物的社会和其他有政治生活的动物社会同样复杂。

第 7 章

时间会证明
Time Will Tell

07

时间是什么?

将当下留给狗和猿类吧!

人类拥有的是永远!

——罗伯特·布朗宁(Robert Browning, 1896)[1]

要判断两棵树之间的距离，猴子依赖的是它对从前在树间跳 205
跃的记忆，它据此对下一次跳跃的距离进行计算。另一边有落脚点吗？落脚点在它跳跃的能力范围之内吗？那边的枝条够结实吗？这些生死攸关的决定相当依赖于经验，显示出了过去和未来是如何交织在某一物种的行为之中的。过去提供了所需的经验，下一步动作则发生在未来。长远的未来取向也是很常见的。例如，在干旱时节，某个象群的雌性首领会想起，在好几英里以外有一个可以喝水的水坑，只有它自己知道在哪儿。于是象群开始长途跋涉，花上数天时间抵达宝贵的水源地。这头雌性首领的行为基于它的知识，而象群中其他个体的行为则是基于对首领的信任。无论花费的是几秒钟还是好几天，动物的行为都不仅仅是面向目标的，它们还是面向未来的。

因此，对我来讲，人们通常认为动物只会考虑当下，这个观点是非常奇怪的。当下不过是一瞬间。此刻它还在，下一刻它就消失了。无论是一只正在为远处鸟巢中的幼鸟啄虫子的画眉鸟，
还是一条大清早便出发巡视自己领地并在重要地点撒尿的狗，动 206
物们都有事情要做，而这些事情都暗示着未来。的确，在大部分时间里，这些事情暗示的都是并不遥远的将来，并且目前尚不清

楚动物是否意识到了未来。但假如它们完全是活在当下的，那么其行为就解释不通了。

我们自己会有意识地思考过去和未来，因此，动物是否也会这样做成了颇具争议的话题。这或许是无可避免的。难道意识不是将人类与其他动物区别开来的特点吗？有些人声称，我们是唯一会主动回忆过去和想象未来的动物；但其他人却忙着为相反的论点收集证据。由于没有人能在缺乏语言报告的情况下证明有意识的思考的存在，因此这一争论绕开了主观经验，认为这不是我们该去探求的东西——至少现在不是。不过，对于动物如何看待时间维度这一问题，人们已经取得了真正的进展。在演化认知学的所有领域中，这一问题或许是最为深奥也最难研究的。它的术语常常变化，且关于它的争论极为激烈。因此，我曾拜访过两名专家，请教当前在这一领域的研究究竟处于什么状态。我会在本章的最后谈到他们的观点。

追忆似水年华

这场争论或许开始得比我们所认为的更早。在 20 世纪 20 年代，美国心理学家爱德华·托尔曼（Edward Tolman）就勇敢而颇富争议地断言，动物的能力并不仅限于无意识地将刺激与反应联系起来。他反对认为动物完全是由本能驱动的观点，并大胆地运用了“**认知的**”（cognitive）一词（他因研究学习走迷宫的大鼠头脑中的认知地图而著名）。他还称动物是“有目的的”（purposive），是由目标和预期导向的。而目标和预期都指向了未来。

托尔曼躬身扼住了那个年代经典行为主义的咽喉。当他退缩 207
了，放弃使用语义更为强烈的“**故意的**”（purposeful）一词时，他的学生奥托·廷克波夫（Otto Tinklepaugh）设计了一个实验，让一只猕猴看着实验人员将一片生菜叶子或一根香蕉放在一个杯子下面。当实验人员准许猴子接触杯子时，猴子会跑向下面有食物的杯子。如果它找到了被藏起来的食物，那么一切都好。但如果实验人员将香蕉换成了生菜，那么猴子就只会干瞪着奖励。它会疯狂地四处张望，一遍又一遍地检查藏食物的地方，同时对着卑鄙的实验人员愤怒地尖叫。在很长一段时间后，猴子才会终于接受这令它失望的蔬菜。从行为学家的角度来看，这只猴子的态度非常古怪，因为动物应该只能将行为与奖励——**任何**奖励——联系起来。奖励的本质是无所谓的。但是，廷克波夫证明了事实并非如此。根据所看到的隐藏食物在头脑中的形象，这只猴子形成了一个预期。如果结果违背了这一预期，就会使它极为恼怒[2]。

这只猴子并不仅仅是从两个行为中或两个杯子中选择一个，而是会回忆一个特定的事件。它仿佛在说：“嘿，我敢发誓，我看见他们把香蕉放在那个杯子下头了！”这种对事件的精确回忆称为**情景记忆**（episodic memory）。很久以来，人们一直认为语言对于情景记忆来说是必需的，因此只有人类才有情景记忆。人们认为动物善于学习行为的普遍后果，但无法记住任何特定的联系。不过，这种态度已经开始动摇。让我来讲一个更为惊人的例子吧。它之所以惊人，是因为它涉及的时间段比这个猴子实验要长得多。

当黑猩猩沙科尚处于青春期时，我们曾对它做过门泽尔式的测试。沙科通过一扇小小的窗户看着我的助手将一个苹果藏在了户外院子中的一个巨大的拖拉机轮胎里。当时，种群中的其他黑猩猩都被关在了院子门外。然后我们将整个种群放进院子，让沙科最后一个出来。沙科来到室外后，所做的第一件事便是爬上那个轮胎，往里面窥视，看看苹果是否在那儿。不过，它并没有去
208 拿苹果，而是漠不关心地走开了。等了二十多分钟，直到其他黑猩猩都去别处了，它才走回来拿了苹果。这是很聪明的做法，因为它若不这么做，便有可能会失去战利品。

不过，真正有趣的转折发生在数年以后。那时我们又重复了这个实验。在那之前，我们只对沙科做过一次这个测试，并且给一个前来参观的摄影团队看了那个测试的录像。不过，正如通常会发生的那样，这个团队相信他们自己能录得更好，坚持要重新进行整个测试。当时沙科已经是雄性首领了，因此我们没法再对它进行测试了。由于它地位很高，因此它没有理由再隐瞒对隐藏食物所知的信息了。于是，我们转而选择了一只地位很低、名叫娜塔莎的雌性，然后照从前一模一样地进行了测试。我们将所有的黑猩猩都锁在门外，同时让娜塔莎从窗户中看着我们藏起一个苹果。这次，我们在地上挖了个洞，将苹果放在了里面，然后将沙子和树叶盖在上面。我们藏得特别好，以至于在那之后我们都不太清楚自己把苹果放在哪儿了。

我们将其他黑猩猩都放进了院子里，娜塔莎最后一个进来。我们焦急地等待着，好几台摄像机追随着娜塔莎的身影。它表现出了和沙科类似的模式，而且对地点所表现出的敏感比我们要好多了。它慢慢地走过了藏苹果的确切地点，在十分钟后又折了回

来，自信地挖出了苹果。当它这么做时，沙科瞪着它，明显非常惊讶——不是每天都有黑猩猩能从地下挖出苹果的！我担心沙科会因娜塔莎在它面前享用零食而惩罚它，但沙科并没那么做。它直直地跑向了那个拖拉机轮胎！它从好几个不同的角度看向轮胎里面，但轮胎很明显是空的。这就好像它得出了结论，认为我们又在藏水果了。而且它回忆起了我们从前藏水果的精确位置。这是最为不同寻常的，因为我很确定，在沙科的一生中，只有过一次这类经历，而且是在五年前。

这不过是个巧合吗？我们很难根据单次事件判断是或不是。不过幸运的是，西班牙科学家赫马·马丁-奥尔达斯（Gema Martin-Ordas）对这类记忆进行了测试。她就猿类能对过去的事件记住些什么这一问题，对许多黑猩猩和猩猩进行了测试。这些猿 209
类曾经参与过一项任务，要求它们找到正确的工具来拿到一根香蕉或一盒酸奶冰淇淋。这些猿类眼看着研究人员将工具藏到盒子里，然后它们需要挑出正确的盒子来拿到完成任务所需的工具。对于猿类而言，这很容易，一切都很顺利。但三年后，在这些猿类又经历了很多其他测试后，它们忽然遇见了同样的人——马丁-奥尔达斯，在同样的房间里给它们展示同样的实验设置。同样的研究者和情境是否会提示这些猿类，使它们想起曾经面临的挑战？它们会立刻知道该用什么工具、在哪儿能找到它吗？它们确实立刻知道了，或者说，至少那些从前有过测试经验的猿类立刻知道了。毫无经验的猿类则丝毫没有表现出这类行为。因此，这确认了记忆的作用。不仅如此，这些猿类没有丝毫迟疑——它们在几秒之内就解决了任务中的问题[3]。

绝大多数的动物学习都属于一种较为模糊的类别，这和我学会在一天的特定时间段里避开亚特兰大的某些高速公路的方式差不多。当我受够了常常遇上交通堵塞时，我就会去寻找一条更好更快的路径，而这并不需要任何关于我曾经通勤经历的特定记忆。也正是通过这种方式，迷宫里的大鼠学会了转向某个方向而不是另一个方向，有只鸟儿学会了在一天中的特定时间来到我父母的阳台上寻找面包屑。我们周围到处都是这类学习方式。而我们视为特殊的那类记忆，也正是这里所争论的这种，是对于特定事物的回忆。法国小说家马塞尔·普鲁斯特（Marcel Proust）在《追忆似水年华》（*In Search of Lost Time*）中对一块小玛德莲蛋糕味道的回忆便属于这类记忆。这种浸过茶水的小小糕点令普鲁斯特重新回到了拜访莱奥妮阿姨的童年岁月："带着点心渣的那一勺茶碰到我的上颚，顿时使我浑身一震，我注意到我身上发生了非同小可的变化。[4]"自传式回忆的威力就在于它们的特异性。人们可以主动唤起这些多彩而生动的记忆并沉浸其中。这种回忆是一种重构——这也是为什么它们有时是错误的——但这种重构威力巨大，让人有极为强烈的感受，认为它们是正确的。它们让我们心中满溢着情
210 感与感觉，一如在普鲁斯特身上发生的那样。当你提到某个人的婚礼，或是父亲的葬礼时，所有那些关于当天的天气、客人、食物，关于那时的快乐或悲伤的记忆便会如潮水般涌现。

当猿类对与几年前的事件相关的线索作出反应时，这类记忆肯定发挥了作用。这种记忆为野生黑猩猩的觅食提供了帮助。野生黑猩猩每天要去十几棵结有果实的树上觅食。它们是怎么知道该去哪儿的呢？森林里的树太多了，若是随意乱走，是无法找到

结了果的树的。在象牙海岸的塔伊国家公园里，荷兰灵长动物学家卡莱·扬迈特(Karline Janmaat)发现猿类能够很好地回忆起从前的进食。它们会主要查看那些在前些年找到过食物的树。如果碰上了大量成熟的果实，它们就会大吃一顿，同时发出满足的呼噜声，并一定会在几天后再来这儿。

扬迈特描述了黑猩猩会如何在去往这些树木的途中建造它们的“一夜巢”(它们只在那儿睡一晚)，然后在破晓前起床——它们平时很讨厌这样。勇敢的灵长动物学家步行跟在这群跋涉的黑猩猩后头。尽管黑猩猩平时通常会忽略她行进过程中或踩到树枝时发出的声响，但现在它们则会齐齐转过身来，用锐利的目光瞪着她，让她感到很不舒服。声音会引起注意，且这些黑猩猩正处在令它们紧张的黑暗中。这是可以理解的，因为有一只雌性的幼儿那会儿刚刚被美洲豹杀害了。

尽管有着根深蒂固的恐惧，但这些猿类依然出发了。它们长途跋涉，要去一棵特定的无花果树那儿。它们曾经在那儿找到过食物。它们的目标是要比早上来吃无花果的各种动物更早到达。森林里的许多动物——从松鼠到犀鸟群——都喜欢这些柔软而甜蜜的果实。因此，早早到达是享用大量果实的唯一办法。值得注意的是，如果黑猩猩要去离巢穴很远的树那儿，那么，相较于去巢穴附近的树的时候，它们会起得更早些。这样，不管是去哪处的树，它们都会在差不多的时间抵达。这表明，对于赶路时间的计算是基于对距离的预估的。这一切使得扬迈特相信，塔伊的黑猩猩们能主动回忆起过去的经历，以便为丰盛的早餐作计划[5]。

爱沙尼亚裔加拿大心理学家恩德尔·塔尔文(Endel Tulving) 211

将情景记忆一词定义为对何时何地发生了什么的回忆。这促使人们开始研究关于事件三要素——时间、地点、发生了什么——的记忆[6]。尽管上述猿类的例子看起来似乎是满足条件的，但我们还需要更为严密的受控实验。正是这样一个实验首次挑战了塔尔文“情景记忆仅限于人类”的观点。不过这个实验的对象不是猿类，而是鸟类。尼基·克莱顿与安东尼·迪金森（Anthony Dickinson）一起，利用克莱顿的西部丛林松鸦贮藏东西的爱好来观察它们是否能记住藏匿起来的食物。他们给了这些鸟儿不同的东西来贮藏，有些是容易腐败的（如蜡虫），有些则能放很久（如花生）。四小时后，松鸦们会在寻找花生前先找蜡虫——这是它们最爱的食物。但五天之后，它们反应的先后倒过来了，甚至不再寻找蜡虫。这个时候，蜡虫应该已经变质，不再美味了。不过，即便过了这么长时间，它们还是记得藏花生的地点。气味并非是让它们找到正确地点的因素，因为当它们参与测试时，科学家们已经移走了食物。录像里松鸦寻找食物的方式是在没有食物的环境下发生的。这一研究相当精妙，包括了额外的对照，使作者得以得出结论：松鸦能回忆起它们藏了什么东西、放在了哪儿，以及是在什么时间贮藏的。它们能记住自己行动中的三要素[7]。

美国心理学家斯蒂芬妮·芭布（Stephanie Babb）和乔纳森·克里斯特尔（Jonathon Crystal）进一步强化了情景记忆在动物中的例子。他们让大鼠在一座有八个臂的放射状迷宫中到处跑。这些啮齿动物学到了，当它们到迷宫的一个臂里吃掉那里的食物后，那里就再也不会有食物了，因此也就没有必要再回到那儿了。不过有一个例外。大鼠们有时会发现巧克力味的食丸。这种食丸每隔很长一段时间后会再次出现。大鼠对这种美味的食物形成了一个预期，这个预期是基于它们何时在哪儿碰见这种食物的。它们确实会回到这些特定的迷宫臂中，不过只会每隔很长一段时间回来一次。换句话说，这些啮齿动物能记住什么时候、在哪里、发生了什么样的巧克力味儿惊喜[8]。

但是，塔尔文和几个其他的学者对这些结果非常不满。这些 212
结果无法像普鲁斯特那样用动人的语言告诉我们，这些鸟类、大鼠和猿类究竟对自己的记忆有多了解。如果这些过程中有认知的参与，那么究竟是哪种认知？这些动物会将它们的过去看作个体历史的一部分吗？由于这些问题是无法回答的，因此，有些科学家称动物不过具有“类情景”记忆，以图削弱对动物的用词。但是，我对这种退缩无法苟同，因为它将记忆的重点放在了人类记忆力中一个不甚明确、只能通过内省和语言来了解的方面。尽管语言对于交流记忆很有帮助，但记忆并不是来自语言。我更倾向于调转举证责任，尤其是当它涉及与我们亲缘关系很近的物种时。假如其他灵长动物能以和人类相当的精确程度回忆起特定事件，那么最为合算的假设便是：这些动物和人类是用同样的方式做到这一点的。那些坚持认为人类记忆有赖于独特的意识水平的人们的任务相当艰巨，他们得找出事实证据来支持这样的论断。

或许，这一切只不过是我们头脑里的胡思乱想而已。

猫的雨伞

关于动物如何经历时间维度的争论愈演愈烈，尤其是在关于未来的方面。有谁听说过动物会考虑未来的事件吗？塔尔文运用了从他的猫凯舒身上了解到的东西。他说，凯舒似乎能够对雨天进行预测，而且善于找到躲雨的地方，但“从不提前想想，带把雨伞[9]”。这位著名的科学家将这一敏锐的观察一般化到了整个动物王国，并解释说，动物适应了它们当下的环境，同时不幸地无法想象未来。

另一位人类独特性的拥护者提出：“没有明显的证据表明动物会制订为期五年的计划。[10]”确实如此，但有五年计划的人类又有多少呢？我认为五年计划是与中央政府相关联的。我更喜欢从人
213 类和动物日常生活的行为方式中获得的例子。例如，我可能会计划在回家路上买些日常食品和用品，或者决定下周给我的学生一个出其不意的测验。这便是我们作计划的本质。在本书开头，我讲过黑猩猩弗朗尼娅的故事，它从晚上睡觉的窝里收集了所有稻草，搭建了一个温暖的户外小巢。它的行为和我们作计划的本质并没有多大差别。在弗朗尼娅还在室内，没有实际感受到户外严寒的时候，它就采取了这一预防措施。这一行为意义重大，因为它通过了塔尔文所谓的勺子测试。在一则爱沙尼亚儿童故事里，一个小女孩梦到了朋友的巧克力布丁聚会，但她只能眼看着其他孩子吃布丁，因为每个人都自己带了勺子，但她却没带。第二天

晚上，为了防止这种事情再次发生，她紧握着一把勺子上床入睡了。塔尔文提出了两个标准用于辨认一个行为是否是在为未来作计划：第一，这一行为不能直接来自当下的需求和渴望；第二，该行为必须使这一个体为某个与当前情境不同的未来情形做好准备。那个小女孩并不需要在床上使用勺子，但是她期待在梦中参加的那个巧克力布丁聚会需要勺子[11]。

当塔尔文想出这个勺子测试时，他很好奇这是否也许不太公平。这对动物来讲是否要求太高了？他于 2005 年提出了这一测试，远远早于大多数关于未来计划的实验开展的时间。很显然，他并没有意识到猿类每天的自发行为都能通过这个勺子测试。弗朗尼娅收集稻草的地点及情境和需要用到稻草的地点及情境截然不同。在耶基斯灵长类动物中心，我们还有一只名叫斯图尔德的雄性黑猩猩。它每次走进我们的测试间，都会首先在户外到处寻找一根棍子或树枝，用来指向实验中的各种物品。尽管我们曾试图阻止它这一行为，将棍子从它手里拿走，这样它就会像其他黑猩猩一样用手指指点了，但是斯图尔德顽固不化。它还是喜欢用棍子指点，并会特地去弄一根棍子带在身边。因此，它对我们的测试和它自己对工具的需求是有预期的。

不过，在我所能提供的几十个例子里，最佳的阐释可能要数一只叫莉萨拉的雌性倭黑猩猩了。它生活在罗拉雅倭黑猩猩天堂（Lola ya Bonobo）。那是金沙萨附近的一片丛林保护区，我们在那儿进行了关于同情心的研究。不过，我们在此讨论的观察结果与这一主题无关。这是我的同事赞纳·克莱（Zanna Clay）观察到的。她意外地看到莉萨拉捡起了一块巨大的十五磅重的石头，将它扛 214

图 7－1　倭黑猩猩莉萨拉带着一块沉重的石头长途跋涉，去往一个它知道有坚果的地方。在收集了坚果后，它继续长征，往这片区域唯一一个有大片的平坦石头的地方走去。在那儿，它用带来的石头当作锤子砸开了坚果。在实际用到工具的很久之前，它便带上了工具。这暗示着莉萨拉能够作计划

到了自己背上。莉萨拉将这沉重的包袱扛在背上，它的宝宝紧贴在它的下背部。这当然相当愚蠢，因为这块石头不仅阻碍了它前进，还会消耗额外的能量。赞纳打开了她的摄像机，跟踪着这只倭黑猩猩，想看看这块石头可能是用来做什么的。正如任何真正的猿类专家一样，赞纳立刻假设莉萨拉脑海里有一个目标，因为正如克勒所记述的那样，猿类的行为“有着坚定不移的目的性”。这一描述对人类的行为同样适用。如果我们看见一个人在大街上带着一架梯子行走，我们会自动假设他不会毫无理由地带上一件这么重的工具。

赞纳录下了莉萨拉的长途跋涉。莉萨拉走了大约有五百米，其间只停顿了一次，放下石头，捡了一些难以辨认的物品。然后，215
它又将石头背回背上，继续前行。它总共走了大约十分钟才抵达目的地。那是一大块平坦的石头。它用手抹了这块石头几下，清理掉了上面的落叶碎石，然后放下了石头、宝宝和路上收集的东西——那是一把棕榈果。它开始砸这些极其坚硬的坚果。它将坚果放在这块大型砧板上，用那块十五磅重的石头当作锤子。它在这项活动上花了大约 15 分钟，然后扔下工具离开了。很难想象莉萨拉是毫无计划地花费这么大力气的。肯定早在它捡坚果之前它就已经想好这一计划了。它很可能早就知道在哪儿可以找到坚果，于是计划了路线，穿过那个地点。路线的最终目的地是那块平坦的大石头。它知道那里有个足够坚硬的平面，可以让它成功地砸开坚果。简而言之，莉萨拉满足了塔尔文所有的标准。它捡起了一样工具，为的是在一个遥远的地点用它来处理当时只存在于它想象中的食物。

另一个关于未来取向的非同寻常的例子是由瑞典生物学家马赛厄斯·奥斯瓦特（Mathias Osvath）在一家动物园记录下来的。这次的主角是一只名叫圣蒂诺的雄性黑猩猩。每天清晨，在游客们到来之前，圣蒂诺会悠闲地在它那被沟渠环绕着的院子里收集石头，并将石头整齐地垒成几小堆，藏在人们看不见的地方。这样，当动物园开门的时候，它就有了一座武器库。正如许多雄性黑猩猩一样，圣蒂诺每天会有好几次毛发倒立地四处跑窜，以便给整个种群和观众们留下深刻的印象。向四周扔东西则是这一表演的一部分，包括瞄准来看黑猩猩的人群扔石头。尽管大多数黑猩猩都会在关键时刻发现自己两手空空，但圣蒂诺却为这些场合准备好了石头堆。它准备石头堆的时候是一天中的安静时段，当时它还没有进入这种满是肾上腺素的情绪中，也没有在进行日常的盛大表演[12]。

这类例子值得我们注意，因为它们表明，猿类并不需要我们人类制造的实验条件来提示它们计划未来。它们会自发地这么做。它们所做到的这些与许多其他动物面对即将到来的事件的方式截
216 然不同。我们都知道松鼠会在秋天收集坚果，将它们藏起来，在冬天和春天再找出来。它们的贮藏行为是由白天长度变短和坚果的存在而引起的，与它们是否知道冬天意味着什么并无关联。对季节毫无经验的幼年松鼠也会做完全一样的事情。尽管这一活动确实满足了未来的需要，并且需要一定的认知能力才能知道要贮藏哪些坚果以及如何再次找到它们，但松鼠的这种季节性准备活动不大可能反映出真正的计划行为[13]。这只是一种在这一物种的所有成员中都能找到的演化倾向，并受限于单一的情境。

猿类的计划行为则相反。它们的计划能适应于各种环境，并且可以用无数种方式灵活地表达。但是，单从观察上来讲，很难证明这种行为是以学习和理解为基础的。我们需要将猿类置于它们从未遇见过的条件中。例如，当我们创造了一个握住勺子会对以后有好处的情境时，会发生些什么呢？

首个这类研究是由尼古拉斯·马尔卡希（Nicholas Mulcahy）和何塞普·卡尔在德国进行的。他们让猩猩和倭黑猩猩选择一件工具。这些猿类并不能马上使用这些工具，尽管它们可以看见奖励。研究人员将这些猿类移到了一个等候间里，想看看它们是否会一

直拿着工具以便之后使用，尽管使用工具的时机 14 小时之后才会出现。这些猿类确实这么做了。不过，你可以声称(也确实有人这么说了)它们或许对特定的工具建立起了正面的联系，因此，无论它们是否知道未来会发生什么，它们都会珍视这些工具[14]。

另一个类似的实验解决了这个问题。在这个实验里，猿类选择了工具，但这次它们没法看见奖励。比起工具旁放着的一颗葡萄，这些猿类更愿意选择一件它们以后可以使用的工具。它们抑制住了自己对眼前利益的渴望，选择了为未来的利益赌一把。不过，一旦它们将正确的工具拿到了手里，在第二轮展示中，在同样的一组工具和葡萄之间，它们就会选择葡萄。很明显，它们并不认为工具比任何其他东西都更有价值。如果它们这么认为的话，它们的第二次选择就应该和第一次一样。这些猿类肯定领会到了，一旦手里有了正确的工具，那就没有必要再拥有一件同样的了， 217
因此葡萄成了更好的选择[15]。

这些巧妙的实验早在塔尔文和克勒的提议中便有所预兆。克勒是第一个推测动物有着为未来作计划的能力的人。如今甚至有这样一个测试，不是让猿类看到真正的工具，而是给它们一个机会来提前制造工具。猿类学会了将一块软木板切成小块来制造棍子。它们可以用这些棍子来拿到葡萄。它们自己对棍子的需求有所预期，因此努力工作，以便按时造好棍子[16]。它们的准备行为和野生猿类很相似。野生的猿类会带着原材料走到很远的地方，在那里通过修饰、削尖或者打磨，将原材料变为工具。有时，它们会带着不止一种工具进入森林完成某个任务。黑猩猩带着的工具包里有五种不同的枝条，用于猎取地下的蚂蚁，或者打劫蜂巢里的蜂蜜。很难想象猿类在寻找多种工具并带着它们行进时是毫无计划的。只有有了计划，莉萨拉才会捡起一块本身并没有什么用处的沉重的石头——只有在和莉萨拉当时还没收集的坚果以及一个位于远处的坚硬平面结合起来时，这块石头才能发挥作用。若是试图在否认预见能力的情况下来对这一行为加以解释，那么这种解释听起来只会冗长而牵强。

现在的问题是，如果不依赖于勺子、雨伞或棍子之类的工具，我们是否还能得到类似的证据呢？对于这个问题，我们可以考虑更多种类的行为——克莱顿的丛林松鸦又一次向我们展示了这种问题可以如何解决。这些鸟儿常常贮藏食物。尽管有些科学家抱怨说这种行为只为研究认知提供了一个相当狭窄的窗口，但这总归是一个窗口，而且这个窗口与灵长动物中的极为不同。它利用的是鸦科动物格外擅长的一项活动，就像对工具利用的是灵长动物特化的技能一样。这项对松鸦的研究也取得了极为非同凡响的结果。

卡罗琳·雷比（Caroline Raby）给了松鸦一个机会，将食物贮藏在它们笼子的两个小隔间里。这些隔间在晚上会关起来。第二
218 天早晨，松鸦们有机会去这两个隔间，但只能去其中一间。有一个隔间是与饥饿相联系的，因为鸟儿会在那儿度过没有早饭的上午。第二个隔间则是“早餐房”，因为每天早上里面都存有食物。傍晚时分，这些鸟儿会有机会将松子贮藏到这两个隔间里。它们在第一个隔间里放的松子数目是第二个隔间里的 3 倍多。因此，它们预期到了自己在第一个隔间里可能会遭受的饥饿。在另一个实验中，这些鸟儿学会了将两个隔间分别与不同种类的食物联系

起来。一旦明白了该期待哪种食物，它们就会倾向于在傍晚时分别向每个隔间里贮藏**其他种类的**食物。这就保证了，当它们早上来到其中一个隔间时，能够享用一顿种类更为多样的早餐。总而言之，当丛林松鸦将食物藏匿起来的时候，指引它们的似乎并不是当下的需求和渴望，而是预期未来会有的需求和渴望[17]。

当我思考灵长动物中不涉及工具的例子时，闯入我脑海中的是圆滑的交际手腕所适用的社交情境。例如，黑猩猩们有时会安排一次与异性的秘密约会，倭黑猩猩则不会这么做。因为倭黑猩猩很少在其他个体享受性爱的刺激时前去打扰，但黑猩猩的忍耐限度则要低得多。地位高的雄性黑猩猩不会允许对手靠近那些外生殖器肿胀而具有诱惑的雌性。不过，雄性首领不可能一直清醒而警觉，因此，年轻雄性将雌性邀到一个僻静角落的事情时有发生。通常，这位年轻的雄性会分开双腿展示它勃起的阴茎——这是一个性行为的邀请——同时确保它是背对着其他雄性的。或者，它会将小臂靠在膝盖上，一只手在阴茎旁边轻轻地晃动，这样，就只有被求爱的那只雌性能看见了。在这一番表现之后，这只雄性会无动于衷地朝一个特定方向漫步走开，坐在处于统治地位的雄性们看不见的地方。接下来就要看那只雌性的了。通常雌性会走向另一个方向，但却是为了绕个弯路，到达那只年轻雄性所在的地方。多么巧呀！然后它们俩会快速地进行交配，其间一直保持安静。这一切给人的印象就是一场妥善计划的安排。

成年雄性黑猩猩挑战彼此地位的策略甚至更为惊人。因为两 219
个对手较量的结果几乎从来不是由它们自己决定的，而是有着第三方中某个个体的参与，所以事先对公众意见进行影响对它们自己是有利的。在开始较量前，这些雄性通常会为地位高的雌性或它们的某位雄性伙伴梳毛。同时它们的毛发根根倒竖，以图激怒对手。这种梳毛行为给人一种印象，让人觉得它们完全了解接下来要做些什么，在提前钻营巴结。事实上，关于这个问题有一项系统性的研究。在英国的切斯特动物园(Chester Zoo)，妮古拉·小山(Nicola Koyama)进行了近2000小时的录像，录下了在一个大型黑猩猩种群里，谁为谁梳毛了。她还记录了雄性间发生了哪种冲突，且谁和谁是同盟。当她将每一天梳毛和结盟两种行为的录像与第二天的录像对比时，她发现雄性会从前一天梳毛的对象那里得到更多的支持。这就是我们所熟悉的黑猩猩的投桃报李策略。但由于这种关联只存在于挑起攻击的那方，在它们的受害者中并不存在，因此这一行为并不能简单地解释为梳毛行为使黑猩猩收获了更多的支持。小山将这种关联看作一个主动策略的一部分。雄性在事前就知道它们将要挑起怎样的冲突，它们通过提前一天给朋友们梳毛来为自己铺平道路。这样，它们就能够保证获得朋友们的支持了[18]。这令我想起了大学系里的政治斗争。在一场重要的教师会议前的那些天，同事们纷纷来到我的办公室，试图影响我的投票。

观察能暗示许多信息，但很少能得出结论。不过，观察确实能告诉我们在什么环境下对未来作计划可能是有用的。倘若自然观察和实验指向了同一方向，那么我们的思路肯定是对的。例如，最近的一项研究暗示了野生猩猩会彼此交流未来出行的路径。猩猩喜欢独来独往，以至于人们将它们在树冠中的相遇比喻为轮船在夜里擦肩而过。它们通常独自出行，陪在它们身边的不过是有赖它们抚养的子女。而且在很长一段时间里，它们都不会看到其他个体。通常，它们所知道的不过是关于彼此行踪的听觉信息。 220

荷兰灵长动物学家卡雷尔·范斯海克(Carel van Schaik)是我从前的一名学生。我曾参观过他在苏门答腊岛的野外观察点。他在野生雄性猩猩回到它们在高高的树上自制的小窝里上床睡觉之前对其进行了跟踪。他录下了这些雄性在黄昏来临前发出的1000多声高叫声。这些大叫声可能长达四分钟，周围所有的猩猩都会对此特别关注，因为居于统治地位的雄性(猩猩群中唯一完全成年的雄性，有着发达的面颊垫)是不可小觑的。在森林里的一片特定区域里，通常只会有一只这样的雄性。

卡雷尔发现，成年雄性在睡觉前呼号的方向预示着它们第二天出行的路径。哪怕方向每天都会变化，这些叫声也会包含这种信息。雌性会根据成年雄性的路径来调整自己的路径。这样，处于受孕期的雌性也许会接近这只雄性，而其他雌性也会知道倘若它们受到了青春期雄性的骚扰，该去哪儿找到这只成年雄性(雌性猩猩普遍更喜欢居于统治地位的雄性)。尽管卡雷尔认识到了野外研究的局限性，但他的数据依然暗示着猩猩知道它们将要去往哪里，并且会在出发前至少12小时用叫声宣布计划[19]。

也许有一天，神经科学能够解决“计划是如何发生的”这一问题。关于这个问题的第一个线索来自海马体。很长时间以来，海马体一直因对记忆和未来取向极为关键而广为人知。阿尔茨海默病可怕的症状通常始于这部分脑区的萎缩。但是，正如所有主要的脑区一样，人类的海马体并不独特。大鼠有着类似的结构，且科学家们对其进行了集中研究。在一个迷宫任务之后，这些啮齿

动物会在睡觉时或清醒但站着不动时在海马体中一直回放自己的
221 经历。科学家们用脑波探测了这些大鼠在头脑中排演的是什么样的迷宫路径。他们发现，这并不仅仅是对过去经历的巩固。海马体似乎也参与了对那些大鼠还没走过的路径的探索。由于人类在想象未来时也出现了海马体的活动，因此这暗示着大鼠和人类将过去、现在和未来联系起来的方式是同源的[20]。好些怀疑论者曾认为只有人类才能表现出心理时间旅行，但这种在大鼠中得出的认识，以及在灵长动物和鸟类中日积月累的关于未来取向的证据，已经改变了他们的观点。我们已经前所未有地接近达尔文的连续性的态度了。这一观点认为，人类与动物间的差别只是程度之差，并无本质区别[21]。

动物的意志力

有位法国政治家被控性侵，据说他当时表现得就像一只“性冲动的黑猩猩”一样[22]。这是多么大的侮辱呀——对猿类来说！一旦人类释放了他们的冲动，我们便急着将他们与动物相比。但就像上述描述中所体现出的那样，黑猩猩并不会屈服于性冲动。它们的情绪控制能力足以让它们要么克制住性冲动，要么先安排一个私密的环境。它们这么做的原因主要是社会等级，这是一个巨大的行为调控因素。倘若每个个体都想做什么就做什么，那么任何等级制度都会分崩离析。等级制度是建立在约束之上的。由于社会阶梯在从鱼类和蛙类到倭黑猩猩和鸡的物种中都普遍存在，因此，自我控制是动物社会的一个古老的特征。

在早年的贡贝河区域有一则趣闻。当时，黑猩猩还会从人类那儿获取香蕉。荷兰灵长动物学家弗兰斯·普罗伊（Frans Plooij）观察到一只成年雄性靠近了喂食箱。这一装置可以由人类在远处打开。每只黑猩猩都有严格的限额。打开箱子的机关会发出一声特别的咔哒声，宣告着可以吃到水果了。可是，天哪，就在这只雄性听到幸运的咔哒声的那一刻，一只居于统治地位的雄性出现了。现在该怎么办呢？第一只雄性表现得好像没什么大不了的。它没有打开箱子——不然它就会失去它的香蕉——而是在远处坐下了。处于统治地位的雄性也不是笨蛋，它漫步离开了。但当它
一走出第一只雄性的视线之外后，便躲在一棵树的背后偷偷张望， 222
看那只雄性想要干什么。于是，它注意到对方打开了盒子，飞快地拿了自己的战利品，松了一口气。

对这一系列事件的一种复原方式是认为处于支配地位的那只雄性觉得另一只表现得很奇怪，因此开始了怀疑，于是决定盯着那只雄性。有些人甚至提出这里面有多个层次的意图：第一，处于支配地位的雄性怀疑第一只雄性试图给它留下一种印象，让它以为盒子盖依然是锁着的；第二，处于支配地位的雄性让另一只雄性以为它并没有注意到这些[23]。倘若这是真的，那么这就成了一场诈骗心理游戏，比大多数专家认为猿类能够做到的要复杂得多。不过，就我而言，有趣的是这两只雄性表现出的耐心和自制。它们抑制住了当着另一只的面打开盒子的冲动，尽管盒子里有一份极为诱人且很少能吃到的食物。

我们很容易观察到我们的宠物身上的克制。例如，当猫发现

一只花栗鼠时，它并不会立即去追逐这只小小的啮齿动物，而是会绕一大圈弯路。它的身体平滑地贴着地面，来到了一个隐蔽的地点。它可以从那扑向毫无准备的猎物。或者，拿一条大狗为例，它会让小狗在它身上跳跃，咬它的尾巴，打扰它睡觉，却不会发出任何表示抗议的咆哮声。对于任何每天都要接触动物的人来说，约束是显而易见的。但西方人却认为这种能力很难辨认。传统上，人们将动物描述为情绪的奴隶。这完全退回到了将动物标为“野蛮”、将人类标为“文明”的二分法。“野蛮”暗示着任性，甚至是疯狂，且毫无克制。而“文明”则相反，指的是表现出风度良好的自制。这是人类在有利环境下所具有的一种能力。在近乎每场关于“是什么使我们为人”的辩论背后，都潜藏着这种二分法。它的影响如此之大，以至于无论何时，只要有人表现得很差劲，我们就称他为“畜生”。

德斯蒙德·莫里斯告诉过我一个好笑的故事，正能说明这一点。当时德斯蒙德在伦敦动物园（London Zoo）工作。这个动物园会在猿类的屋里举办茶话会，公众在外边观看。猿类会聚在一张
223 桌子周围，坐在椅子上。它们接受过训练，知道如何使用碗、勺子、杯子和茶壶。这些东西自然难不倒这些会使用工具的动物们。不幸的是，随着时间的推移，猿类变得太过优雅了。对于英国公众来讲，下午茶构成了文明的巅峰，而这些猿类的表现未免过于完美了。当这种公共茶话会开始对人类的自我构成威胁时，人们就得做点儿什么了。饲养员重新对这些猿类进行了训练。每当饲养员背过身去时，猿类就会将茶洒出来，到处扔食物，从茶壶嘴直接喝茶，并且将杯子弹到碗里。公众爱死这些了！——正如他

们所认为的那样，这些猿类“野蛮又粗俗”[24]。

基于这种错觉，美国哲学家菲利普·基切尔(Philip Kitcher)给黑猩猩贴上了“浪荡”的标签。这个标签形容的是无法忍住任何冲动的生物。通常和这个词联系在一起的恶意与淫乱并非这个定义的一部分。这一定义关注的是对行为后果的漠视。接下来，基切尔进行了思索，认为在我们演化中的某个时候，我们克服了这种浪荡，正是这一点使我们成为人类。这个过程始于“觉察到所计划的行为的特定方式可能会引起棘手的后果”[25]。这种觉察的确是关键所在，但明显存在于许多动物当中。否则，这些动物就会遭遇各种问题。为什么迁徙的角马在跳进它们想穿过的河流之前要经过那么长时间的踌躇？为什么未成年的猴子会等着玩伴的母亲走到自己视线以外，然后才开始打架？为什么你的猫只有在你没看着它的时候才会跳到厨房的柜台上？我们周围到处都是对棘手后果的觉察。

对行为的克制会带来丰富多样的后果，这可以延伸到人类道德和自由意志的起源。如果没有对冲动的控制，对是非的分辨又有什么意义呢？哲学家哈里·法兰克福(Harry Frankfurt)将“人”定义为这样一种个体：他不仅仅追寻他的愿望，还会意识到这些愿望，并有能力希望这些愿望会有所不同。一旦某个个体开始思考他的“愿望的可得性”，他便成为一个拥有自由意志的人[26]。尽管 224
富兰克林相信动物和幼小的孩童是不会观察或审视他们自己的愿望的，但科学界正在对这一特定能力进行越来越多的测试。一些实验对猿类和儿童的**延迟满足能力**(delayed gratification)进行了测试。研究人员给猿类和儿童展示了一个诱人的东西，但它们需要主动抵制这一诱惑，以便未来获得更大的收获。情绪控制和未来取向是关键所在，自由意志也非常重要。

我们中的大部分人都看过关于这些实验好笑的录像。录像里孩子们独自坐在桌子后面，急切地试图**不要**去吃一块棉花糖——他们会偷偷舔舔它，从上面咬一点点，或者看向其他方向来逃避诱惑。这是关于冲动控制的测试中最清楚明白的测试之一。实验人员许诺，假如孩子们能在他离开期间不碰第一块棉花糖，那么他就会再给他们一块棉花糖。孩子们需要做的不过是延迟满足。但要做到这一点，他们必须违背一条一般规律：眼前的奖励比延迟的奖励要更为诱人。正因如此，我们会发现未雨绸缪地省钱并不容易；也正因如此，吸烟者会发现香烟比长久健康的前景要更有吸引力。这个棉花糖测试对孩子们认为未来有多重要进行了衡量。孩子们在这一测试中的表现差别相当大。他们的成功预示着他们在今后的人生里会有很好的发展。冲动控制和未来取向是在社会中获得成功的主要要素。

许多动物都无法完成类似的任务，毫不迟疑地立即吃掉了食物。这很有可能是因为在它们的自然栖息地里，若它们不马上吃掉食物，便会失去它。对于其他物种来说，延迟满足不过是小菜一碟。最近一个在僧帽猴中进行的实验便证明如此。这些猴子看见了一个很大的转盘，就像餐桌上的旋转转盘那种，上面放着一块胡萝卜和一块香蕉。僧帽猴更喜欢香蕉。它们坐在一个窗口后，先看见一个物品，过了一会儿才会看见第二个物品从眼前经过。它们只能从窗口伸手拿一次东西。大部分猴子都忽略了胡萝卜，让它从自己眼前经过，坚持等待更好的奖励。尽管这两样东西之间的延迟不过是短短 15 秒，但这些猴子表现出了足够的自制。它们吃掉的香蕉要比胡萝卜多得多[27]。不过，有些物种和我们人类 225
更为相似，会表现出巨大的控制力。例如，一只黑猩猩耐心地盯着一个容器。每 30 秒便会有一颗糖果掉落在容器里。它知道可以在任何时候拿走这个容器，并吞下里面的东西。但这样会使糖果的掉落停止下来。等得越久，就能收集到越多的糖果。在这项任务中，猿类完成得差不多和儿童一样好，能够将满足感延迟 80 分钟之久[28]。

人们还在脑部较大的鸟类中进行了类似的测试。我们也许不会认为鸟类需要自我克制。但是再想想吧，许多鸟类会为它们的幼鸟捉虫子，而它们本可以轻而易举地自己吞下这些虫子。在某些物种中，雄性在求爱时会给它们的配偶喂食，而它们自己却饿着肚子。贮藏食物的鸟类则为了未来的需求而抑制了当下的满足感。因此，我们有许多理由来预期在鸟类中可以看到自我克制。测试的结果证实了这一点。研究人员给了乌鸦和渡鸦一些豆子。正常情况下，它们会立即吃掉这种食物。不过在那之前，它们已经学到了，等会儿可以用这些豆子换一块香肠——那是它们更喜欢的食物。这些鸟儿能坚持长达 10 分钟不吃豆子[29]。当艾琳·佩珀伯格的非洲灰鹦鹉格里芬接受一个类似的测试时，它达成了甚至更长的等待时间。这只鹦鹉有一个优势，那就是它能听懂“等等!”这个指令。因此，当格里芬站在栖木上时，研究人员将一杯早餐谷物片之类它不那么喜欢的食物放在了它的面前，然后让它等待。格里芬知道，如果等得够久，就有可能得到腰果，甚至糖果。如果在长度随机的一段时间间隔后——从 10 秒钟到 15 分钟不等——早餐谷物片还在杯子里，那么格里芬就会得到更好的食物。90%的时间里它都很成功，甚至做到了最长的15分钟延迟[30]。

最令我着迷的是儿童和动物应对诱惑的多种多样的方式。他们并非被动地坐在那儿，瞪着他们想要的东西，而是试图创造些东西来分散自己的注意力。儿童会避免看向棉花糖。有时他们会
226 用手捂住自己的眼睛，或者将头埋在臂弯里。他们自言自语、唱歌，用他们的手和脚发明一些游戏，甚至还会打瞌睡。这样一来，他们就不必忍受这痛苦而漫长的等待了[31]。猿类的行为并没有太大不同。有一项研究发现，如果给猿类提供玩具，那么它们就能坚持得更久。玩具帮助它们将注意力从糖果机上移开。或者，在格里芬的例子里，在它等得最久的那一次，当时间过去了大约三分之一时，它将装有早餐谷物片的杯子扔到了房间的另一头。这样，它就不用看着它了。在其他情况下，它会将杯子移到刚好够不着的地方，和自己说话，整理自己的羽毛，抖动羽毛，张大嘴打呵欠，或者打瞌睡(或者至少将眼睛闭上)。它有时还会舔舔早餐谷物片，但并不吃掉它，或者大叫道："我要坚果！"

这些行为中有些并不适合当时的情境。它们属于动物行为学家称之为"**替换活动**"(displacement activity)的行为。这种行为发生在动机受到阻挠的时候。当两种彼此冲突的动机——比如战斗和逃跑同时产生时，替换活动便会发生。由于个体无法同时表达这两种动机，因此毫不相干的行为会减轻这种压力。一条张开鱼鳍以吓退对手的鱼也许会突然游到水底掘沙子；一只公鸡也许会终止打斗，却开始啄食实际上并不存在的谷粒。在人类中，一个典型的替换活动便是在遇到难题时抓耳挠腮。抓挠在其他灵长动物

的认知测试中也很常见，尤其是当测试对它们来说比较难的时候[32]。当动机的能量寻找一个出口，并在额外的行为中“闪出火花”时，替换活动便发生了。荷兰动物行为学家阿德里安·科特兰特(Adriaan Kortlandt)发现了这一机制。他曾在阿姆斯特丹的动物园里观察过一个活动自由的鸬鹚种群。在那个动物园里，他至今依然极受尊敬。他跟踪鸟儿时花了无数小时坐在上面的木头长凳(被称为“替换长凳”)上。我最近在这条长凳上坐过。当我坐在那儿时，我会打哈欠，无聊地摆弄东西，还抓耳挠腮——并显然对此无力自控。

但是，动物是如何应对延迟满足的呢？它们又为什么要整理自己的羽毛或者打哈欠？替换活动理论并没有为这些问题提供一个完美的解释。还有一些解释是从认知角度出发的。很久以前，美国心理学之父威廉·詹姆斯(William James)提出，“意志力”和 227
“自我强度”是自控的基础。通常，人们就是这样理解孩子们的行为的。正如下面这段对棉花糖测试的描述：“如果受试者认为他在等待之后一定会得到更大的好处，而且特别想要这一好处，那么他就可以经受最为坚忍的等待，但同时会将注意力转移到别处，用认知上的消遣占据自己的内心。[33]”这段描述强调的是一种蓄意且有意识的策略。受试的孩子知道未来会发生什么，并用意志力将他面前的诱惑从头脑中驱逐出去。鉴于儿童与某些动物在同样条件下的表现非常相似，因此将同样的解释用在这些动物身上是符合逻辑的。动物表现的意志力令人印象深刻。它们也许也能察觉自己的愿望，并试图抑制它。

为了对此进行进一步的探索，我拜访了我在佐治亚州立大学的美国同事迈克尔·贝兰(Michael Beran)。迈克尔在迪凯特的一大片森林里的一个实验室里工作。迪凯特位于亚特兰大地区的中心，这里为黑猩猩和猴子提供了宽敞的住所。这个地方叫作语言研究中心。起这么个名字是因为接受过符号训练的倭黑猩猩坎兹是这里的第一位居民。正是在这里，查尔斯·门泽尔在猿类中进行了关于空间记忆力的测试，萨拉·布罗斯南也是在这里研究了僧帽猴的经济决策。亚特兰大地区灵长动物学家的集中程度或许是世界上最高的。语言研究中心，以及附近佐治亚州阿森斯市的亚特兰大动物园，当然还有耶基斯灵长类动物中心——那里是历史上这一切兴趣的发源地——都有许多灵长动物学家。因此，我们在许多不同的问题上都有专精于此的专家。

迈克尔对自控进行过许多研究[34]。我问他，为什么这个领域里的科研论文常常以自控与意识的联系开头，然后迅速地将话题转移到实际的行为上，却对意识的问题再也不提了？这些作者是在戏弄我们吗？迈克尔认为，其原因在于自控与意识之间的联系只不过是人们的推测。严格说来，动物通过等待得到了更好的结果这一事实并无法证明它们意识到了将来会发生什么。不过，从另一方面来说，因为它们普遍立即表现出了这样的反应，所以它们
228 的反应并不依赖于逐步的学习。因此，迈克尔认为自控式的决定是未来取向的，并且有认知的参与。我们也许并没有不容置疑的证据，但我们可以假设猿类是基于对更好结果的预期而做出这些决定的：“有人认为猿类的行为完全是由外部刺激控制的。我认为这是一个愚蠢的观点。”

另一个论据对认知角度的解释予以了支持。这一论据便是猿

类在漫长等待期间的行为。它们可以等待长达20分钟，其间每隔一段固定的时间，就会有糖果落到碗里。等待的猿类喜欢在这段时间里玩些东西，这暗示着它们认识到了需要自控。迈克尔描述了一些它们打发时间时所做的奇怪的事情。谢尔曼（一只成年的雄性黑猩猩）会从碗里捡起一颗糖果，看了又看，然后将它放回碗里。潘齐则会将糖果滚进来时经过的那根管子拆开。它会看看管子，摇摇它，然后将它放回到糖果机上。如果研究人员给它们提供了玩具，它们就会用玩具来分散注意力，让等待更容易些。这种行为显示出了期待和战略制定的迹象，而这两者都暗示着有意识的察觉。

迈克尔对这一议题的兴趣始于一个关于反指的实验。这是一个传奇般的实验，是由美国灵长动物学家萨拉·博伊森（Sarah Boysen）和一只名叫谢巴赫的黑猩猩完成的。博伊森让谢巴赫从两个装着不同数目糖果的杯子里选择一杯。但这里的规矩是：另一只黑猩猩会得到谢巴赫指的那一杯，谢巴赫自己得到的则是另一杯。显而易见，对谢巴赫来说，明智的策略是将它指点的对象反过来，指向糖果数量**较少**的那一杯。可是，谢巴赫无法克服它对较多的那一杯的渴望，一直没学会这么做。不过，当糖果被数字所代替时，情况便不一样了。谢巴赫学会了数字1到9，知道了每个数字代表多少食物。当看到两个不同的数字时，它总是毫不犹豫地指向了更小的那个。这表明，它理解了反指是如何起作用的[35]。

迈克尔对萨拉的研究印象深刻。这一研究表明，黑猩猩无法在面对真实糖果的情况下正确地做出反指行为。这显然是自控的问题。迈克尔对他自己的黑猩猩也做了同样的测试，它们也没能通过。萨拉用数字来代替糖果的主意实在是太有才了。无论是因为这种做法将糖果符号化了还是仅仅因为这种做法去除了糖果令
229 黑猩猩愉悦的属性，接受了数数训练的黑猩猩在这一任务中都表现得极为擅长。当我问是否有人在儿童身上尝试过这一测试时，迈克尔的回答反映出了动物认知研究者对公平比较的深深忧虑："也许有人试过，但我想不起来了。不过，他们很有可能对孩子们解释了这一切。而我更希望测试中不包含任何解释，因为我们没法为猿类提供解释。"

知己之知

有一种论断认为，只有人类能够用在心理上跳上时间快车，将所有其他物种都滞留在站台上。和这一论断紧密关联的事实是，我们能有意识地回顾过去并展望未来。人们很难接受在其他物种中有任何与意识相关的东西。但这种勉强的态度是有问题的。这并不是因为我们对意识了解得太多，而是因为在其他物种中关于情景记忆、计划未来和延迟满足的证据都在不断增长。我们要么抛弃这些能力需要意识的观点，要么接受动物可能也拥有意识的可能性。

这一系列能力中的第四名成员是**元认知**（metacognition）。元认知实际上是对认知的认知，也称为"对思考的思考"。当游戏节目中的竞争对手可以挑选他们谈论的主题时，他们显然会挑选最

为熟悉的那个。这就是元认知在行为中的表现，它意味着这些参赛者知道他们知道些什么。同样，我可能会这样回答一个问题："呃，我知道的，但一时想不起来怎么说了！"换句话说，我认为自己是知道答案的，尽管我需要花些时间去想起它来。在课堂上举手回答问题的学生也依赖于元认知，因为只有在他认为自己知道解答题目的方法时，他才会举手回答。元认知的基础是大脑里的一种执行功能，这一功能让我们可以监视自己的记忆。如前所述，我们会将这些过程与意识联系起来。也正因如此，我们才认为元认知也是人类所独有的。

这一领域的动物研究始于20世纪20年代，也许是因为当时 230
托尔曼注意到了**不确定性反应**（uncertainty response）。托尔曼的大鼠在一个困难的任务面前似乎颇为犹豫，这反映在了它们"左右张望或来回奔跑"的行为中[36]。这是极为不同寻常的，因为那时人们认为动物只能对刺激作出反应——它们没有内心生活，又怎么会为一个决定而焦虑呢？几十年后，美国心理学家戴维·史密斯（David Smith）交给一条瓶鼻海豚一项任务，让它辨认出高音和低音之间的差别。这条海豚是只18岁的雄性，名叫内图阿，生活在佛罗里达海豚研究中心（Dolphin Research Center）的池塘里。就像托尔曼的大鼠一样，内图阿的自信水平是很容易看出来的。基于分辨两个音调的难度，它的游泳速度会有所不同。当两个音调差别很大时，这条海豚便会飞速抵达。它的速度极快，掀起的浪花差点儿浸湿了实验装置的电子部分，以至于研究人员不得不将这部分装置用塑料布罩起来。但是，如果两个音调很相似，那么内图阿就会慢下来，摇晃着脑袋，在它需要触碰以示意声音高低的两个踏板间踌躇不决。它不知道该选哪个。考虑到托尔曼曾提出过，这种不确定性也许是意识的反映，史密斯决定对内图阿的不确定性进行研究。他创造了一个让内图阿能够不进行选择的方法，在那里加上了第三个踏板。如果内图阿想要重新开始一个容易点儿的试次，它就可以触碰这个踏板。测试的选择越难，内图阿选择第三个踏板的次数也就越多。它显然意识到了自己很难给出正确的回答。于是，动物元认知领域诞生了[37]。

研究人员主要应用了两种方法。一种是像在这个海豚研究里这样，对不确定性反应进行探索；另一种则是去了解动物是否能意识到它们何时会需要更多的信息。第一个方法在大鼠和猕猴中均获得了成功。罗伯特·汉普顿(Robert Hampton)如今是我在埃默里大学的同事。他曾让猴子用触屏参与了一项记忆任务。猴子会首先看到一幅特定的图像，比如一朵粉色的花，然后它们会经历一段延迟，之后又会看到好几幅画，那幅粉色的花也在里面。
231 延迟的时间长短不定。在每次测试前，猴子们都可以选择是接受测试还是拒绝。如果接受了测试，并正确地触碰了那幅粉色的花，它们就会得到一粒花生。但如果它们拒绝了测试，就只能得到一粒猴饲料食丸——它们每天吃的就是这种没劲的食物。尽管接受测试可能会得到更好的奖励，但测试中的延迟越长，猴子拒绝测试的次数就越多。它们似乎能意识到记忆会随着时间褪色。有时，它们得接受强制性的测试，没有逃避的机会。在这些情况下，它们表现得很差。换句话说，它们逃避测试是有原因的。当它们指望不上自己的记忆时，就会这么做[38]。在大鼠中的一个类似测试得到了相似的结果：大鼠在它们特意选择参加的测试中表现最

图 7－2　普通猕猴知道食物藏在四根管子中的一根里，但是它不知道是哪一根。测试不允许它每根都试一试，它只有一次选择机会。它会首先弯下腰往这些管子里看。这体现出它知道自己不清楚哪根管子里有食物，而这正是元认知的标志

好[39]。换句话说，猕猴和大鼠只有在感到自信的时候才会自愿参加测试。这意味着它们知道自己拥有哪些知识。

第二种方法的着眼点是对信息的搜索。例如，被放在窥视孔前的松鸦有机会看到实验人员藏起食物，即蜡虫。然后它们便可以进入藏食物的区域找出食物。它们可以透过其中一个窥视孔，看到一位实验人员将一条蜡虫放到四个打开的杯子中的一个里；232
它们也可以透过另一个窥视孔，看到另一位研究人员用三个盖上的杯子和一个打开的杯子藏蜡虫。在第二种情况下，蜡虫显然只会在那个打开的杯子里。在这些鸟儿进入藏食物的区域寻找蜡虫前，它们花在观看第一位实验人员上面的时间要更多。它们似乎

能意识到这是最为需要的信息[40]。

在猴子和猿类中，这类测试的方法是让它们看着一位实验人员将食物藏在好几根水平放着的管子中的一根里。这些灵长动物显然能够记住实验人员将食物放在了哪儿，它们会自信地选择那根正确的管子。但是，如果藏食物的过程是秘密进行的，它们就不确定该选哪根管子了。它们会在选择之前向管子里窥视，并弯下腰以便看得更清楚些。它们了解到了自己需要更多的信息才能成功选择[41]。

这些研究使得人们如今相信有些动物能对自己拥有的知识进行监测，并且能够意识到这些知识何时是不充分的。这完全符合托尔曼所坚持的主张，即动物能主动对周围的线索进行处理，它们有信念、期待，甚至也许还有意识。在这一观点正处于上升期时，我向我的同事罗伯特·汉普顿询问了这一领域的情况。我们俩的办公室在埃默里大学心理系的同一层。我们坐在我的办公室里，先观看了莉萨拉带着它的大石头行进的录像。罗伯特是一位真正的科学家，他立即开始想象该如何通过变换坚果和工具的所在地，将这一情境转化为一个受控实验。不过对我来说，这一系列行为的美妙之处在于莉萨拉的自发性，但我们没法对它做些什么。这段录像给罗伯特留下了深刻的印象。

我问罗伯特，他对元认知的研究是否受到了那项对海豚的研究的启发，但他认为这其实是兴趣的趋同。对海豚的研究确实是在罗伯特研究元认知之前进行的，但它没有涉及记忆。而记忆恰恰是罗伯特的研究所关注的。启发他的是阿拉斯泰尔·英曼（Alastair Inman）的观点。阿拉斯泰尔曾是萨拉·谢特尔沃思位于多伦多的实验室里的一名博士后，当时罗伯特也在谢特尔沃思的实验室工作。阿拉斯泰尔想知道记住事情的代价。将信息保存在头脑中要付出怎样的代价呢？阿拉斯泰尔设计了一个对鸽子的记忆进行测试的实验。这个实验和罗伯特在猴子中进行的元认知测 233
试很相似[42]。

我问过罗伯特如何看待那些让人类和其他动物划清界限的人，譬如恩德尔·塔尔文，其提出的定义在不断变化。罗伯特惊呼："塔尔文！他可喜欢这么干了。他可为动物研究界做了不少好事！"罗伯特相信，塔尔文之所以那么说，是因为他认为将门槛设得很高是很有趣的。塔尔文知道其他人会追随这一标准，因此他迫使人们设计出了巧妙的实验。在罗伯特第一篇关于猴子的论文中，他对塔尔文的"刺激"致以了感谢。当他在一场会议结束没多久后遇见塔尔文时，塔尔文告诉他："我看到了你写的东西。谢谢你！"

对于罗伯特来说，与意识相关的重大问题是我们为何需要意识。意识会带来什么好处呢？毕竟，许多事情我们都可以无意识地完成。例如，尽管失忆症患者不知道自己学过些什么，但他们依然能够学习，可以学会对着镜子倒着写字。他们学会这一手眼协调技能的速度和其他人是一样的。但每当你对他们进行测试时，他们都会告诉你他们以前从没这么做过，这对他们来说是全新的。但是，从行为看来，他们明显对这一任务颇具经验，并已经学会了所需的技能。

尽管在演化历程中，意识诞生过至少一次，但我们仍不清楚它演化的条件是什么。罗伯特认为"意识"是一个混乱不清的词，因此不太愿意使用它。他补充道："任何自认为解决了意识问题的人都尚未对意识进行过足够细致的思考。"

意　识

当 2012 年一群著名的科学家提出"**剑桥意识宣言**"(The Cambridge Declaration on Consciousness)时，我是持怀疑态度的[43]。媒体称，这一宣言史无前例地宣布，非人类动物是有意识的生命。就
234 像大多数研究动物行为的科学家一样，我实在不知道对此该说些什么。由于意识的定义非常模糊不清，因此，不管是通过多数表决，还是听人们说"它们当然是有意识的——我可以从它们的眼睛里看出这一点"，意识不是可以像这样断言的。主观感受是无法让我们理解意识的。科学依靠的是过硬的证据。

不过，当我读到宣言本身时，我平静了下来，因为这份文件是合理的。不管意识是什么，它实际上都并没有宣称动物具有意识。它只是说，由于人类和其他拥有较大脑部的物种之间在行为和神经系统方面颇为相似，因此，没有理由继续坚持"只有人类是有意识的"这一观念了。正如这份文件所说："已有证据充分表明，人类并非唯一拥有产生意识的神经物质基础的生物。"我可以接受这个。你从本章中就可以看出，可靠的证据表明，人类中与意识相关的心理过程——比如我们如何将过去和未来与自己联系起来——也同样发生在其他物种中。严格来说，这并没有证明意识，但在连续性和不连续性之间，科学越来越倾向于前者了。对

于人类和其他灵长动物之间的比较来说当然如此。而且，由于鸟类的脑和哺乳动物的脑其实比我们以前所认为的更为相似，因此，这种连续性也延伸到了其他哺乳动物和鸟类中。所有脊椎动物的脑都是同源的。

尽管我们无法直接对意识进行测量，但其他物种里的证据表明，这些物种恰恰拥有那些传统上被看作意识的指示信号的能力。要想继续声称它们在没有意识的情况下拥有这些能力，就得引入毫无必要的二分法。这种二分法表示的是，那些物种能够做我们所做的事，但做到这些的方法却截然不同。从演化的角度来说，这听上去毫无逻辑，而逻辑却正是我们引以为豪的那些能力之一。

第 8 章

镜子里和罐头里

Of Mirrors and Jars

08

最近一项在亚洲象中进行的研究里，大象百事成了明星。这 235
只处于青春期的公象通过了乔舒亚·普洛特尼克对它进行的镜子测试。百事小心翼翼地触摸了画在它前额左手边的一个大大的白色“×”。在它前额右手边，有一个用透明颜料画的“×”，但它从未注意到。并且，它只有在走到草地中央的镜子前之后，才会触摸那个白色的记号。第二天，我们将白色记号和透明记号的位置掉了个个儿，百事还是只会触摸白色的记号。它用鼻尖蹭下了一些颜料，送到嘴里尝了尝。由于它只能通过它的镜像才能知道白色记号的位置，因此它一定是将镜像与自己联系了起来。在测试最后，百事还退后一步，将自己的嘴张大开来，在镜子的帮助下向口腔深处窥视，仿佛是在证明记号测试并非唯一能检测它是否将镜像与自身联系起来的方法。这一动作在猿类里也很常见。这完全合情合理，因为只有在镜子里它们才能看到自己的舌头和牙齿[1]。

几年后，百事快成年了，长得远远高过了我。不过它非常温和，会随着驯象员的命令将我举起又放下。我又一次来到了泰国，来参观关怀大象国际组织基金会（Think Elephants International Foundation）在金三角进行科研的营地。在这里，我遇见了乔舒亚那一群充满热忱的年轻助手。他们每天邀请一对大象来参加他们的实验。这些巨大的动物向丛林边缘的测试点缓慢地前行，一位
驯象员坐在它们的脖子上。当驯象员从大象身上下来，蹲到一边 236
后，大象就会进行一些简单的任务。它会用象鼻感觉一件物体，然后，研究人员会让它从好几件物体中选出和刚才一样的那件。或者，研究人员会在两个桶里放上东西，让它舒展象鼻，嗅出两

图 8-1　一头身上有记号的亚洲象站在镜子前。记号测试要求受试个体将它自己的镜像与自己的身体联系起来，并因此对记号进行检视。只有为数不多的几个物种能够自发地通过这一测试

个桶味道的区别[2]。

每个人都知道大象很聪明，但是和灵长动物、鸦科动物、狗、大鼠、海豚等动物相比，关于大象的数据却相当匮乏。我们对大象的了解不过来自它们的自发行为，没法达到科学所需的精度和受控程度。我所见证的这类辨别任务是一个很好的开始。不过，尽管厚皮动物的心智也许是演化认知领域的下一个前沿方向，但
237 这一方向也是最具挑战性的，因为大象很可能是唯一一种从未在大学校园或传统实验室中生活过的陆地动物。尽管我们能够理解

科学研究偏爱那些易于饲养的物种，但这也对科研造成了局限，使我们在动物认知上的视角常常出自对脑部较小的动物的研究。我们需要改变这一视角，但这并不容易。

大象在倾听

长久以来，东南亚文化一直是和大象相联系的。4000年来，这些动物参与了繁重的林业工作，当过皇室的坐骑，在打猎和战争中也发挥了作用。但它们一直是野生的。从遗传角度来说，这一物种并未被驯化，且人工饲养的大象依然常常与自由自在的野生大象交配并生下后代。因此，大象的行为比许多驯化的动物更难预测，这也不是什么意料之外的事。它们可能会对人们充满敌意，有时会杀死驯象员或游客。但许多大象也会与饲养员建立起终生的友谊。在一个故事中，一头十岁的大象在一千米之外听到了溺水的驯养员求救的呼喊声，将他从湖里拉了上来。在另一个故事里，有一头完全成年的公象会攻击任何靠近它的人，唯一的例外是村长的妻子，它还会用象鼻温柔地抚摸她。年轻的大象在成长过程中完全习惯了人类，甚至学会了如何戏弄人类。它们会用草将脖子上挂的木头铃铛塞得满满的，于是铃铛就不会响了。这样，它们就可以到处活动而不会引起人们的注意。

而非洲象则相反，人类从未对它们进行过控制。它们与人无犯地过着自个儿的日子，但大量的象牙贸易如今已经使其濒临灭绝。它们是世界上最为可爱而有魅力的动物之一，可怕的是，我们有可能会永远地失去它们。大象的周遭世界很大程度上都有赖于听觉和嗅觉。要保护野生大象群体免遭偷猎及人类间冲突的荼毒，所需要的方法对依赖视觉的人类而言并不是那么显而易见。
238 科学研究将重点放在了这些动物不同寻常的感官上。在干旱的纳米比亚，有一项研究将 GPS（全球定位系统）项圈戴在了自由生活的大象身上，对它们进行了跟踪。这项研究发现，这些动物能觉察到距离它们很远的雷雨，并据此在雨天到来之前调整在未来的出行路线。它们是如何做到的呢？大象能听到次声波。这种声波的频率比人类能听到的频率范围要低得多。当次声波用于交流时，它所能传播的距离比我们能分辨的声波要远得多[3]。是否有可能，大象能听到数百英里以外的雷声和降雨声？这似乎是对它们行为的唯一解释。

但是，这难道仅仅是一个知觉问题吗？不过，认知和知觉是无法分割的，它们是密切相关的。正如认知心理学之父乌尔里克·奈塞尔（Ulric Neisser）所说："经验的世界是由经历它的人所创造的。[4]"已经过世的奈塞尔是我曾经的同事，因此我知道非人类动物的心智并非他最主要的兴趣所在。但是，他拒绝将动物仅仅视为学习机器。他认为行为主义者的那一套不仅不适用于人类，也并不适用于任何物种。奈塞尔强调的是知觉，以及知觉是如何通过选择对哪种感觉输入加以注意并进行处理和组织，从而转化为经验的。现实是一种心理结构。正是它使得大象、蝙蝠、海豚、章鱼和星鼻鼹如此有趣而迷人。我们要么没有它们所拥有的感觉官能，要么我们有但没有它们那么发达。因此，我们不可能理解它们描述它们所处环境的方式。它们构建了自己的现实。我们也许不必将这些看得太重，因为这些感觉官能对我们并不适用。但对这些动物来说，它们显然至关重要。即便是当这些动物处理我们所熟悉的那类信息时，它们也可能采用了截然不同的方式，就像大象能辨别出不同的人类语言一样。这种能力是在非洲象中首先发现的。

在肯尼亚的安博塞利国家公园（Amboseli National Park），英国动物行为学家卡伦·麦库姆（Karen McComb）研究了大象对人类中不同民族的反应。放牧的马赛人有时会用矛刺大象，以便展现自己的男子气概，或者得到牧场和水坑。因此，大象一看到马赛人标志性的赭红色袍子靠近，便会逃之夭夭。这是可以理解的。但 239
大象并不会躲避其他步行的人[5]。它们是如何认出马赛人的呢？麦库姆并没有集中研究大象的色觉，而是对大象的听觉进行了探索，因为这可能是大象最为敏锐的感官。她将马赛人与坎巴人进行了对比。坎巴人和马赛人居住在同样的地区，但坎巴人很少打扰大象。麦库姆用一个隐蔽的扩音器播放了人类的声音，这个声音会用马赛人或坎巴人的语言说这样一个短语：“看，看那儿，有群大象走过来了。”很难想象这几个词能有多重要，但研究人员将大象对成年男性、成年女性和小男孩的声音的反应作了对比[6]。

在听到人类的声音后，象群可能会后撤，并聚在一起围成一圈（它们会围成一个紧密的环形，将幼象围在中央）。与坎巴人声音的回放相比，如果回放的是马赛人的声音，象群的这种行为会更为常见。而相较于马赛女性和男孩，马赛男性的声音会激起更多的防御反应。研究人员又将天然的声音进行了声学转化，使男性的声音听起来更为女性化，或者让女性的声音听起来更男性化。

即便如此，结果还是和之前一样。一旦听见经过人工重合成的马赛男性的声音，大象便会变得格外警觉。这颇令人意外，因为现在这些声音的音高特征和女性是一样的。也许大象辨认性别靠的是其他特征。例如，女性的声音通常比男性更为悦耳，并伴有更明显的呼吸声。

经验在这里发挥了作用。如果象群的雌性首领更为年长，那么象群对待不同民族和性别的差别就越大。在另一项研究中，研究人员用扬声器播放了狮子的吼声，也同样发现了这样的规律。更为年长的雌性首领会冲向扬声器，这和它们面对马赛人声音时仓促的撤退截然不同[7]。对拿着长矛的男人进行围攻是很难成功的，但赶走狮子却是大象相当擅长的事情。尽管大象体形庞大，但它们也面临着其他的危险，包括一些很小的危险来源，例如蜇它们的蜜蜂。大象的眼周及鼻子上部很容易被蜇伤。而且年幼的大象的皮肤还不够厚，无法在蜜蜂群起而攻之时提供保护。大象
240 会发出低沉的声音，作为关于人类和蜜蜂的警报。但这两种声音肯定有所差别，因为它们的回放会引起相当不同的反应。例如，当大象听到扬声器播放的关于蜜蜂的警报时，它们会一边逃跑一边摇晃着脑袋——这个动作可以撞击那些昆虫，将它们赶走。在播放关于人类的警报时，大象则不会做出这类动作[8]。

简而言之，大象会对潜在的敌人作出复杂的区分。它们甚至会将我们人类依据语言、年龄和性别划分为不同类别。我们还不完全清楚它们是如何做到这些的。不过，这样的研究正在开始对地球上最为神秘莫测的头脑之一（大象）进行初步的探索。

镜中鹊

当我们提起辨认出自己镜像的能力时，我们通常是在绝对意义上讨论它的，而不是与其他东西相比较的。根据这一领域的先驱盖洛普所说，某一物种要么能通过镜子记号测试，同时拥有自我意识；要么无法通过，并且没有自我意识[9]。只有极少的几个物种能够通过这一测试。在很长一段时间里，通过测试的只有人类和大型猿类，而且还不是所有的大型猿类都能通过测试。大猩猩在这个记号测试中曾经无法及格，这使得人们提出许多理论，试图解释为什么这些可怜的家伙可能在演化过程中丢失了自我意识[10]。

但是，演化学对这种非黑即白的区分方式感到颇为不适。很难想象，在任何一系列彼此亲缘关系颇为接近的物种中，有些具有自我意识，但其他的——我找不到更好的词了——依旧是无意识的。每个动物都需要将它的身体与周围环境区分开来，并且需要控制感（能觉察到它控制着自己的行为）[11]。倘若一只在树上高处的猴子想要跳到一根较低的枝条上，但缺乏对自己身体会如何影响这根枝条的觉察，那么其后果不会是让人喜闻乐见的。倘若这只缺乏自我意识的猴子在和它的伙伴玩扭打游戏，它俩的胳膊、腿和尾巴都缠在了一块儿，那么它可能会愚蠢地咬到自己的脚或尾巴！猴子从来不会犯这一错误。在这种缠斗中，它们只会咬到 241
玩伴的脚或尾巴。它们的身体主宰权发育良好，同时还能分辨自我和其他个体。

事实上，关于控制感的实验表明，缺乏镜中自我辨认能力的物种也完全可以区分它们自身和其他个体的行为。当它们在一块电脑屏幕前接受测试时，它们轻而易举地将自己用操纵杆控制的光标和一个自己移动的光标区分开来了[12]。自我控制感是动物——任何动物——进行的每一个动作的一部分。此外，某些物种可能拥有独特的自我识别能力，譬如，蝙蝠和海豚能够从其他个体发出的声音中找出自己叫声的回声。

认知心理学也并不喜欢绝对差异，但理由和演化学不同。镜子测试的问题在于，它引入了**错误**的绝对差异。正如前文中所说的，这个领域的主流观点是泾渭分明地将人类与所有其他动物区分开。而盖洛普的镜子测试并没有这么做，而是略微移动了泾渭之间的分界线，使得更多的物种被分到了人类这边。它将人类和猿类绑在了一块儿，将人科动物整体拔高到了一个新的心智水平，高过动物王国中的其他物种。但这一做法并没起到什么作用。它稀释了人类的特殊地位。直到今天，关于人类以外物种自我意识的论断依然会引起恐慌，关于对镜子反应的争论也变得尖刻了。而且，许多专家认为有必要对他们所研究的动物进行镜子测试，不过结果通常是令人失望的。这些争论使我得出了一个颇为讽刺的结论：那些认为镜中自我识别极为重要的科学家研究的都是那少数几种能通过镜子测试的物种，而所有其他的科学家都对这一现象嗤之以鼻。

由于我研究的动物种类中有的能在镜子里辨认它们自己，有的则不能，且我又对它们全都有着很高的评价，因此，我感到自己分裂了。我的确认为自发的自我识别说明了一些东西。它可能传递了一种强烈的自我认同。这也反映在了观点采择和针对性协助中。这些能力在通过镜子测试的动物以及两岁以上的儿童中表现最为突出。在两岁这个年龄，孩子们无法自制地指向他们自身，242
比如“妈妈，看我的！”，他们对自我和他人的区分更为明显了，据说这能够帮助他们站在他人的视角看问题[13]。但我依然不相信其他物种和更小的孩子无法感知到自我。在那些无法将它们的镜像与自己的身体联系起来的动物中，不同动物所能理解的东西明显相去甚远。以小型鸣禽和斗鱼为例，它们向来无法对自己的镜像淡然处之，会不断向其求爱或对其进行攻击。春季是这些动物领土意识最强的时候，山雀和蓝知更鸟会对汽车后视镜作出上述反应，直到汽车开走时才会停止攻击。猴子是绝对不会这么做的，许多其他动物也不会这么做。倘若猫和狗对镜子的反应也是这样，那我们就无法在家中使用镜子了。这些动物或许无法识别出它们自己，但也并非完全被镜子迷惑——至少不会很久。它们能学会无视自己的镜像。

在对镜子的基本了解方面，有些物种走得更远。例如，猴子也许无法识别它们自己，但能将镜子作为工具使用。假如你将食物藏在了某个地方，只有用镜子查看某个拐角才能找到，那么猴子可以毫无困难地找到这些食物。许多狗也可以做到同样的事情——当你站在它们身后，让它们从镜子里看着你，并举起一块狗饼干时，它们会转过身来。奇怪的是，只有和它们自己身体的联系，即它们自己在镜中的影像，是它们无法理解的。经过训练，猕猴也可以学会识别自己在镜中的影像。这需要添加一种生理知觉。它们需要能让它们同时在镜子里看到又在身体上感觉到的记号，比如能对皮肤产生刺激的激光，或者一个被固定在头上的帽子。和传统的记号测试不同，这更应该称为“感觉记号测试”。只有在这些条件下，猴子才能学会将自己的镜像与自己的身体联系起来[14]。这显然和猿类仅仅依靠视觉就能自发做出的行为是不一样的，但这确实暗示着猴子和猿类有着某些共同的认知能力。

243 尽管僧帽猴无法通过视觉记号测试，但我们决定用另一种方法对它们进行测试——我们很惊讶竟然从未有人尝试过这一方法。我们的目标是看看这些猴子是否真的会像人们通常所暗示的那样，将它们的镜像当成一只陌生的猴子。我们让僧帽猴坐在一块有机玻璃面板之前，在那块面板后面，要么是它们自己群体里的一位成员，要么是一只陌生的僧帽猴，再要么是一面镜子。结果很快就见分晓：镜子对它们来说是特殊的。它们对待自己镜像的方式和对待一只真正的猴子的方式非常不同。它们并不需要任何准备时间来确定看到的是什么，几秒钟之内便会作出反应。它们会转过身去背对着陌生的猴子，几乎不看对方；但它们会长时间地看着自己镜像中的眼睛，仿佛因看见了自己而激动不已。倘若它们错将镜像当成了陌生的猴子，那么我们会预期它们对镜像表现出畏缩。但它们完全没有。例如，母猴子会让它们的幼儿在镜子前自由自在地玩耍；但倘若面对的是陌生的猴子，母猴子便会将幼儿护在身边。但猴子也从不会像猿类及大象百事那样在镜子中仔细地审视自己。它们也从不会张开嘴向里窥视。因此，尽管僧帽猴无法识别出自己，但也不会将自己的镜像误认为是其他猴子。

因此，我变成了渐进派[15]。对镜子的理解有许多不同的阶段，从全然困惑到能完全理解镜中的影像。在人类幼儿中也可以看出这些阶段。就在幼儿发展出通过记号测试的能力之前，他们会对自己的镜像表现出极大的好奇。自我意识的发展就像一个洋葱，在原有的层次上长出新的层次。它不是在一个特定年龄凭空出现的[16]。因此，我们不应继续将记号测试看作自我意识的指示剂了。记号测试只不过是帮助我们找到有意识的自我的许多方法中的一种。

不过，那少数的几个物种是如何在没有任何帮助的情况下通过记号测试的呢？这依然是个非常有趣的问题。除了人科动物，人们只在大象和海豚中观察到自发的自我识别。黛安娜·赖斯和洛丽·马里诺（Lori Marino）给纽约水族馆（New York Aquarium）的瓶鼻海豚画上了斑点记号。这些海豚会争先恐后地从被做上记号的地点游向远处另一个池塘里的镜子，然后绕着镜子打转，仿佛 244
想好好看看自己。当这些海豚身上有可见的记号时，它们会在镜子前花上更多的时间查看自己的身体[17]。

鸟类也不可避免地尝试了镜子测试。到目前为止，大多数鸟类物种都没能通过测试，不过有一个例外，那就是喜鹊。当这个物种来到一个反光的表面前时，它的表现会非常有趣。当我还是个孩子时，我就学到了永远不要将茶匙之类小而闪亮的东西留在室外不管，因为这些叫声沙哑的鸟儿会偷走一切它们可以叼走的东西。罗西尼歌剧《鹊贼》（*La gazza ladra*）就是从这个民间传言得到的灵感。如今，这个观点已经被一个更加从生态学角度出发的观点取代了。新的观点将喜鹊描述为凶残的强盗，会抢占无辜鸣禽的鸟巢。无论是在哪种观点中，喜鹊都是披着黑白礼服的恶棍。

但从没有人说过喜鹊愚蠢。喜鹊属于鸦科，这一科动物的认知能力已然开始挑战灵长动物的优越地位了。德国心理学家赫尔穆特·普里奥尔（Helmut Prior）对喜鹊进行了镜子测试。和任何在猿类和儿童中进行的镜子测试相比，这一测试控制的严格程度至少是相当的。研究人员在喜鹊的黑色围脖（喉部的羽毛）上贴了一片小小的黄色贴纸。这片贴纸很引人注目，但喜鹊只有在镜子前才能看得到。在很久以前，受过大量训练的鸽子通过了镜子测试，这使得镜像研究饱受质疑。但这些喜鹊没有接受任何训练，它们和那些鸽子完全不是一回事。这一点非常关键。当研究人员将喜鹊放到镜子前时，它们不停地用爪子挠自己，直到贴纸掉落为止。如果没有可以让它们看到自己的镜子，它们就完全不会这样剧烈地挠抓。并且，它们不会对“假记号”——一片贴在黑色围脖上的黑色贴纸——作出反应。因此，拥有自我识别能力的精英集团如今有了它第一位长羽毛的成员，今后也许还会有更多[18]。

下一个前沿方向将会是弄懂动物是否会因**在意**它们在镜子中的影像而修饰自己，就像我们化妆、护发、戴耳环等行为一样。镜子会激起虚荣心吗？如果人类以外的动物能够自拍，它们会像
245 我们一样喜欢这么做吗？20 世纪 70 年代，在德国奥斯纳布吕克动物园（Osnabrück Zoo）对一名雌性猩猩的观察为这种可能性提供了线索。于尔根·里斯马特（Jürgen Lethmate）和盖尔蒂·迪克（Gerti Dücker）描述了猩猩祖马自我陶醉的方式：

> “它搜集了沙拉菜叶和卷心菜叶， 将每片叶子都抖了抖， 然后摞了起来。 最后， 它将一片叶子放在自己头上， 戴着它径

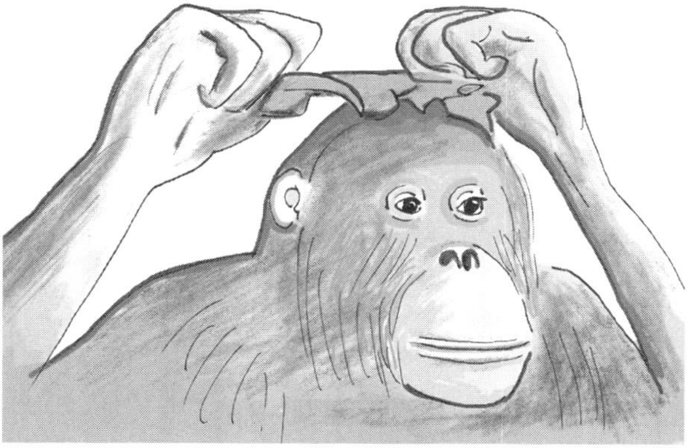

图 8-2　祖马是德国一家动物园里的一只猩猩。它喜欢在镜子前打扮自己。图中，它将一片生菜叶像帽子一样戴在了头上

直走向了镜子。它在镜子前直接坐下，在镜子里仔细观察头上戴的东西。它用手把菜叶捋直，又用拳头压一压，然后将菜叶放到自己的额头上，开始上下晃脑袋。过了一会儿，祖马手里握着一片沙拉菜叶来到了吧台前（镜子所在的地方）。当它在镜子中一看到自己，就将手中的菜叶放到了头上。[19]”

软体动物心理

作为一名生物专业的学生，我最喜欢的教科书是《无脊椎动

图 8－3　章鱼有着极为非同凡响的神经系统，这使得它们能够解决一些颇为困难的问题，比如如何从一个盖子拧紧了的玻璃罐头里逃出去

物》(*Animal Without Backbones*)。就我的科研兴趣而言，这个选择也许看上去颇为古怪，但那一切奇异的生命形式是我闻所未闻，甚至无法想象的——有些生命形式如此微小，你得用显微镜才能看
246 见。它们令我肃然起敬。这本书讲述了大量关于所有无脊椎动物的细节，从浮游生物和水绵到蠕虫、软体动物和昆虫——它们组成了 97% 的动物王国[20]。尽管认知研究几乎完全只集中于只占动物王国极小一部分的脊椎动物“少数民族”，但这并不是说其余的动物就不会运动、进食、交配、打斗和合作了。很显然，有些无脊椎动物的行为比另一些要更为复杂，但它们都需要留意周围的环境，并解决出现在它们生活中的问题。正如几乎所有这些动物都有生殖器官和消化道一样，如果它们没有一定程度的认知能力，

就无法生存下来。

无脊椎动物中最聪明的分支是章鱼。这是一种软体的头足纲动物，或者说是“脚长在头上”的动物。这个名字挺恰当，因为它们湿软的身体是由一个脑袋直接连着八条触肢而组成的，而躯体部分（外套膜）则位于头部的后面。头足纲是一个古老的纲，刚好在陆地脊椎动物之前出现。不过章鱼所属的类别是一个较为年轻的分支。无论是在解剖结构上还是在心理上，我们都似乎和它们 247
没有任何共同点。但据报道，它们能够打开一个有着防儿童开启瓶盖的药瓶。由于要打开这种瓶盖，得将瓶盖按下去，并同时旋转，因此，这需要技术、智力和耐心。有些公共水族馆会有展示章鱼智力的表演。人们将章鱼关在一个玻璃罐头里，并将盖子盖上拧紧。就像真正的逃生大师霍迪尼一样，章鱼只用不到一分钟就能从罐头里面用它的吸盘吸住盖子，拧开盖子逃出来。

但是，如果给章鱼一个透明的罐头，里面装着一只活着的小龙虾，让章鱼将罐头打开，章鱼却什么也不会做。这令科学家们极为困惑，因为罐头里美味的小龙虾清晰可见，还活蹦乱跳。也许章鱼没办法从外面拧开盖子？结果表明，这又是一个人类的错误判断。尽管章鱼视力上佳，但它们极少依靠视觉来捕捉猎物。它们主要通过触觉和化学信息来捕猎。如果没有这些线索，它们便无法辨认出猎物。一旦将那个罐头外面涂上鲱鱼“黏液”，使罐头闻起来像鱼一样，章鱼就会立即行动起来，开始捣鼓罐头，直到把盖子弄开，然后它会迅速取出小龙虾并吃掉它。随着章鱼技能的发展，这一过程成了日常步骤[21]。

在人工饲养条件下，我们很难不去将章鱼对我们反应的方式拟人化。有只章鱼很喜欢吃生鸡蛋。它每天都会得到一个鸡蛋，并会将鸡蛋打破，吸食里面的蛋液。但是有一天，它意外拿到了一个臭鸡蛋。当它注意到鸡蛋臭掉了时，立即将没吃掉的臭蛋从鱼缸边缘扔回给了那个给它鸡蛋的人类——这个人当时目瞪口呆[22]。鉴于章鱼能很好地区分不同的人，它们很有可能能够记住这些遇见过的人。在一项辨识测试中，一只章鱼接触到了两个不同的人。其中一个一直给它喂食，而另一个则用一根鬃毛或棍子轻轻戳它。起初，这只章鱼对二者的态度并无不同。但在好几天之后，它开始对这两个人区别对待了，尽管二者穿着一模一样的蓝色罩衫。当它看见那个讨厌的人时，它会缩回去，从它的漏斗
248 结构[1]中喷出水流，并在两眼之间出现了黑色的条纹——这是与威胁和愤怒相关的一种变色。而它会接近那个对它很好的人，并且不会做出任何弄湿她的举动[23]。

在所有无脊椎动物中，章鱼的脑部是最大也是最为复杂的，但对它非凡技能的解释也许并不在此。这种动物的神经结构十分奇特。每只章鱼有近 2000 个吸盘，每个吸盘都有自己独立的神经节，每个这种神经节由 50 万个神经元组成。这些神经元的数目加在一起相当大，还不算它那由 6500 万个神经元组成的脑。此外，在它的触肢上，还有一条顺着触肢方向生长的神经节链。它的脑与所有这些“小型脑”相连接，这些神经节之间也彼此相连。在我们人类中，脑会给出唯一的中央命令；而在头足纲中却不是这样。它们的神经系统更类似于互联网，有着强大的局域控制。一条切

[1] 漏斗(funnel)结构指的是头足纲动物外套腔的开口，这个开口很小，可以精确控制所喷水流的方向。——译注

下来的触肢可能会自己蜷曲起来，甚至会自己拿起食物。与此相似，章鱼可以将一只虾或小螃蟹从一个吸盘递到另一个吸盘，就好像一个传送带，将食物送往章鱼口腔的方向。当章鱼出于自我防卫而改变皮肤颜色时，这一决定也许是来自中央命令的。但它的皮肤或许也参与了做决定的过程，因为头足类的皮肤可以对光进行探测。这听起来令人难以置信：这种生物有着能“看见”的皮肤和八条能独立思考的触手[24]！

对这一点的认识造成了一些大肆宣传，声称章鱼是大海中最聪明的生物，是一种有知觉能力的生命，因此我们应该停止食用它。但我们不应该忽略海豚和逆戟鲸，它们的脑比章鱼要大得多。尽管章鱼在无脊椎动物中出类拔萃，但它会使用的工具相当有限。当它面对镜子时，它会像小型鸣禽一样疑惑不解。我们仍不清楚章鱼是否比大多数鱼类都更聪明，但我必须补充一句：这种比较几乎毫无意义。我们不应将认知研究变为一场竞赛，而是应该避免拿苹果和橙子作比较。章鱼的感官和解剖结构，包括它分散的神经系统，使它独一无二。

倘若“独特性”一词有最高级，那么章鱼大概是最为独特的物 249
种了。我们无法拿章鱼与其他任何动物种类作比较。这和我们人类很不同——人类是由一系列陆地脊椎动物演化而来的，而这些动物的形体构型[1]及脑在结构上都非常相似。

章鱼的生命周期很古怪。大多数章鱼只能活一到两年，对拥有像它们这样的智能的动物而言，这是很不寻常的。它们一边试

[1] 形体构型（body plan）指生物及其骨骼的基本形态结构和造型。——译注

图远离捕食者，一边快速生长，直到它们有机会交配并繁殖为止。在那之后，它们便会死去——它们不再进食，体重下降，并开始衰老[25]。亚里士多德曾观察过这一时期："在产下后代后……（它们）变得愚笨了，被水流四处抛掷也不甚在意。要想潜下去徒手抓住它们是很容易的。"[26]

这些短命的独行侠没有任何可以进行交流的社会组织。鉴于它们的生物特性，章鱼并无必要对彼此加以关注，除非对方是它们的对手、交配对象、天敌和猎物。它们当然没有朋友或配偶。也没有证据表明它们会从彼此身上学习或者传播行为上的传统——而许多脊椎动物，包括鱼类，都会这么做。它们没有社会关系，缺乏合作，并且会同类相食。这些令头足纲动物与我们极为不同。

它们最大的担忧是天敌。不仅同类可能吃掉它们，几乎周围的一切都能吃掉它们——海洋哺乳动物、水鸟、鲨鱼，以及其他鱼类，还有人类。当它们长得更大时，它们自己便成了可怕的捕食者。西雅图水族馆（Seattle Aquarium）偶然发现了这一点。他们的北太平洋巨型章鱼生活在一个满是鲨鱼的鱼缸里。工作人员为此颇为担忧，希望这只章鱼会懂得如何躲藏。但是后来，他们注意到一条又一条的角鲨（一种小型鲨鱼）从鱼缸中消失了，并震惊地发现那只章鱼已反守为攻。章鱼也许是唯一一种喜爱玩耍的无脊椎动物。我说"**也许**"是因为我们几乎无法对玩耍行为进行定义，但章鱼看上去并不仅仅只会单纯地进行操作，并对新事物进行查看。加拿大生物学家珍妮弗·马瑟（Jennifer Mather）发现，如果给章鱼一个新玩具，它会从对其进行探索（"这是什么？"）转变为重复性的举动：它轻快地移动玩具，并将它四处抛掷（“我能拿它做些什么？”）。例如，章鱼会用漏斗结构对漂浮的塑料瓶喷出 250
水流，让塑料瓶从鱼缸的一侧移动到另一侧，或者让塑料瓶漂回它们身边，看起来就像在拍一个皮球一样。这种操纵并没有什么明显的严肃目的，并会不断地重复。人们认为这意味着玩耍[27]。

这种动物生活在遭天敌捕食的巨大压力下，与此相联系的是它们的伪装能力。这也许是它们最为惊人的特化特征，为那些研究章鱼的人们提供了一口取之不尽、用之不竭的“魔法水井”。章鱼能飞快地改变颜色，比变色龙还厉害。罗杰·汉隆（Roger Hanlon）是马萨诸塞州伍兹霍尔的海洋生物学实验室（Marine Biological Laboratory）里的一名科学家。他拍摄到了在水下活动的章鱼的罕见镜头。我们起初能看到的不过是石头上的一丛海藻，但有一只巨大的章鱼藏在里面，看上去和它的周遭融为一体，无法分辨。当人类潜水员靠近海藻，吓到了这只动物时，它几乎变成了白色。潜水员这才发现，这丛海藻近一半都是它伪装的。它加速溜走了，同时喷出了一团黑乎乎的墨汁——这是它的第二重防卫。而后，这只章鱼在海底落脚了。它伸展了所有的触手，并将触手间的皮肤像帐篷一样拉伸开，让自己看上去特别庞大。这种恐吓式的膨胀是它的第三重防卫。

如果将这段视频进行慢放并回放，就可以很容易地看出开头的伪装是多么了不起。无论是在结构上还是颜色上，这只巨大的章鱼都使得自己看上去完全像一块覆盖着海藻的石头。它能做到这一点是因为它让自己的色素细胞（皮肤中由神经控制的色素囊，数以百万计）与周围的环境相匹配了。但要精确地模拟背景是不可能的。章鱼并没有这么做，而是让自己与背景相似，能愚弄我们的视觉系统就足够了。而且，它所做的很可能还不止这些，因为章鱼还会考虑到其他动物的视觉系统。人类看不见偏振光和紫外线，夜视力也不怎么样，但章鱼的伪装需要能骗过所有这些视觉能力。为了做到这一点，它有一系列数量有限的备用图案，然后在这些备用图案上画上更多的细节。它只需一瞬便能开启这些“蓝
251 图”中的一个，让自己融入背景之中。这一结果是一个视觉上的错觉，但看上去已经很真实了，足以让它死里逃生数百次[28]。

有时章鱼会模仿一个没有生命的物体，比如石头或植物，同时缓慢移动。它移动的速度极慢，让人会赌咒发誓认为它压根没有动。当它需要穿过一片开阔的地方时——这是一种让它很容易被发觉的活动——它便会这么做。当章鱼模仿一棵植物时，它会将几条触手举到自己上方，让它们看起来像枝条一样，随着波浪起起伏伏，同时用剩下的三四根触手的尖端小心翼翼地移动。它顺着水流的方向迈着极小的步子。如果洋流非常狂野，将植物冲得前后摇摆，那么这就会帮到章鱼——它会以同样的节奏摇摆，以掩饰自己的步伐。而在风平浪静的时候，其他东西都没有移动，章鱼就得格外小心。它可能会花上20分钟来穿过其他时候也许只要20秒就会穿过的那片海底区域。章鱼表现得好像在那儿扎了根，指望着没有捕食者会花时间注意到它其实是在慢慢地往前挪[29]。

最后，伪装方面的冠军要数拟态章鱼。这个物种生活在印度尼西亚的海岸附近，能够假扮其他物种。它能扮成比目鱼，变化成这种鱼的体形和颜色，并贴着海底起伏游泳——这是比目鱼典

型的游泳方式。这种章鱼能利用不同生物间的相似性，扮演十多种当地的海洋生物，比如蓑鲉、海蛇和水母。

我们并不特别清楚章鱼是如何能够模仿如此之多、各种各样的对象的。有些模仿也许是自动的，但学习很有可能也发挥了作用。这种学习基于的是对其他生物的观察及对它们行为的采用。作为灵长动物，我们发现自己很难对这些非凡的能力产生共鸣，我们也许还不太确定是否该认为章鱼具有认知能力。我们倾向于将无脊椎动物视为由本能驱动的机器，只能通过天生的行为来找出解决问题的方法。但这种态度已经站不住脚了。我们有太多不同寻常的观察了，其中包括章鱼的近亲乌贼的欺骗策略。

追求雌性的雄性乌贼会戏弄雄性对手，让它们认为自己没有
什么可担忧的。这只正在追求雌性的雄性会将自己面对对手的那 252
一半身体变为雌性的颜色，于是它的对手便会相信自己在看着一只雌性。但第一只雄性面对雌性的那半边身体会保持着它原本的颜色，以便引起雌性的兴趣。因此，这只雄性在秘密地追求雌性。这种双面策略称为双性信号。它所体现出的那种程度的谋略技能是我们可能会期待灵长动物做到的，但我们不会对软体动物有这样的期待[30]。汉隆声称，头足纲动物的真相要比小说更奇怪。他是对的。

无脊椎动物很可能会向演化认知领域的研究者提出更多的挑战。它们在解剖结构上与脊椎动物极为不同，但它们所面对的生存问题是一样的。无脊椎动物为认知的协同演化提供了肥沃的土壤。例如，在节肢动物中，我们发现跳蛛会愚弄其他蜘蛛，让它们以为自己的网上有一只正在挣扎的昆虫。当蛛网的主人赶过去

杀死昆虫时，便成了猎物。跳蛛并非生来就知道该如何扮演困在网上的昆虫，它似乎是通过试错而学到了如何做到这点。它们会用成千上万种方式尝试用触肢或腿来随机地拉扯或震动另一只蜘蛛的丝，并会记住哪种信号能最好地将蛛网的主人引诱到这儿。最有效的信号会在将来重复使用。这一策略使它们能够精细地调整对任何受害物种的模仿技巧。因此，蛛形动物学家们已经开始谈论蜘蛛的认知了[31]。为什么不呢？蜘蛛确实可能拥有认知能力。

入乡随俗

令我们惊讶的是，黑猩猩其实是奉从主义者。为了自己的利益而模仿其他个体是一回事，但想要和所有其他个体都表现得差不多就是另一回事了。后者是人类文化的基础。我们是从维多利亚·霍纳的一项研究中发现黑猩猩的这一倾向的。维多利亚分别给两群不同的黑猩猩展示了一台装置，有两种方法可以从装置中
253 取到食物。这些猿类可以用一根棍子戳装置上的一个洞，这样就会出来一颗葡萄；或者，它们可以用这根棍子抬起一个小小的障碍物，然后一颗葡萄就会滚出来。它们是从一个榜样——一只预先接受过训练的群体成员那儿学到这一技术的。一个群体看到的榜样用的是抬起障碍物的方法，而另一个群体看到的是用棍子戳的方法。尽管我们给两个群体使用的是同一台装置，只是在它们之间搬来搬去，但第一个群体学会的是抬障碍物，第二个学会的是戳小洞。维多利亚创造了两种不同的文化，她称之为“抬抬”

(lifter)和“戳戳”(poker)[32]。

不过也有例外。有些个体发现了两种技术，或者用了和它们的榜样不一样的技术。但是，当我们在两个月后重新对这些黑猩猩进行测试时，大部分例外都消失了。这就好像所有的猿类都接受了一个群体标准，依从这样的规则：“无论你自己发现了什么，都要做其他个体在做的事情。”由于我们从未注意到任何同侪压力，这两种方法也并无优劣之分，因此我们将这种一致性归因为**遵奉偏差**(conformist bias)。我认为，正如我们对人类行为所了解的那样，模仿是由归属感引导的。而遵奉偏差显然和我的这一观点是相符的。我们人类的成员是最能遵照奉行他人的，以至于当和主流观点发生冲突时，人们会抛弃自己的信念。我们对建议的开明程度绝不仅仅是像我们在黑猩猩中看到的这样，但这两者似乎是相关联的。因此，“遵奉”这个标签得到了许多人的采纳[33]。

这一标签正越来越多地应用到了灵长动物的文化上。苏珊·佩里便在她的野外研究中将该标签用在了僧帽猴中。哥斯达黎加丛林中有一种叫马鞭麻(Luehea)的植物。佩里的猴子们可以用两种效果相当的方法将它们遇见的这种植物果实里的种子摇出来。它们可以用力砸果实，或者将果实放在树枝上摩擦。据我所知，僧帽猴是最富有活力和热情的觅食者。大部分成年猴子会发展出这两种技术中的一种，但不会同时发展出两种。佩里在雌性幼猴中发现了奉从主义，它们会采用其母亲所喜欢的方式。但雄性幼猴却没有同样的行为[34]。当未成年黑猩猩学习用小树枝钓取白蚁时，
它们也体现出了同样的性别差异。如果社会学习是由对榜样的认 254
同所驱动的话，那么这就说得通了：母亲是女儿的榜样，但未必

是儿子的榜样[35]。

在野外研究中很难得到对奉从主义的证据支持。对于某一个体为何会像其他个体那样做，可能的解释太多了，既有遗传方面的也有生态方面的。在美国西北部的缅因湾，一项关于座头鲸的大规模项目向我们展示了可以如何解决这些问题。座头鲸会用泡泡将鱼赶到一起，这是它们常规的捕食手段。此外，有一头雄性发明了一种新技术。1980 年，人们首次观察到了这种新方法。这头鲸鱼会用尾鳍重重拍打海面，发出一种巨大的噪声，使得猎物更加集中。随着时间推移，这种鲸尾击浪技术在种群中逐渐普及了。在四分之一个世纪中，实验人员研究了 600 头鲸鱼，能认出它们中的每一个个体。同时，实验人员仔细地画出了图表，以显示这种技术是如何在这些鲸鱼中传播开来的。他们发现，如果一头鲸鱼认识使用这种技术的鲸鱼，那么前者就更有可能也用上这种技术。亲属关系并没有作用，可以排除掉，因为一头鲸鱼的母亲是否用鲸尾击浪法捕食对这头鲸鱼的行为并没多大影响。这一切归根结底在于这些鲸鱼在捕鱼时遇见的是谁。由于实验不适用于大型鲸目动物，因此，在与遗传无关的社会性习惯传播方面，这或许是我们能得到的最好的证据了[36]。

在野生灵长动物中，实验工作也非常罕见，但原因不同。首先，这些动物非常排外。也难怪如此——想象一下，随意靠近人类发明的新奇装置是件多么危险的事，布置这些装置的人也有可能是偷猎者。其次，野外工作者通常不愿将他们的动物暴露于人工环境之中，因为他们的目标是在尽可能不打扰这些动物的同时对它们进行研究。再次，野外工作者对于谁会参与实验以及实验时间多长无法进行任何控制，于是这就将那些在人工饲养的动物中通常会进行的测试排除在外了。

因此，我们必须对荷兰灵长动物学家埃丽卡·范德瓦尔（Erica van de Waal）（她和我并无亲属关系）进行的研究表示赞赏，那是对野生猴子奉从主义的研究中最漂亮的实验之一[37]。安德鲁·怀滕
是范德瓦尔的合作者，他做过大量文化方面的研究。他们在南非 255
的一个野生动物保护区里给了那里的青腹绿猴一些打开的塑料盒，里面装着玉米。这些有着黑色脸庞的小型灰色猴子很喜欢玉米，但这里有个圈套——科学家们对供应的玉米动了手脚。猴子们拿到的总是两个盒子，里面有两种颜色的玉米，一种蓝色，一种粉色。只有一种颜色的玉米是可口的，另一种掺了芦荟，尝起来很难吃。根据可口玉米的颜色，有些群体学会了吃蓝色玉米，有些学到的是吃粉色的。

用联想学习可以很容易地解释这种偏好。但后来，研究人员去掉了难吃的玉米，静待小猴子出世，以及新的雄性猴子从临近区域迁移过来。研究人员给好几个猴群提供了两种颜色的玉米，并对这些猴群进行了观察。新提供的两种玉米都很可口，但所有的成年猴子都依然坚持已经习得的偏好，从未发现另一种颜色的玉米味道变好了。在 27 只新生的幼猴中，有 26 只学到了只吃当地猴子偏好的那种玉米。和它们的母亲一样，它们从不去碰另一种颜色的玉米，尽管这种玉米敞开供应，且吃起来和另一种味道一样好。显然，个体的探索受到了抑制。幼猴们有时甚至会坐在它们不吃的那种玉米的盒子上面，欢快地吃着另一种玉米。唯一的例外是一只幼猴，它的母亲在猴群里地位非常低，以至于它们

得忍饥挨饿。因此这只母猴时不时会吃些那种被禁的玉米。因此，所有的新生幼猴都复制了它们母亲的进食行为。而从其他地区迁移过来的雄性最后也接受了当地的颜色偏好，哪怕它们此前所在的猴群有着相反的偏好。由于这些雄性的经验告诉它们的是另一种颜色是可口的，因此它们偏好的转变强烈地暗示着奉从主义。它们不过是遵循了老话“入乡随俗”。

这些研究证明了模仿与奉从主义的巨大力量。这并不仅仅是动物们偶尔会因一些不值一提的原因而做出的额外举动——我不得不说，动物的习俗有时会遭到这样的嘲弄——而是一种广泛存
256 在且有着重要生存价值的惯常行为。如果幼猴效仿母亲，吃它所吃的东西，不吃它避开的东西，那么这只幼猴显然会比试图自己搞定一切的幼猴有更高的生存概率。动物拥有奉从主义这一观点也越来越多地得到了社会行为方面研究的支持。有一项研究对儿童和黑猩猩的慷慨程度进行了测试。研究的目的是想了解儿童和黑猩猩是否会在不损害自己利益的情况下为它们自己物种的成员提供帮助。它们确实这么做了。并且，如果它们得到了其他个体——任何其他个体，并不限于它们的测试搭档——的慷慨帮助，那么它们就会更愿意为测试搭档提供帮助。善良的行为会传染吗？我们会说，爱人者，人恒爱之。或者，就像研究人员那更为干巴巴的说法一样，灵长动物倾向于采用种群中最为常见的反应[38]。

另一个实验也得出了同样的结论。在这个实验中，我们将两种不同的猕猴——普通猕猴和短尾猴混在了一起。我们将两个物种中的未成年猴子放在了一起，让它们朝夕相处了五个月。这些猕猴性情极为不同：普通猕猴喜欢争吵，很难安抚；短尾猴安分

懒散，性情平和。我有时会开玩笑说它们是猕猴界的纽约人和加州人。在它们相处了很长一段时间后，普通猕猴发展出了维持和平的技能，而且和更为宽容的短尾猴技能一样好。即便是在与短尾猴分开后，这些普通猕猴在打架之后重归于好的次数几乎是这个物种一般水平的 4 倍。这些普通猕猴的进步证实了奉从主义的力量[39]。

社会学习的定义是从其他个体那儿学习。其中最有趣的方面之一在于奖励的副作用。个体学习是由即时奖励驱动的，比如大鼠学着按压杠杆来获取食丸。而社会学习却并非如此。有时，奉从主义甚至会使所得奖励减少——毕竟青腹绿猴错失了可食用食物中的一半。我们曾在一个实验中让僧帽猴看着一只作为榜样的猴子打开三个不同颜色的盒子中的一个。有时这些盒子里有食物，但其他时候它们都空空如也。不过这并不重要——不管盒子里是否有奖励，这些猴子都重复了榜样的选择[40]。

甚至在一些社会学习的例子中，因某个行为获得利益的是其 257
他个体，而不是行为的执行者。在坦桑尼亚的马哈雷山中，我经常看见一只黑猩猩走向另一只，用自己的指甲在对方的背部猛挠，然后坐下来为对方梳毛。在梳毛的间隙，可能会有更多的挠背行为。这种行为早已为人所知，不过至今除了这里以外，只有另一个野外观察点有过这种报道。这是一种当地的学习传统，但问题就在这里：当一个个体抓挠自己时，通常是因为觉得很痒，但在这里，行为的执行者并没有感到解痒，感到解痒的是行为的接受者[41]。

灵长动物从其他个体那儿习得的习惯有时确实会带来好处，

比如年幼的黑猩猩学着用石头砸开坚果。但即便是在这些例子中，事情也并不像它看上去那么简单。黑猩猩幼儿坐在它们正在砸坚果的母亲身旁，完全是一副笨手笨脚的样子。它们会将坚果放在石头上，再将石头放到坚果上，然后将它们全部推倒，堆成一堆，又重新将它们摞起来，周而复始。它们并没有从这种玩耍活动中得到任何东西。它们还会用一只手锤坚果，或者将一只脚用力跺在坚果上，但这些都失败了，没有磕开任何东西。棕榈果和油木果要比它们的手脚硬得多。只有当幼黑猩猩付出三年徒劳的努力后，才能拥有足够的协调能力和力量用一对石头打开它们的第一颗坚果。而且，它们还得等到六七岁才能拥有和成年黑猩猩相当的技能水平[42]。由于它们在这项任务中连续多年一直失败，因此获得食物不太可能是其行为的动机。它们甚至会经历一些负面的结果，比如砸伤手指。但年幼的黑猩猩会受到长辈榜样的激励，快乐地坚持下去。

在不会带来利益的习惯中，奖励有多么不重要也体现得非常明显。在人类中，我们有些一时的流行，比如反戴棒球帽，或者将裤子穿得低到妨碍活动的程度。但在其他灵长动物中，我们也发现了看上去没什么用处的时尚和习惯。一个很好的例子便是我很久以前在威斯康星灵长类中心(Wisconsin Primate Center)观察到的一群普通猕猴中的一个“N家族”。这个母系群体的首领是一只上了年纪的雌性，名叫诺兹。它所有的儿女名字都以“N”开头，
258 比如纳茨、努兜、纳普金、尼娜等。诺兹养成了一个奇怪的喝水习惯：它会将整条小臂浸在一个水盆里，然后舔舐手上和胳膊毛发上的水。有趣的是，它所有的儿女，后来还有它的孙辈，都采

用了一模一样的方法。在这个猴群的其他猴子中，或者我所知道的其他猴群的猴子中，没有任何一只是这样喝水的。而且这种喝水方法也没有带来任何好处。它并没有让 N 家族得到某些其他猴子无法得到的东西。

还有一个例子。黑猩猩有时会发展出地域性的方言，比如吃到美味的食物时发出兴奋的呼噜声。这些呼噜声不仅在每个黑猩猩群中都有所不同，而且会根据食物种类变化。譬如，有种特定的呼噜声是只有它们吃苹果的时候才会发出的。当爱丁堡动物园（Edinburgh Zoo）从一家荷兰动物园引进了黑猩猩后，新来的黑猩猩们花了 3 年才与动物园里原来的黑猩猩打成一片。起初，新来的黑猩猩吃苹果时会发出不同的呼噜声。但 3 年后，它们发出的呼噜声变得和当地的黑猩猩一样了。它们改变了自己的叫声，使其听起来和当地黑猩猩的叫声更为相似。媒体对这一发现大肆宣传，声称荷兰黑猩猩学会了说苏格兰语，但这其实更像是学会了一种口音。尽管黑猩猩声音的可变性并不强，但不同背景的个体之间的关系还是导致了奉从主义[43]。

社会学习显然更多在于融入群体，并像其他个体一样行动，而不在于奖励。因此，我写过一本关于动物文化的书，其标题为《类人猿和寿司大师》（*The Ape and the Sushi Master*）。我选择这个标题的一部分原因是想向今西锦司和那些让我们有了动物文化这一概念的日本科学家们致敬。但还有一部分原因是一个我听说的故事，是关于做寿司的学徒如何学习这一行当的。学徒在技艺精湛的大师的阴影下奴隶一般地干活，学会将米饭煮到合适的黏度，精确地切开原料，并将菜品摆出日本料理为人著称的美丽外观。

如果你尝试过将米饭煮熟，掺进食醋，并用手持的扇子将它扇凉，以便用手为饭团塑形，那你就会知道这项技能是多么复杂——而且这还只是这项工作的一小部分。学徒主要是通过被动观察来学
259 习的。他洗盘子、拖地、对客人鞠躬、采买原材料，同时用眼角的余光留意着寿司大师所做的每一件事，甚至连问题都不敢去问。在三年间，他只能默默观察，不能实际动手为顾客做任何寿司。这是一个有经验积累但缺乏实践的极端例子。学徒等待着有一天他会受邀做出第一份寿司——他将会做得熟练非凡。

无论寿司大师训练的真相为何，我想说的只是：对一个技能熟练的榜样进行重复性的观察，会使行动的顺序在观察者的脑海里深深扎根。过些时候，当这位观察者需要进行同样的任务时，他记住的行动顺序就会很有用了。对西非黑猩猩砸坚果行为进行了研究的松沢哲郎认为，社会学习是以一种全情投入的大师—学徒关系为基础的。我也以同样的方式建立了我的基于关系与认同的观察式学习模型[44]。这两种观点都否定了传统上对动机的关注，并用一种社会关系替代了动机。动物们渴望表现得和其他个体一样，尤其要和那些它们信任并感觉亲密的个体一样。遵奉偏差促进了对老一辈积累下来的习惯和知识的采纳，从而对社会进行了塑造。这本身就有着明显的优点，而且并不仅仅是对灵长动物而言。因此，尽管奉行主义并不受即时利益的驱动，但它还是很可能为生存提供了帮助。

姓名有什么意义?

康拉德·洛伦茨对鸦科动物非常着迷。他住在维也纳附近的
阿尔滕贝格，总是在他的房子周围养着寒鸦、乌鸦和渡鸦。洛伦
茨认为这些鸦科动物是心智发展得最好的鸟类。当我还是个学生
时，我会带着我驯养的寒鸦去散步，寒鸦们会在我上方飞翔。洛
伦茨也做过同样的事情。他会带着他的老渡鸦罗拉一起旅行，他
称罗拉为他的“密友”。就像我的寒鸦一样，渡鸦罗拉会从天上飞
下来，在洛伦茨面前将尾巴往一边摆动，试图让他跟上。这个手
势表示“快点儿”。它不太容易从远处注意到，但如果就发生在你 260
面前的话，是很难错过的。有趣的是，罗拉会用它自己的名字来
叫唤洛伦茨。而通常渡鸦是用一种从喉咙深处发出的响亮的呼唤
性鸣叫来呼叫彼此的。洛伦茨将这种叫声形容为一种金属感的“呱
呱呱”声。对于罗拉的邀请，洛伦茨是这么说的：

“罗拉从后面飞快地冲向我，飞到我头顶很近的地方。它晃动着尾巴，然后又向上飞去，同时向后回头，看我是否在跟着他。伴随着罗拉的这一系列动作，它并没有发出上面描述的那种呼唤性鸣叫，而是用人类的语调说出了它自己的名字。最为奇怪的是，罗拉只会对我使用这个人类的单词。当它呼唤另一只渡鸦时，会使用天生的正常叫声。[45]”

洛伦茨说，他从未教过他的渡鸦这样叫他——毕竟，洛伦茨从未因此给过罗拉奖励。洛伦茨怀疑，罗拉肯定是这么推断的：由于“罗拉！”是洛伦茨对它使用的呼唤性鸣声，因此它或许也可以这样呼唤洛伦茨。这类行为也许会出现在用声音彼此联络且善于模仿的动物中。就如我们将会看到的那样，海豚中也有这种行为。而在灵长动物中，个体认同通常是由视觉决定的。它们的面部是身体上最具有个体特征的部位。因此，灵长动物发展出了高水平的面部识别能力，这在猴子和猿类中已通过多种方法得到了证实。

但是，猴子和猿类所注意的并不仅仅是面孔。我们在研究中发现了关系亲密的黑猩猩是如何对待彼此的背影的。在一项实验中，黑猩猩会首先看到一幅照片，里面是它们群体中某位成员的背影。紧接着，它们会看到两幅面孔，但只有一幅面孔属于背影照片中的黑猩猩。这些黑猩猩会在触屏上选择哪一幅呢？这是个典型的匹配样本任务，和纳迪娅·科茨在电脑时代前发明的那种
261 一样。我们发现我们的猿类选择了正确的肖像，即第一幅照片里那只露出臀部的黑猩猩。不过，只有当受试的黑猩猩和背影照片里的黑猩猩彼此相识时，受试黑猩猩才会成功。面对陌生黑猩猩的照片时，它们无法成功通过测试。这一事实表明，这种选择并非基于照片本身的某些东西，比如颜色或大小。这些黑猩猩一定怀有一幅它们认识的这个个体的全身像。它们对这幅全身像特别熟悉，能够将这个个体身体的任何部分与其他部分联系起来。

我们能用同样的方式在人群中找到我们的朋友和亲人，哪怕我们能看见的只是他们的背影。我们发表了这些发现，其标题颇

富暗示性，叫作“脸与臀”(Faces and Behinds)。每个人都觉得猿类能这样做是件挺有趣的事儿。我们还因此获得了搞笑诺贝尔奖。这个奖项是对诺贝尔奖的恶搞，授予那些“乍看令人发笑，随后引人深思”的研究[46]。

我确实希望它引人深思，因为个体辨认是一切复杂社会的基石[47]。人类常常低估动物也拥有这种能力的事实。对于人类来说，一个特定物种的所有成员看上去都大同小异。但是，在那个物种内部，动物们通常可以轻而易举地将不同个体区分开来。就拿海豚为例：我们很难辨认不同的海豚，因为它们似乎都长着差不多的面庞，看上去仿佛在微笑。它们主要用水下的声音来进行交流。如果没有仪器，我们是无法偷听到它们交流的内容的。研究人员通常会在一艘小船上在海面上四处跟踪它们。我和我曾经的学生安·韦弗(Ann Weaver)就这么做过。安能辨认出佛罗里达的博卡谢加湾沿岸水道入海口处的大约 300 头瓶鼻海豚。安带了一个巨大的相册，里面是她 15 年间收集的这片海域中每一只海豚背鳍的特写。她几乎每天都会坐着一艘小摩托艇来到这个海湾，寻觅游到海面上的海豚。海豚的背鳍是我们最容易看到的身体部位，每只海豚背鳍的形状都会略有不同。有些高而强健，而其他的却歪倒在一侧，或是因打斗或鲨鱼的攻击而缺了一块。

从对这些海豚的识别中，安了解到有些雄性会结成同盟，并
总是一起出行。它们会同步游泳，并一同游上海面。有几次，它 262
们彼此离得并不太近，它们的对手看到了机会，便会给它们找些麻烦。雌性和未满五六岁的年幼海豚也会一同行动。若不算上这点的话，海豚的社会就属于**分裂-融合**(fission-fusion)社会。这意

味着不同个体会临时聚到一起，聚集的时间从几小时到几天不等。不过，对一个通常会露出水面的很小的身体部分进行观察，从而得知周围都有些谁，是一种相当麻烦的技术。海豚自己识别彼此的方法则要好得多。

海豚知道彼此的叫声。这本身并没什么特别的，因为我们也能够辨认出彼此的声音，许多其他动物也可以。不同个体的发声器官(口腔、舌头、声带和肺)差异极大，这使得我们可以通过声音的音高、响度和音色来辨认声音。我们可以毫无问题地通过声音来判断一位演讲者或歌唱家的性别和年龄，不过我们也可以辨认出个体的声音。当我坐在办公室里听到同事们在走廊拐角处交谈时，我不用去看就能知道谁在那儿。

但海豚却走得更远。它们能发出**署名式口哨**(signature whisle)。这是一种很高的声音，并带有每个个体独特的修饰。这种声音结构的差异与铃声旋律的差异差不多——声音本身并无太大差异，有差异的是标记声音的旋律。年幼的海豚在1岁时便会发展出个体化的口哨声。雌性会终身使用同样的旋律，而雄性则会根据它们最好的伙伴的旋律来调整自己的旋律。于是，在一个雄性同盟内部，不同个体的这种叫声是颇为相似的[48]。当海豚遭到隔离时，它会发出更多的署名式口哨(被关起来的孤独的海豚会一直这么做)。不过，它们在海里聚集成较大的群体之前，它们也会发出署名式口哨。在这些时刻，它们将自己的身份频繁而广泛地传播开来。对于一个居住在昏暗水体中的分裂-融合式物种来说，这种行为是很有意义的。人们用水下扬声器播放了海豚的口哨声，发现这些口哨声是用来识别身份的。海豚会对与近亲相关的声音投入更多注意力，对其他个体的声音则不会那么注意。人们还播放了由电脑生成的模拟旋律。这种旋律的声音与海豚的叫声并不相似，但其旋律是类似的。这些合成的叫声引发的反应和真正的海豚叫声一样。这证实了这种身份识别并不仅仅是建立在声音识别的基础之上的，它还依赖于叫声的特有旋律[49]。 263

海豚对它们朋友的记忆力令人难以置信。人们会将人工饲养的海豚定期从一个地方移到另一个地方以便它们繁育后代。美国动物行为学家贾森·布鲁克(Jason Bruck)利用了这一点。他在鱼缸里播放了一些雄性的署名式口哨声，这些雄性很久以前便离开了这个鱼缸。听到这熟悉的叫声，海豚们都变得活跃起来，向扬声器游来，并叫着以示回应。布鲁克发现，海豚可以轻而易举地辨认出鱼缸中从前同伴的叫声，无论它们曾经在一起待了多久，或者上次相见是多久之前。一只名叫贝莉的雌性海豚认出了另一只名叫阿莉的雌性的口哨声。20 年前在其他地方，它俩曾住在一起。这是这项研究中发现的最长的时间间隔[50]。

有趣的是，专家们将署名式口哨声看作**姓名**。它们不仅是个体自己产生的身份标记，有时还会受到模仿。对于海豚来说，用特定同伴的口哨声呼唤这些同伴，就好像在叫它们名字一样。罗拉用他自个儿的名字来叫洛伦茨，而海豚有时会模仿其他个体的特征性叫声来引起对方的注意。显然，要单纯通过观察来证实它们是否这么做是很难的。因此，录音重放又一次解决了问题。斯蒂芬妮·金(Stephanie King)和文森特·雅尼克(Vincent Janik)在圣安德鲁斯大学附近的苏格兰海岸边对那儿的瓶鼻海豚进行了研究。他们录下了自由活动的海豚的署名式口哨声，然后在发出这些口哨声的海豚依然在附近游泳时，通过一个水下扬声器重放了这些口哨声。这些海豚叫着回应它们自己的署名式口哨声，有时会回应多次，仿佛在确认听到了呼唤[51]。

动物们用名字呼唤彼此当然是一种深深的讽刺——曾经，科学家们是禁止给自己的动物起名的。当今西锦司和他的追随者开
264 始这么做时，他们是滑稽可笑的。古道尔给她的黑猩猩们起名叫戴维·格雷比尔德和芙洛时，也遭到了这种嘲笑。当时的说法是，如果我们用名字来称呼动物，我们会将自己的研究对象拟人化。我们应该与它们保持距离，维持客观的态度，并永远不要忘记：只有人类有姓名。

正如事实所表明的那样，在这个问题上，有些动物也许早已超越了我们。

第 9 章

演化认知学

Evolutionary Cognition

09

如果“**动物**”和“**认知**”这两个词之间没有其他字词，我们会很 265
容易将它们连在一起，就好像这两个词也许**就应该**在一起一样！因此，很难想象我们经历了如此多的磨难才走到了这一步。人们认为某些动物是很好的学习者，或者拥有找出聪明的办法的能力，但对于他们所做的事情来说，“**认知**”一词未免太大了。尽管对许多人而言，动物的智能是不言而喻的，但科学从不会接受任何只停留在表面的东西。我们需要证据。而如今，关于动物认知的证据已经多得势不可当了，以至于我们可能会忘掉我们曾不得不克服的巨大抵抗。因此，我极为留意我们领域的历史。这个领域中有着早期的先驱，比如克勒、科茨、托尔曼和耶基斯；还有第二代先驱，比如门泽尔、盖洛普、贝克、谢特尔沃思、库默尔和格里芬；我自己属于第三代，这一代还包括许许多多演化认知学家，我无法在此一一列举。但是，我们也有一场硬仗要打。

数不清有多少次，由于我提出灵长动物拥有政治策略，会在打架后重归于好，会同情彼此，还能理解它们周围社会性的世界，因此人们说我天真、浪漫、心软、不科学、拟人化、过于依赖趣闻，或者不过是一个马虎的思想者。对我而言，基于我一生的亲身体验，我的这些论断中没有一个看起来是特别大胆的。因此，
你可以想象，那些提出动物有意识、语言能力或逻辑推理能力的 266
科学家又面临着什么。人们对每个论断都要鸡蛋里挑骨头，并在替代性理论的灯光下对这些论断仔细查看——无可避免的是，那些替代性理论听上去要更为简单，因为它们来自鸽子和大鼠在斯金纳箱的囚禁下所做出的行为。

但是，动物的行为从来都没有那么简单。况且，和那些只不

过推测了某个额外心智功能的解释相比，基于联想学习的解释可以相当复杂。但在那个时期，人们认为学习可以解释一切——当然，除了学习解释不了的情况之外。这种情况说明我们显然对手头的问题思考得不够久也不够用心，或者，我们没有进行正确的实验。有时，怀疑主义的壁垒看上去更在于意识形态而非科学性，有点像我们生物学家对待神创论者的态度。无论我们提供的数据多么令人信服，都还是不够，永远也不会足够。正如威利·旺卡（Willy Wonka）所唱的那样，我们只有先相信才能看得到。并且，根深蒂固的怀疑对证据有种奇怪的免疫力。认知观点的“杀手”在于我们对这些观点并不开明。

“杀手”（slayer）一词的用法出自美国动物学家马克·贝科夫（Marc Bekoff）和哲学家科林·艾伦（Colin Allen）。他们很早便从格里芬手中接过了认知动物行为学的火把。贝科夫和艾伦将人们对待动物认知的态度分为了三类：杀手、怀疑主义者和支持者。他们于 1997 年第一次写到了这些，那时杀手的数目依然庞大：

“杀手拒绝承认认知动物行为学有任何成功的可能。当我们分析他们发表的言论时，我们发现他们有时会将进行严格认知动物行为学研究的困难性与不可能相混淆。杀手还常常会忽视认知行为学家工作中特定的细节，并频繁地将出自哲学的目标强加在从动物认知中学到东西的可能性上。杀手们不相信认知动物行为学的研究手段可以得出——并已经得出——可供实验的新假说。他们通常会挑出那些最难研究也最缺乏研究手段的现象（如意
267 识），然后总结说，因为对于这一现象我们无法获得足够多的

细节知识，所以我们在其他领域也无法获得成功。杀手还要求，对动物行为的解释应该简单，但他们从不考虑认知式解释比非认知式解释要更简单的可能性。他们拒绝承认认知式假说可以用于指导经验性的研究。[1]”

埃米尔·门泽尔给我讲过一位著名的教授——明显是位杀手——试图伏击门泽尔，但最后却让自己落到了尴尬境地的事例。门泽尔还作了一点有趣的补充。这位教授公开挑战年轻的门泽尔，让门泽尔说出他预期在猿类中可能发现什么在鸽子里没有的能力。换句话说，这位教授在说：为什么要将你的时间浪费在这些固执任性、很难控制的猿类身上呢？动物的智能不是基本上全都一样的吗？

这种态度在那时相当普遍。而当时这个领域已经转向了一种更偏演化方向的研究手段，认为每个物种背后都有一个关于认知的独特故事。每种生物都有它们自己的生态环境和生命周期，还有它们自己的周遭世界。后者决定着该生物要想活下去，需要知道些什么。没有任何一个单一物种可以作为所有其他物种的模型，像鸽子这样脑部这么小的物种更是肯定不行。鸽子的智力并不差，但脑部的大小确实很重要。脑是身体里最为“昂贵”的器官——它对能量的消耗非常大，其每单位重量所消耗的卡路里要比肌肉组织多20倍。门泽尔可以简单地解释说，因为猿类的脑是鸽子的好几百倍重，消耗的能量要多得多，所以按理说，猿类所面临的认知挑战要大得多。不然的话，大自然不会纵容这么大的浪费——大自然是以节俭著称的。从生物学实用主义的观点来看，动物拥有的脑会恰恰满足它们所需，不多也不少。即便在某一物种内部，脑也可能会根据动物如何使用它而发生变化，就像在鸣禽的脑中，与鸣唱相关的脑区会季节性地扩张和收缩[2]。脑是适应于生态需求的，认知也一样。

268 不过，我们也遇见过第二种杀手类型。他们甚至更难对付，因为他们对动物行为毫无兴趣。他们所关心的不过是人类在宇宙中的位置，而这正是科学自哥白尼的时代起便抛弃了的。不过，这类杀手的挣扎已经变得相当绝望了，因为我们的领域中若有任何整体的趋势，那便是人类与动物认知之间的壁垒已经开始像瑞士格里耶尔乳酪一般千疮百孔了。我们一次又一次地在动物中证实了那些曾被人认为人类所独有的能力的存在。人类独特性的拥护者们面临着两种可能：要么他们总体上高估了人类行为的复杂性，要么他们低估了其他物种的能力。

这两种可能想起来都不大令人愉快，因为这类人的深层问题在于演化的连续性。他们无法忍受人类是猿类的进阶版这一观念。和阿尔弗雷德·拉塞尔·华莱士一样，他们认为演化一定略过了人类的头脑。尽管这一观点现在正慢慢地退出心理学——在神经科学的影响下，心理学正越来越接近自然科学——但它在人文科学和许多社会科学中依然相当普遍。美国人类学家乔纳森·马克斯(Jonathan Marks)最近作出的反应便相当典型。动物会学习彼此的习惯，这表明了文化的多变性。马克斯的反应针对的就是这方面压倒性的证据。他说："给猿类的行为贴上'文化'的标签，只不过意味着你必须找到另一个词语来描述人类所做的事情。[3]"

苏格兰哲学家大卫·休谟(David Hume)对动物持有极大的尊

重。相比马克斯的言论，休谟的言论让人更为耳目一新。他写道：“在我看来，最明显的一条真理就是：畜类也和人类一样富有思想和理性。”休谟将他的观点总结为了下面的原则，这些原则和我贯穿本书的态度是一致的：

> “我们是根据动物的外部行为与我们自己的外部行为的互相类似，才判断出它们的内心行为也和我们的互相类似。这个推理原则如果推进一步，将会使我们断言：我们人类和畜类的内心行为既然互相类似，那么它们所由以发生的那些原因，也必然互相类似。因此，如果有任何一个假设被提出来说明人类和 269
> 畜类所共同的一种心理活动时，我们就必须将这个假设应用于两者。[4]”

休谟的这一理论是在1793年形成的，那是达尔文的理论现世的一个多世纪前。休谟的试金石为演化认知学提供了一个完美的起点。对于有亲缘关系的物种在行为和认知上的相似性，我们可以提出的最简单的假设便是：这体现了它们共有的心理过程。连续性应该是默认的假设，至少对于所有哺乳动物来说应该如此，也许还应该将鸟类和其他脊椎动物囊括在内。

当20年前，这一观点终于占了上风时，支持性的证据从各个方向涌来。这不再仅仅局限于灵长动物了，还有犬科动物、鸦科动物、大象、海豚、鹦鹉等。发现的洪流变得难以阻挡，这体现在了媒体每周的报道宣传中。《洋葱报》(*The Onion*)甚至利用这一趋势刊出了一篇愚弄读者的报道，声称海豚在陆地上没有在海洋里那么聪明[5]。撇开搞笑的成分不谈，这个观点是有效的。它说中了我们领域内最主要的挑战之一——用适合于受试物种的方法对其进行测试。公众已习惯了多种多样的言论。新闻故事和博客开始大量地将“思考”“知觉”“理性”等词语自由地用在动物身上。

尽管其中有些过于夸大了，但许多报道讲述的都是通过了同行评审的严肃科研，其基础是数年的辛苦研究。因此，演化认知学开始获得一席之地，并吸引了越来越多的学生。他们想要开始对某个富有前途的课题进行研究，因而涌入了这一领域。学生们最爱的便是一个看重新思想的新领域。如今，许多研究动物行为的科学家自豪地将“**认知**”一词放在了他们的研究介绍中。科学期刊意识到这一流行词语比任何其他行为生物学领域的词汇都更具吸引力，会引来更多的读者，于是也将它加在了期刊名字中。认知观点取得了胜利。

但是，假设依然只是假设。它无法使我们从对手头问题的辛
270 勤研究中解脱出来。只有这些研究才能确定某一特定物种有着怎样的认知水平，且这种认知水平是如何与其生态环境和生命周期相适应的。该物种在认知方面的强项是什么？这些又是如何与其生存相联系的呢？这一切又回到了那个三趾鸥的故事：有些物种需要辨认出它们的幼儿，另一些则没有这样的需要。前者会对个体识别加以注意，后者则可以安心地忽略这些。或者，回想一下加西亚呕吐的大鼠是如何打破操作性条件反射原则的吧。这些大鼠仿佛是要强调，记住有毒的食物和知道按哪个杠杆可以得到食物是两个不同的层面，前者要重要得多。动物会学习它们需要学习的东西，并且会用特化的方式对周围的大量信息进行筛选。它

们会主动寻找、收集并储存信息。它们常常会出人意料地对某一特定任务极为擅长，譬如贮藏食物并记住贮藏地点，或者愚弄天敌。而有些物种拥有强大的脑力，能够解决许多不同的问题。

认知也许将生理上的演化推向了一个特定的方向。例如，新喀里多尼亚乌鸦对它用树叶和小树枝造出的工具相当依赖。这些乌鸦的喙比其他鸦科动物更直，眼睛也更偏向正前方。它们鸟喙的形状使它们可以稳稳地握住工具。同时，双目视力让它们可以看向缝隙深处，揪出毛毛虫[6]。因此，认知并不仅仅是动物感官、解剖结构和脑力的产物，它还反过来影响着动物的这些特征。动物的生理特征是适应于该动物特化的认知能力的。人类的双手也许可以作为另一个例子。它们演化出了完全对生的拇指及无与伦比的灵活性，适应于我们对精密工具——从石斧到现代的智能手机——的依赖。因此，对我们这一领域来说，演化认知学是个完美的标签，因为只有演化的理论才能同时解释生存、生态、解剖结构和认知。这种理论并不追求一个可以涵盖地球上所有认知能力的统一理论，而是将每个物种都作为一个案例来研究。当然，有些认知原则是适用于所有生物的，但我们不会忽视物种间的差 271
异。譬如，海豚与澳洲野犬，或者金刚鹦鹉与猴子，这些物种有着不同的生命周期、生态环境和周遭世界。每个物种都面临着其独特的认知挑战。

一旦比较心理学家们开始认同每个物种都是独一无二的，并同意学习是由生物机制控制的，那么他们就会开始逐渐步入演化认知学的怀抱。他们的学科对演化认知学贡献良多，因为比较心理学在精心控制的实验方面有着很长的历史，还有许多研究认知学习的科学家。尽管这些先驱大部分都在密切关注之下小心翼翼地工作，并不得不将其成果发表在二流期刊上，但他们对除学习以外的“更高级的心理过程”作了描述[7]。鉴于行为主义在当时的绝对权威，将认知定义为与学习相对立的过程是可以理解的，但这个错误总令我目瞪口呆。这种二分法是不正确的，就好像让先天和后天对立一样。我们很少再谈及本能，这是因为没有什么东西是完全由遗传决定的，环境永远都起着作用。同样，纯粹的认知不过是人们在想象中虚构出来的。如果没有学习，认知又在哪儿呢？认知总是包含着某种信息收集。即便是克勒那些开启了动物认知研究的猿类，也在那之前就有着使用盒子和棍子的经验。因此，我们不应将认知革命看作对学习理论的推翻，它更像是二者的联姻。这种关系有好有坏，不过最终，学习理论会在演化认知学的框架内生存下来。事实上，学习理论是演化认知学的一个重要部分。

对于动物行为学来说同样如此。它对于行为演化的观点并没有消亡。这些观点活跃在许多科学领域中，也活跃在动物行为学的研究方法中。对行为进行综合性的描述和观察是一切野外动物研究的核心，也是对儿童行为、母婴关系、非语言交流等许多方面研究的核心。对人类情绪的研究将面部表情视为固定的行为模式，同时依赖于动物行为学的手段来对面部表情进行测量。因此，我并没有将演化认知学当前的兴盛视作与从前的决裂。相反，在这一瞬，存在了一个世纪或者更久的影响力与方法占了上风。我们终于有了喘息的空间，可以探讨动物收集和整理信息的各种不
272 可思议的方法。同时，尽管认知观点的杀手们正在消亡，但我们

显然还需要另外两个类别——怀疑主义者和支持者的存在。两者都至关重要。作为一名支持者，我对那些更有怀疑精神的同事们非常感激。他们使我们全神贯注，并迫使我们设计出更为巧妙的实验来回答他们的问题。只要我们共同的目标是取得进展，那么这就正是科学该有的方式。

尽管人们通常将动物认知研究描述为一种弄明白"它们在想什么"的努力，但事实上这并不是动物认知研究的全部内容。我们并不研究个体自己的状态和经历，尽管如果有一天我们能更了解这些方面的话，应该会很有用。目前，我们的目标要谦逊得多：我们希望通过对可观察的结果进行测量，从而对我们所假设的心理过程进行定位。在这个意义上，我们领域与其他科学方面的努力——从演化生物学到物理学——并无不同。科学总是始于假说，紧随其后的是对该假说预期结果的检验。如果动物会提前做计划，那么它们就应该保存将来需要使用的工具。如果动物能理解因果关系，那么它们就应该会在第一次见到带陷阱的管子时就避开里面的陷阱。如果动物知道其他个体知道些什么，那么它们就应该会根据所观察到的其他个体注意的对象而改变自己的行为。如果动物有政治天分，那么就应该慎重对待对手的朋友。在探讨了几十个这种预期结果，以及因它们而获得灵感的实验和观察后，这种研究模式就显而易见了。总体来说，支持某种特定心理功能的证据越多、覆盖面越大，这一理论就越站得住脚。倘若对未来的计划在日常行为中、延迟工具使用的测试中，以及不经训练的食物贮藏及觅食选择中都非常明显，那么我们就可以比较肯定地宣称，至少某些物种是有计划未来的能力的。

但我依然常常感到我们过于迷恋认知能力的高峰了，比如心273 智理论、自我意识、语言等，就好像这一切不过是为了能够给出洋洋自得的论断一样。如今，我们领域应该远离对不同物种进行吹嘘的竞赛（比如“我的乌鸦比你的猴子聪明”）及其引起的非黑即白式的思考方式了。倘若心智理论所引来的并非某种巨大的能力，而是一些更小的能力，那该怎么办呢？倘若自我意识是渐变的，又该如何是好呢？怀疑主义者常常会催促着我们将较大的心理概念拆分成较小的概念。他们会问我们，我们所说的到底意味着什么。如果我们所说明的并没有声称的那么多，那么他们就会奇怪，为什么不用一个更为简单而实际的说法来描述这一现象。

我必须对这一点表示赞同。我们应该开始专注于更高的能力背后的过程。这些过程通常依赖于许多不同的认知机制。其中有些也许是许多物种所共有的，而另一些则可能只局限于少数几个物种。我们在探讨社会性互惠时就经历过这一切。起初，人们将社会性互惠理解为动物会记住它所获得的特定帮助，以便回报对方。许多科学家不愿假设猴子会密切关注每次社交互动，更别提假设大鼠这么做了。我们现在意识到了，这并非投桃报李的必要条件。并且，不只是动物，人类也常常以一种更为基本而自动的方式彼此互惠，这种方式是与长期的社会关系相联系的。我们帮助我们的朋友，他们也帮助我们，但我们并不一定会对帮助计数[8]。讽刺的是，对于动物认知的研究不仅令我们对其他物种更加尊重，也教会了我们不要过于高估自己的心智复杂程度。

我们亟须一种从自下而上的角度出发的观点来关注组成认知的模块[9]。这种方法还需要将情绪囊括在内——这是一个我从前很少接触的主题，但我对它非常关切。它需要和认知同等程度的关注。将心理功能解构为这些成分也许会让我们失去一些引人注目的新闻头条，但我们的理论将会因此更加实际，也更能提供更多有用信息。这还需要神经科学更多地参与。目前，神经科学的作用相当有限。它也许可以告诉我们这些心理过程都发生在脑中的哪个地方，但这对我们提出新理论或设计富有洞察力的测试方法 274 帮助并不大。不过，尽管在演化认知领域内最有趣的工作依然主要是行为研究，但我可以肯定这将会发生改变。到目前为止，神经科学只触及了这一领域的皮毛。在未来的几十年内，神经科学会不可避免地变得描述性更弱而理论性更强，与我们这一学科关联更加紧密。到那时，一本像这样的书里将会有大量神经科学的内容，向我们解释某种观察到的行为背后是哪种大脑机制。

由于同源的认知过程暗示着同样的神经机制，因此这将会是对连续性假设进行检验的优良手段。有些研究方向已经开始积累这样的证据了，譬如猴子和人类的面部识别、对奖励信息的处理、海马体在记忆中的作用，以及镜像神经元在模仿中的作用。我们找到越多关于共同神经机制的证据，关于同源性与连续性的论证就会越有力。反过来说，如果两个物种用两种不同的神经回路取得了相似的结果，那么我们就需要抛弃连续性的观点，转向以协同演化为基础的观点。后者也有着强大的力量。例如，它使灵长动物和胡蜂都产生了面部识别能力，还使灵长动物和鸦科动物都发展出了灵活的工具使用能力。

对动物行为的研究是人类最为历史悠久的努力之一。在以狩猎和采集为生的年代，我们的祖先需要对动植物非常了解，包括熟知猎物的习性。猎人会使用控制最少的方法：他们会对动物的行动进行预估；倘若猎物逃掉，猎人则会对它们的狡猾留下深刻印象。人们还需要注意自己的后方，当心那些会将他们作为猎物的物种。在那段时期，人类和动物的关系是相当平等的。当我们的祖先发展出了农业，并开始驯化动物以作为食物或利用他们强壮的肌肉时，人们便开始需要更为实用的知识了。动物变得依赖于我们，并服从于我们的意愿。我们也不再预估动物的行动，而是开始命令它们。同时，我们神圣的书本记述了我们对自然的征服。在今天的动物认知研究中，我们可以看出两种截然不同的态
275 度——猎人式的和农民式的。有时我们会观察动物会自行做些什么；而其他时候，我们又会将动物置于某种境地，使它们几乎只能做我们想让它们做的事情。

不过，随着一种不那么人类中心主义的态度的出现，第二种方法也许将会衰亡，或者至少不那么重要。我们应该给动物一个机会来展示其自然行为。我们对它们多种多样的生命形式产生了越来越大的兴趣。我们的挑战在于要让自己思考的方式和它们的更相似。这样，我们就可以以开放的头脑迎接它们的特定环境和目的，并用它们的方式观察和理解它们。我们正渐渐回到我们猎人的方式上来，尽管更像依赖于狩猎本能的野生动物摄影师——不为杀戮，只为揭露。今天的实验常常以自然行为为中心，从求偶和觅食行为到亲社会态度。我们在研究中寻觅生态上的有效性，并遵循于克斯屈尔、洛伦茨和今西锦司的建议——他们鼓励用人类的同情心作为理解其他物种的方法。真正的同情心不是以自我为中心的，而是他人取向的。我们不应将人性作为一切的判断标

准，而是需要根据**其他物种本来**是什么来对其进行评估。我很确定，如果这么做，我们将会发现许多的魔法水井，其中有些会远远超出我们现在的想象。

注释
Notes

注释
Notes

序言 | Preface

1.Charles Darwin (1972 [orig. 1871]), p. 105.
2. Ernst Mayr (1982), p. 97.
3. Richard Byrne (1995), Jacques Vauclair (1996), Michael Tomasello and Josep Call (1997), James Gould and Carol Grant Gould (1999), Marc Bekoff et al. (2002), Susan Hurley and Matthew Nudds (2006), John Pearce (2008), Sara Shettleworth (2012), and Clive Wynne and Monique Udell (2013).

第 1 章　魔法水井 | Magic Wells

1. Werner Heisenberg (1958), p. 26.
2. Jakob von Uexküll (1957 [orig. 1934]), p. 76. See also Jakob von Uexküll (1909).
3. Thomas Nagel (1974).
4. Ludwig Wittgenstein (1958 [orig. 1953]), p. 225.
5. Martin Lindauer (1987), p. 6, quoting Karl von Frisch.
6. Donald Griffin (2001).
7. Ronald Lanner (1996).
8. Niko Tinbergen (1953), Eugène Marais (1969), Dorothy Cheney and Robert Seyfarth (1992), Alexandra Horowitz (2010), and E. O. Wilson (2010).
9. Benjamin Beck (1967).
10. Preston Foerder et al. (2011).
11. Daniel Povinelli (1989).
12. Joshua Plotnik et al. (2006).
13. Lisa Parr and Frans de Waal (1999).
14. Doris Tsao et al. (2008).
15. Konrad Lorenz (1981), p. 38.

16. Edward Thorndike (1898) inspired Edwin Guthrie and George Horton (1946).
17. Bruce Moore and Susan Stuttard (1979).
18. Edward Wasserman (1993).
19. Donald Griffin (1976).
20. Victor Stenger (1999).
21. Jan van Hooff (1972), Marina Davila Ross et al. (2009).
22. Frans de Waal (1999).
23. Gordon Burghardt (1991).
24. Frans de Waal (2000), Nicola Koyama (2001), Mathias Osvath and Helena Osvath (2008).
25. William Hodos and C. B. G. Campbell (1969).
26. "Pigeon, rat, monkey, which is which? It doesn't matter." B. F. Skinner (1956), p. 230.
27. Konrad Lorenz (1941).

第 2 章　两个学派的故事 | A Tale of Two Schools

1. Esther Cullen (1957).
2. Bonnie Perdue et al. (2011), Steven Gaulin and Randall Fitzgerald (1989).
3. Bruce Moore (1973), Michael Domjan and Bennett Galef (1983).
4. Sara Shettleworth (1993), Bruce Moore (2004).
5. Louise Buckley et al. (2011).
6. Harry Harlow (1953), p. 31.
7. Donald Dewsbury (2006), p. 226.
8. John Falk (1958).
9. Keller Breland and Marian Breland (1961).
10. B. F. Skinner (1969), p. 40.
11. William Thorpe (1979).
12. Richard Burkhardt (2005).
13. Desmond Morris (2010), p. 51.
14. Anne Burrows et al. (2006).
15. George Romanes (1882), George Romanes (1884).
16. Morgan (1894), pp. 53–54.
17. Roger Thomas (1998), Elliott Sober (1998).
18. C. Lloyd Morgan (1903).

19. Frans de Waal (1999).
20. René Röell (1996).
21. Niko Tinbergen (1963).
22. Oskar Pfungst (1911).
23. Douglas Candland (1993).
24. "The Remarkable Orlov Trotter," Black River Orlovs, www.infohorse.com/ShowAd.asp? id =3693.
25. Juliane Kaminski et al. (2004).
26. Gordon Gallup (1970).
27. Robert Epstein et al. (1981).
28. Roger Thompson and Cynthia Contie (1994), but see Emiko Uchino and Shigeru Watanabe (2014).
29. Celia Heyes (1995).
30. Daniel Povinelli et al. (1997).
31. Jeremy Kagan (2000), Frans de Waal (2009a).
32. Kinji Imanishi (1952), Junichiro Itani and Akisato Nishimura (1973).
33. Bennett Galef (1990).
34. Frans de Waal (2001).
35. Satoshi Hirata et al.(2001).
36. David Premack and Ann Premack (1994).
37. Josep Call (2004), Juliane Bräuer et al. (2006).
38. Josep Call (2006).
39. Daniel Lehrman (1953).
40. Richard Burkhardt (2005), p. 390.
41. Ibid., p. 370; Hans Kruuk (2003).
42. Frank Beach (1950).
43. Donald Dewsbury (2000).
44. John Garcia et al. (1955).
45. Shettleworth (2010).
46. Hans Kummer et al. (1990).
47. Frans de Waal (2003b).
48. Hans Kruuk (2003), p. 157.
49. Niko Tinbergen and Walter Kruyt (1938).
50. Frans de Waal (2007 [orig. 1982]).

第 3 章 认知的涟漪 | Cognitive Ripples

1. Wolfgang Köhler (1925). The German original,Intelligenzprüfungen an

Anthropoiden, appeared in 1917.

2. Robert Yerkes (1925), p. 120.
3. Robert Epstein (1987).
4. Emil Menzel (1972). Menzel was interviewed by the author in 2001.
5. Jane Goodall (1986), p. 357.
6. Frans de Waal (2007 [orig. 1982]).
7. Jennifer Pokorny and Frans de Waal (2009).
8. John Marzluff and Tony Angell (2005), p. 24.
9. John Marzluff et al. (2010); Garry Hamilton (2012).
10. Michael Sheehan and Elizabeth Tibbetts (2011).
11. Johan Bolhuis and Clive Wynne (2009), see also Frans de Waal (2009a).
12. Marco Vasconcelos et al. (2012).
13. Jonathan Buckley et al. (2010).
14. Barry Allen (1997).
15. M. M. Günther and Christophe Boesch (1993).
16. Gen Yamakoshi (1998).
17. "Tool use is the external employment of an unattached environmental object to alter more efficiently the form, position, or condition of another object, another organism, or the user itself when the user holds or carries the tool during or just prior to use and is responsible for the proper and effective orientation of the tool." Benjamin Beck (1980), p. 10.
18. Robert Amant and Thomas Horton (2008).
19. Jane Goodall (1967), p. 32.
20. Crickette Sanz et al. (2010).
21. Christophe Boesch et al. (2009), Ebang Wilfried and Juichi Yamagiwa (2014).
22. William McGrew (2010).
23. Jill Pruetz and Paco Bertolani (2007).
24. Tetsuro Matsuzawa (1994), Noriko Inoue-Nakamura and Tetsuro Matsuzawa (1997).
25. Jürgen Lethmate (1982).
26. Carel van Schaik et al. (1999).
27. Thibaud Gruber et al. (2010), Esther Herrmann et al. (2008).
28. Thomas Breuer et al. (2005), Jean-Felix Kinani and Dawn Zimmerman (2015).
29. Eduardo Ottoni and Massimo Mannu (2001).

30. Dorothy Fragaszy et al. (2004).
31. Julio Mercader et al. (2007).
32. Elisabetta Visalberghi and Luca Limongelli (1994).
33. Luca Limongelli et al. (1995), Gema Martin-Ordas et al. (2008).
34. William Mason (1976), pp. 292 – 293.
35. Michael Gumert et al. (2009).
36. "Honey Badgers: Masters of Mayhem," *Nature* , broadcast Feb. 19, 2014, Public Broadcasting Service.
37. Alex Weir et al. (2002).
38. Gavin Hunt (1996), Hunt and Russell Gray (2004).
39. Christopher Bird and Nathan Emery(2009), Alex Taylor and Russell Gray (2009), Sarah Jelbert et al. (2014).
40. Alex Taylor et al. (2014).
41. Natacha Mendes et al. (2007), Daniel Hanus et al. (2011).
42. Daniel Hanus et al. (2011).
43. Gavin Hunt et al. (2007), p. 291.
44. William McGrew (2013).
45. Alex Taylor et al. (2007).
46. Nathan Emery and Nicola Clayton (2004).
47. Vladimir Dinets et al. (2013).
48. Julian Finn et al. (2009).

第 4 章　和我说话 | Talk to Me

1. Bishop of Polignac, cited in Corbey (2005), p. 54.
2. Nadezhda Ladygina-Kohts (2002 [orig. 1935]).
3. Herbert Terrace et al. (1979).
4. Irene Pepperberg (2008).
5. Michele Alexander and Terri Fisher (2003).
6. Norman Malcolm (1973), p. 17.
7. Jerry Fodor (1975), p. 56.
8. Irene Pepperberg (1999).
9. Bruce Moore (1992)
10. Alice Auersperg et al. (2012).
11. Ewen Callaway (2012).
12. Sarah Boysen and Gary Berntson (1989).
13. Irene Pepperberg (2012).

14. Irene Pepperberg (1999), p. 327.
15. Sapolsky (2010).
16. Evolution of Language International Conferences, www.evolang.org.
17. Frans de Waal (2007 [orig. 1982], de Waal (1996), de Waal (2009a).
18. Dorothy Cheney and Robert Seyfarth (1990).
19. Kate Arnold and Klaus Zuberbühler (2008).
20. Toshitaka Suzuki (2014).
21. Brandon Wheeler and Julia Fischer (2012).
22. Tabitha Price (2013), Nicholas Ducheminsky et al. (2014).
23. Amy Pollick and Frans de Waal (2007), KatjaLiebal et al. (2013), Catherine Hobaiter and Richard Byrne (2014).
24. Frans de Waal (2003a).
25. In 1980 Thomas Sebeok and the New York Academy of Sciences organized a conference entitled "The Clever Hans Phenomenon: Communication with Horses, Whales, Apes, and People."
26. Sue Savage-Rumbaugh and Roger Lewin (1994), p. 50, Jean Aitchison (2000).
27. Muhammad Spocter et al. (2010).
28. Sandra Wohlgemuth et al. (2014).
29. Andreas Pfenning et al. (2014).
30. Frans de Waal (1997), p. 38.
31. Robert Yerkes (1925), p. 79.
32. Oliver Sacks (1985).
33. Robert Yerkes (1943).
34. Vilmos Csányi (2000), AlexandraHorowitz (2009), Brian Hare and Vanessa Woods (2013).
35. Tiffani Howell et al. (2013).
36. Sally Satel and Scott Lilienfeld (2013).
37. Craig Ferris et al. (2001), John Marzluff et al. (2012).
38. Gregory Berns (2013).
39. Gregory Berns et al. (2013).

第 5 章 一切的判断标准 | The Measure of All Things

1. Sana Inoue and Tetsuro Matsuzawa (2007), Alan Silberberg and David Kearns (2009), Tetsuro Matsuzawa (2009).

2. Jo Thompson (2002).
3. David Premack (2010), p. 30.
4. Marc Hauser interviewed by Jerry Adler (2008).
5. The Public Broadcasting Service entitled a 2010 series *The Human Spark* .
6. Alfred Russel Wallace (1869), p. 392.
7. Suzana Herculano-Houzel et al. (2014), Ferris Jabr (2014).
8. Katerina Semendeferi et al. (2002), Suzana Herculano-Houzel (2009), Frederico Azevedo et al. (2009).
9. Ajit Varki and Danny Brower (2013), Thomas Suddendorf (2013), Michael Tomasello (2014).
10. Jeremy Taylor (2009), Helene Guldberg (2010).
11. Virginia Morell (2013), p. 232.
12. Robert Sorge et al. (2014).
13. Emil Menzel (1974).
14. Katie Hall et al. (2014).
15. David Premack and Guy Woodruff (1978).
16. Frans de Waal (2008), Stephanie Preston (2013).
17. Adam Smith (1976 [orig. 1759]), p. 10.
18. J. B. Siebenaler and David Caldwell (1956), p. 126.
19. Frans de Waal (2005), p. 191.
20. Frans de Waal (2009a).
21. Shinya Yamamoto et al. (2009).
22. Yuko Hattori et al. (2012).
23. Henry Wellman et al. (2000).
24. Ljerka Ostojić et al. (2013).
25. Daniel Povinelli (1998).
26. Derek Penn and Daniel Povinelli (2007).
27. David Leavens et al. (1996), Autumn Hostetter et al. (2001).
28. Catherine Crockford et al. (2012), Anne Marijke Schel et al. (2013).
29. Brian Hare et al. (2001).
30. Hika Kuroshima et al. (2003), Anne Marije Overduin-de Vries et al. (2013).
31. Anna Ilona Roberts et al. (2013).
32. Daniel Povinelli (2000).
33. Esther Herrmann et al. (2007).
34. Yuko Hattori et al. (2010).
35. Allan Gardner et al. (2011).

36. Frans de Waal (2001), de Waal et al. (2008), Christophe Boesch (2007).
37. Nathan Emery and Nicky Clayton (2001).
38. Thomas Bugnyar and Bernd Heinrich (2005); see also "Quoth the Raven," *Economist* , May 13, 2004.
39. Josep Call and Michael Tomasello (2008).
40. Atsuko Saito and Kazutaka Shinozuka (2013), p. 689.
41. Brian Hare et al. (2002), Ádám Miklósi et al. (2003), Hare and Michael Tomasello (2005), Monique Udell et al. (2008, 2010), Márta Gácsi et al. (2009).
42. Miho Nagasawa et al. (2015).
43. Leslie White (1959), p. 5.
44. Edward Thorndike (1898), p. 50, Michael Tomasello and Josep Call (1997).
45. Michael Tomasello et al. (1993ab), David Bjorklund et al. (2000).
46. Victoria Horner and Andrew Whiten (2005).
47. David Premack (2010).
48. Andrew Whiten et al. (2005), Victoria Horner et al. (2006), Kristin Bonnie et al. (2006), Horner and Frans de Waal (2010), Horner and de Waal (2009).
49. Michael Huffman (1996), p. 276.
50. Edwin van Leeuwen et al. (2014).
51. William McGrew and Caroline Tutin (1978).
52. Frans de Waal (2001), de Waal and Kristin Bonnie (2009).
53. Elizabeth Lonsdorf et al. (2004).
54. Victoria Horner et al. (2010), Rachel Kendal et al. (2015).
55. Christine Caldwell and Andrew Whiten (2002).
56. Friederike Range and Zsófia Virányi (2014).
57. Jeremy Kagan (2004), David Premack (2007).
58. Charles Darwin, Notebook M,1838, http://darwin-online.org.uk.
59. Lydia Hopper et al. (2008).
60. Frans de Waal (2009a), Delia Fuhrmann et al. (2014).
61. Suzana Herculano-Houzel et al. (2011, 2014).
62. Josef Parvizi (2009).
63. Robert Barton (2012).
64. Michael Corballis (2002), William Calvin (1982).
65. Natasja de Groot et al. (2010).
66. The "Mens vs aap-experiment" video can be seen at http://bit.ly/

1gbLiCm.
67. Christopher Martin et al. (2014).
68. Frans de Waal (2007 [orig. 1982]).
69. Benjamin Beck (1982).
70. Alaska governor Sarah Palin, policy speech, Pittsburgh, PA, October 24, 2008.

第 6 章　社交技能 | Social Skills

1. Frans de Waal (2007 [orig. 1982]).
2. Donald Griffin (1976).
3. Hans Kummer (1971), Kummer (1995).
4. Jane Goodall (1971).
5. Christopher Martin et al. (2014).
6. Frans de Waal and Jan van Hooff (1981).
7. Frans de Waal (2007 [orig. 1982]).
8. Marcel Foster et al. (2009).
9. Toshisada Nishida et al. (1992).
10. Toshisada Nishida (1983), Nishida and Kazuhiko Hosaka (1996).
11. Victoria Horner et al.(2011).
12. Malini Suchak and Frans de Waal (2012).
13. Hans Kummer et al. (1990), Frans de Waal (1991).
14. Richard Byrne and Andrew Whiten (1988).
15. Robin Dunbar (1998b).
16. Thomas Geissmann and Mathias Orgeldinger (2000).
17. Sarah Gouzoules et al. (1984).
18. Dorothy Cheney and Robert Seyfarth (1992).
19. Susan Perry et al. (2004).
20. Susan Perry (2008), p. 47.
21. Katie Slocombe and Klaus Zuberbühler (2007).
22. Dorothy Cheney and Robert Seyfarth (1986, 1989), Filippo Aureli et al. (1992).
23. Peter Judge (1991), Judge and Sonia Mullen (2005).
24. Ronald Schusterman et al. (2003).
25. Dalila Bovet and David Washburn (2003), Regina Paxton et al. (2010).
26. Jorg Massen et al. (2014a).

27. Meredith Crawford (1937).
28. Kim Mendres and Frans de Waal (2000).
29. Alicia Melis et al. (2006a), Alicia Melis et al. (2006b), Sarah Brosnan et al. (2006).
30. Frans de Waal and Michelle Berger (2000).
31. Ernst Fehr and Urs Fischbacher (2003).
32. Robert Boyd (2006), countered by Kevin Langergraber et al. (2007).
33. Malini Suchak and Frans de Waal (2012), Jingzhi Tan and Brian Hare (2013).
34. National Academies of Sciences and Engineering, Keck Futures Initiative Conference, Irvine, CA, November 2014.
35. E. O. Wilson (1975).
36. Michael Tomasello (2008), Gary Stix (2014), p. 77.
37. Emil Menzel (1972).
38. Joshua Plotnik et al. (2011).
39. Ingrid Visser et al. (2008).
40. Christophe Boesch and Hedwige Boesch-Achermann (2000).
41. The two photographs are featured in Gary Stix (2014).
42. Malini Suchak et al. (2014).
43. Michael Wilson et al. (2014).
44. Sarah Calcutt et al. (2014).
45. Hal Whitehead and Luke Rendell (2015).
46. Sarah Brosnan and Frans de Waal (2003). See also "Two Monkeys Were Paid Unequally," TED Blog Video, http://bit.ly/1GO05tz.
47. Sarah Brosnan et al. (2010), Proctor et al. (2013).
48. Frederieke Range et al. (2008), Claudia Wascher and Thomas Bugnyar (2013), Sarah Brosnan and Frans de Waal (2014).
49. Redouan Bshary and Ronald Noë (2003).
50. Redouan Bshary et al. (2006).
51. Alexander Vail et al. (2014).
52. Toshisada Nishida and Kazuhiko Hosaka (1996).
53. Jorg Massen et al. (2014b).
54. Caitlin O'Connell (2015).

第 7 章　时间会证明 | Time Will Tell

1. Robert Browning (2006 [orig. 1896]), p. 113.

2. Otto Tinklepaugh (1928).

3. Gema Martin-Ordas et al. (2013).

4. Marcel Proust (1913), p. 48.

5. Karline Janmaat et al. (2014), Simone Ban et al. (2014).

6. Endel Tulving (1972, 2001).

7. Nicola Clayton and Anthony Dickinson (1998).

8. Stephanie Babb and Jonathon Crystal (2006).

9. Sadie Dingfelder (2007), p. 26.

10. Thomas Suddendorf (2013), p. 103.

11. Endel Tulving (2005).

12. Mathias Osvath (2009).

13. Lucia Jacobs and Emily Liman (1991).

14. Nicholas Mulcahy and Josep Call (2006).

15. Mathias Osvath and Helena Osvath(2008), Osvath and Gema Martin-Ordas (2014).

16. Juliane Bräuer and Josep Call (2015).

17. Caroline Raby et al. (2007), Sérgio Correia et al. (2007), William Roberts (2012).

18. Nicola Koyama et al. (2006).

19. Carel van Schaik et al. (2013).

20. Anoopum Gupta et al. (2010), Andrew Wikenheiser and David Redish (2012).

21. Sara Shettleworth (2007), Michael Corballis (2013).

22. In 2011 French media compared Dominique Strauss-Kahn to a "*chimpanzee en rut*".

23. Richard Byrne (1995), p. 133, Robin Dunbar (1998a).

24. Ramona Morris and Desmond Morris (1966).

25. Philip Kitcher (2006), p. 136.

26. Harry Frankfurt (1971), p. 11, also Roy Baumeister (2008).

27. Jessica Bramlett et al. (2012).

28. Michael Beran (2002), Theodore Evans and Beran (2007).

29. Friederike Hilleman et al. (2014).

30. Adrienne Koepke et al. (in press).

31. Walter Mischel and Ebbe Ebbesen (1970).

32. David Leavens et al. (2001).

33. Walter Mischel et al. (1972), p. 217.

34. Michael Beran (2015).

35. Sarah Boysen and Gary Berntson (1995).

36. Edward Tolman (1927).
37. David Smith et al. (1995).
38. Robert Hampton (2004).
39. Allison Foote and Jonathon Crystal (2007).
40. Arii Watanabe et al. (2014).
41. Josep Call and Malinda Carpenter (2001), Robert Hampton et al. (2004).
42. Alastair Inman and Sara Shettleworth (1999).
43. *The Cambridge Declaration on Consciousness* , July 7, 2012, Francis Crick Memorial Conference at Churchill College, University of Cambridge.

第 8 章　镜子里和罐头里 | Of Mirrors and Jars

1. Joshua Plotnik et al. (2006). See also " Mirror Self-Recognition in Asian Elephants" (video), Jan. 11, 2015, http://bit.ly/1spFNoA.
2. Joshua Plotnik et al. (2014).
3. Michael Garstang et al. (2014).
4. Ulric Neisser (1967), p. 3.
5. Lucy Bates et al. (2007).
6. Karen McComb et al. (2014).
7. Karen McComb et al. (2011).
8. Joseph Soltis et al. (2014).
9. Gordon Gallup Jr. (1970), James Anderson and Gallup (2011).
10. Daniel Povinelli (1987).
11. Emanuela Cenami Spada et al. (1995), Mark Bekoff and Paul Sherman (2003).
12. Matthew Jorgensen et al. (1995), Koji Toda and Shigeru Watanabe (2008).
13. Doris Bischof-Köhler (1991), Carolyn Zahn-Waxler et al. (1992), Frans de Waal (2008).
14. Abigail Rajala et al. (2010), Liangtang Chang et al. (2015).
15. Frans de Waal et al. (2005).
16. Philippe Rochat (2003).
17. Diana Reiss and Lori Marino (2001).
18. Helmut Prior et al. (2008).
19. My translation of Jürgen Lethmate and Gerti Dücker (1973), p. 254.

20. Ralph Buchsbaum et al. (1987 [orig. 1938]).
21. Roland Anderson and Jennifer Mather (2010).
22. Katherine Harmon Courage (2013), p. 115.
23. Roland Anderson et al. (2010).
24. Jennifer Mather et al. (2010), Roger Hanlon and John Messenger (1996).
25. Roland Anderson et al. (2002).
26. Aristotle (1991), p. 323.
27. Jennifer Mather and Roland Anderson (1999), Sarah Zylinski (2015).
28. Roger Hanlon (2007), Hanlon (2013).
29. Roger Hanlon et al. (1999).
30. Culum Brown et al. (2012).
31. Robert Jackson (1992), Stim Wilcox and Jackson (2002).
32. Andrew Whiten et al. (2005).
33. Edwin van Leeuwen and Daniel Haun (2013) et al. (2004).
34. Susan Perry (2009); see also Marietta Dindo et al. (2009).
35. Elizabeth Lonsdorf et al. (2004).
36. Jenny Allen et al. (2013).
37. Erica van de Waal et al. (2013).
38. Nicolas Claidière et al. (2015).
39. Frans de Waal and Denise Johanowicz (1993).
40. Kristin Bonnie and Frans de Waal (2007).
41. Michio Nakamura et al. (2000).
42. Tetsuro Matsuzawa (1994), Noriko Inoue-Nakamura and Matsuzawa (1997).
43. Stuart Watson et al. (2015).
44. Tetsuro Matsuzawa et al. (2001), Frans de Waal (2001).
45. Konrad Lorenz (1952), p. 86.
46. Frans de Waal and Jennifer Pokorny (2008).
47. Frans de Waal and Peter Tyack (2003).
48. Stephanie King et al. (2013).
49. Laela Sayigh et al. (1999), Vincent Janik et al. (2006).
50. Jason Bruck (2013).
51. Stephanie King and Vincent Janik (2013).

第 9 章　演化认知学 | Evolutionary Cognition

1. Marc Bekoff and Colin Allen (1997), p. 316.

2. Anthony Tramontin and Eliot Brenowitz (2000).
3. Jonathan Marks (2002), p. xvi.
4. David Hume (1985 [orig. 1739]), p. 226, with thanks to Gerald Massey.
5. "Study: Dolphins Not So Intelligent on Land," *Onion*, Feb. 15, 2006.
6. Jolyon Troscianko et al. (2012).
7. Donald Dewsbury (2000).
8. Frans de Waal and Sarah Brosnan (2006).
9. Frans de Waal and Pier Francesco Ferrari (2010).

参考书目
Bibliography

参考书目
Bibliography

Adler, J. 2008. Thinking like a monkey. *Smithsonian Magazine* , January.

Aitchison, J. 2000. *The Seeds of Speech: Language Origin and Evolution* , Cambridge, UK: Cambridge University Press.

Alexander, M. G. , and T. D. Fisher. 2003. Truth and consequences: Using the bogus pipeline to examine sex differences in self-reported sexuality. *Journal of Sex Research* 40: 27 – 35.

Allen, B. 1997. The chimpanzee's tool. *Common Knowledge* 6: 34 – 51.

Allen, J. , M. Weinrich, W. Hoppitt, and L. Rendell. 2013. Network-based diffusion analysis reveals cultural transmission of lobtail feeding in humpback whales. *Science* 340: 485 – 488.

Anderson, J. R. , and G. G. Gallup. 2011. Which primates recognize themselves in mirrors? *Plos Biology* 9: e1001024.

Anderson, R. C. , and J. A. Mather. 2010. It's all in the cues: Octopuses (*Enteroctopus dofleini*) learn to open jars. *Ferrantia* 59: 8 – 13.

Anderson, R. C. , J. A. Mather, M. Q. Monette, and S. R. M. Zimsen. 2010. Octopuses (*Enteroctopus dofleini*) recognize individual humans. *Journal of Applied Animal Welfare Science* 13: 261 – 272.

Anderson, R. C. , J. B. Wood, and R. A. Byrne. 2002. Octopus senescence: The beginning of the end. *Journal of Applied Animal Welfare Science* 5: 275 – 283.

Aristotle. 1991. *History of Animals* , trans. D. M. Balme. Cambridge, MA: Harvard University Press.

Arnold, K. , and K. Zuberbühler. 2008. Meaningful call combinations in a nonhuman primate. *Current Biology* 18: R202 – 203.

Auersperg, A. M. I. , B. Szabo, A. M. P. Von Bayern, and A. Kacelnik. 2012. Spontaneous innovation in tool manufacture and use in a Goffin's cockatoo. *Current Biology* 22: R903 – 904.

Aureli, F. , R. Cozzolinot, C. Cordischif, and S. Scucchi. 1992. Kin-oriented redirection among Japanese macaques: An expression of a revenge system? *Animal Behaviour* 44: 283 – 291.

Azevedo, F. A. C. , et al. 2009. Equal numbers of neuronal and nonneuronal cells make the human brain an isometrically scaled-up primate brain. *Journal of Comparative Neurology* 513: 532 – 541.

Babb, S. J. , and J. D. Crystal. 2006. Episodic-like memory in the rat. *Current Biology* 16: 1317 – 1321.

Ban, S. D. , C. Boesch, and K. R. L. Janmaat. 2014. Taï chimpanzees anticipate revisiting high-valued fruit trees from further distances. *Animal Cognition* 17: 1353 – 1364.

Barton, R. A. 2012. Embodied cognitive evolution and the cerebellum. *Philosophical Transactions of the Royal Society B* 367: 2097 – 2107.

Bates, L. A. , et al. 2007. Elephants classify human ethnic groups by odor and garment color. *Current Biology* 17: 1938 – 1942.

Baumeister, R. F. 2008. Free will in scientific psychology. *Perspectives on Psychological Science* 3: 14 – 19.

Beach, F. A. 1950. The snark was a boojum. *American Psychologist* 5: 115 – 124.

Beck, B. B. 1967. A study of problem-solving by gibbons. *Behaviour* 28: 95 – 109.

———. 1980. *Animal Tool Behavior: The Use and Manufacture of Tools by Animals.* New York: Garland STPM Press.

———. 1982. Chimpocentrism: Bias in cognitive ethology. *Journal of Human Evolution* 11: 3 – 17.

Bekoff, M. , and C. Allen. 1997. Cognitive ethology: Slayers, skeptics, and proponents. In *Anthropomorphism, Anecdotes, and Animals: The Emperor's New Clothes?* ed. R. W. Mitchell, N. Thompson, and L. Miles, 313 – 334. Albany: SUNY Press.

Bekoff, M. , and P. W. Sherman. 2003. Reflections on animal selves. *Trends in Ecology and Evolution* 19: 176 – 180.

Bekoff, M. , C. Allen, and G. M. Burghardt, eds. 2002. *The Cognitive Animal: Empirical and Theoretical Perspectives on Animal Cognition.* Cambridge, MA: Bradford.

Beran, M. J. 2002. Maintenance of self-imposed delay of gratification by four chimpanzees (*Pan troglodytes*) and an orangutan (*Pongo pygmaeus*). *Journal of General Psychology* 129: 49 – 66.

———. 2015. The comparative science of "self-control": What are we talking about? *Frontiers in Psychology* 6: 51.

Berns, G. S. 2013. *How Dogs Love Us: A Neuroscientist and His Adopted Dog Decode the Canine Brain.* Boston: Houghton Mifflin.

Berns, G. S. , A. Brooks, and M. Spivak. 2013. Replicability and heterogeneity of awake unrestrained canine fMRI responses. *Plos ONE* 8: e81698.

Bird, C. D. , and N. J. Emery. 2009. Rooks use stones to raise the water level to reach a floating worm. *Current Biology* 19: 1410 – 1414.

Bischof-Köhler, D. 1991. The development of empathy in infants. In*Infant Development: Perspectives From German-Speaking Countries* , ed. M. Lamb and M. Keller, 245 – 273. Hillsdale, NJ: Erlbaum.

Bjorklund, D. F. , J. M. Bering, and P. Ragan. 2000. A two-year longitudinal study of deferred imitation of object manipulation in a juvenile chimpanzee (*Pan troglodytes*) and orangutan (*Pongo pygmaeus*). *Developmental Psychobiology* 37: 229 – 237.

Boesch, C. 2007. What makes us human? The challenge of cognitive crossspecies comparison. *Journal of Comparative Psychology* 121: 227 – 240.

Boesch, C. , and H. Boesch-Achermann. 2000. *The Chimpanzees of the Taï Forest: Behavioural Ecology and Evolution.* Oxford: Oxford University Press.

Boesch, C. , J. Head, and M. M. Robbins. 2009. Complex tool sets for honey extraction among chimpanzees in Loango National Park, Gabon. *Journal of Human Evolution* 56: 560 – 569.

Bolhuis, J. J. , and C. D. L. Wynne. 2009. Can evolution explain how minds work? *Nature* 458: 832 – 833.

Bonnie, K. E. , and F. B. M. de Waal. 2007. Copying without rewards: Socially influenced foraging decisions among brown capuchin monkeys. *Animal Cognition* 10: 283 – 292.

Bonnie, K. E. , V. Horner, A. Whiten, and F. B. M. de Waal. 2006. Spread of arbitrary conventions among chimpanzees: A controlled experiment. *Proceedings of the Royal Society of London B* 274: 367 – 372.

Bovet, D. , and D. A. Washburn. 2003. Rhesus macaques categorize unknown conspecifics according to their dominance relations. *Journal of Comparative Psychology* 117: 400 – 405.

Boyd, R. 2006. The puzzle of human sociality. *Science* 314: 1555 – 1556.

Boysen, S. T. , and G. G. Berntson. 1989. Numerical competence in a chimpanzee (*Pan troglodytes*). *Journal of Comparative Psychology* 103: 23 – 31.

———. 1995. Responses to quantity: Perceptual versus cognitive mechanisms in chimpanzees (*Pan troglodytes*). *Journal of Experimental Psychology: Animal Behavior Processes* 21: 82 – 86.

Bramlett, J. L. , B. M. Perdue, T. A. Evans, and M. J. Beran. 2012. Capuchin monkeys (*Cebus apella*) let lesser rewards pass them by to get better rewards.

Animal Cognition 15: 963 – 969.

Bräuer, J. , et al. 2006. Making inferences about the location of hidden food: Social dog, causal ape. *Journal of Comparative Psychology* 120: 38 – 47.

Bräuer, J. , and J. Call. 2015. Apes produce tools for future use. *American Journal of Primatology* 77: 254 – 263.

Breland, K. , and M. Breland. 1961. The misbehavior of organisms. *American Psychologist* 16: 681 – 684.

Breuer, T. , M. Ndoundou-Hockemba, and V. Fishlock. 2005. First observation of tool use in wild gorillas. *Plos Biology* 3: 2041 – 2043.

Brosnan, S. F. , et al. 2010. Mechanisms underlying responses to inequitable outcomes in chimpanzees. *Animal Behaviour* 79: 1229 – 1237.

Brosnan, S. F. , and F. B. M. de Waal. 2003. Monkeys reject unequal pay. *Nature* 425: 297 – 299.

———. 2014. The evolution of responses to (un) fairness. *Science* 346: 1251776.

Brosnan, S. F. , C. Freeman, and F. B. M. de Waal. 2006. Partner's behavior, not reward distribution, determines success in an unequal cooperative task in capuchin monkeys. *American Journal of Primatology* 68: 713 – 724.

Brown, C. , M. P. Garwood, and J. E. Williamson. 2012. It pays to cheat: Tactical deception in a cephalopod social signalling system. *Biology Letters* 8: 729 – 732.

Browning, R. 2006 [orig. 1896]. *The Poetical Works.* Whitefish, MT: Kessinger.

Bruck, J. N. 2013. Decades-long social memory in bottlenose dolphins. *Proceedings of the Royal Society B* 280: 20131726.

Bshary, R. , and R. Noë. 2003. Biological markets: The ubiquitous influence of partner choice on the dynamics of cleaner fish-client reef fish interactions. In *Genetic and Cultural Evolution of Cooperation* , ed. P. Hammerstein, 167 – 184. Cambridge, MA: MIT Press.

Bshary, R. , A. Hohner, K. Ait-El-Djoudi, and H. Fricke. 2006. Interspecific communicative and coordinated hunting between groupers and giant moray eels in the Red Sea. *Plos Biology* 4: e431.

Buchsbaum, R. , M. Buchsbaum, J. Pearse, and V. Pearse. 1987. *Animals Without Backbones: An Introduction to the Invertebrates.* 3rd ed. Chicago: University of Chicago Press.

Buckley, J. , et al. 2010. Biparental mucus feeding: A unique example of parental care in an Amazonian cichlid. *Journal of Experimental Biology* 213: 3787 – 3795.

Buckley, L. A. , et al. 2011. Too hungry to learn? Hungry broiler breeders fail to learn a y-maze food quantity discrimination task. *Animal Welfare* 20: 469 – 481.

Bugnyar, T. , and B. Heinrich. 2005. Ravens, *Corvus corax* , differentiate between knowledgeable and ignorant competitors. *Proceedings of the Royal Society of London B* 272: 1641 – 1646.

Burghardt, G. M. 1991. Cognitive ethology and critical anthropomorphism: A snake with two heads and hognose snakes that play dead. In *Cognitive Ethology: The Minds of Other Animals: Essays in Honor of Donald R. Griffin* , ed. C. A. Ristau, 53 – 90. Hillsdale, NJ: Lawrence Erlbaum Associates.

Burkhardt, R. W. 2005. *Patterns of Behavior: Konrad Lorenz, Niko Tinbergen, and the Founding of Ethology* . Chicago: University of Chicago Press.

Burrows, A. M. , et al. 2006. Muscles of facial expression in the chimpanzee (*Pan troglodytes*): Descriptive, ecological and phylogenetic contexts. *Journal of Anatomy* 208: 153 – 168.

Byrne, R. 1995. *The Thinking Ape: The Evolutionary Origins of Intelligence* . Oxford: Oxford University Press.

Byrne, R. , and A. Whiten. 1988. *Machiavellian Intelligence.* Oxford: Oxford University Press.

Calcutt, S. E. , et al. 2014. Captive chimpanzees share diminishing resources. *Behaviour* 151: 1967 – 1982.

Caldwell, C. C. , and A. Whiten. 2002. Evolutionary perspectives on imitation: Is a comparative psychology of social learning possible? *Animal Cognition* 5: 193 – 208.

Call, J. 2004. Inferences about the location of food in the great apes. *Journal of Comparative Psychology* 118: 232 – 241.

———. 2006. Descartes' two errors: Reason and reflection in the great apes. In *Rational Animals* , ed. S. Hurley and M. Nudds, 219 – 234. Oxford: Oxford University Press.

Call, J. , and M. Carpenter. 2001. Do apes and children know what they have seen? *Animal Cognition* 3: 207 – 220.

Call, J. , and M. Tomasello. 2008. Does the chimpanzee have a theory of mind? 30 Years Later. *Trends in Cognitive Sciences* 12: 187 – 192.

Callaway, E. 2012. Alex the parrot's last experiment shows his mathematical genius. *Nature News Blog* , Feb. 20, http: //bit. ly/1eYgqoD.

Calvin, W. H. 1982. Did throwing stones shape hominid brain evolution? *Ethology and Sociobiology* 3: 115 – 124.

Candland, D. K. 1993. *Feral Children and Clever Animals: Reflections on Human Nature* . New York: Oxford University Press.

Cenami Spada, E. , F. Aureli, P. Verbeek, and F. B. M. de Waal. 1995. The self as reference point: Can animals do without it? In*The Self in Infancy: Theory and Research* , ed. P. Rochat, 193 – 215. Amsterdam: Elsevier.

Chang, L. , et al. 2015. Mirror-induced self-directed behaviors in rhesus monkeys after visual-somatosensory training. *Current Biology* 25: 212 – 217.

Cheney, D. L. , and R. M. Seyfarth. 1986. The recognition of social alliances by vervet monkeys. *Animal Behaviour* 34 (1986): 1722 – 1731.

———. 1989. Redirected aggression and reconciliation among vervet monkeys, *Cercopithecus aethiops. Behaviour* 110: 258 – 275.

———. 1990. *How Monkeys See the World: Inside the Mind of Another Species.* Chicago: University of Chicago Press.

Claidière, N. , et al. 2015. Selective and contagious prosocial resource donation in capuchin monkeys, chimpanzees and humans. *Scientific Reports* 5: 7631.

Clayton, N. S. , and A. Dickinson. 1998. Episodic-like memory during cache recovery by scrub jays. *Nature* 395: 272 – 274.

Corballis, M. C. 2002. *From Hand to Mouth: The Origins of Language* . Princeton, NJ: Princeton University Press.

———. 2013. Mental time travel: A case for evolutionary continuity. *Trends in Cognitive Sciences* 17: 5 – 6.

Corbey, R. 2005. *The Metaphysics of Apes: Negotiating the Animal-Human Boundary.* Cambridge: Cambridge University Press.

Correia, S. P. C. , A. Dickinson, and N. S. Clayton. 2007. Western scrub-jays anticipate future needs independently of their current motivational state. *Current Biology* 17: 856 – 861.

Courage, K. H. 2013. *Octopus! The Most Mysterious Creature in the Sea.* New York: Current.

Crawford, M. 1937. The cooperative solving of problems by young chimpanzees. *Comparative Psychology Monographs* 14: 1 – 88.

Crockford, C. , R. M. Wittig, R. Mundry, and K. Zuberbühler. 2012. Wild chimpanzees inform ignorant group members of danger. *Current Biology* 22: 142 – 146.

Csányi, V. 2000. *If Dogs Could Talk: Exploring the Canine Mind.* New York: North Point Press.

Cullen, E. 1957. Adaptations in the kittiwake to cliff-nesting. *Ibis* 99: 275 – 302.

Darwin, C. 1982 [orig. 1871]. *The Descent of Man, and Selection in Relation to Sex.* Princeton, NJ: Princeton University Press.

Davila Ross, M., M. J. Owren, and E. Zimmermann. 2009. Reconstructing the evolution of laughter in great apes and humans. *Current Biology* 19: 1106–1111.

de Groot, N. G., et al. 2010. AIDS-protective HLA-B* 27/B* 57 and chimpanzee MHC class I molecules target analogous conserved areas of HIV-1/SIVcpz. *Proceedings of the National Academy of Sciences, USA* 107: 15175–15180.

de Waal, F. B. M. 1991. Complementary methods and convergent evidence in the study of primate social cognition. *Behaviour* 118: 297–320.

———. 1996. *Good Natured: The Origins of Right and Wrong in Humans and Other Animals.* Cambridge, MA: Harvard University Press.

———. 1997. *Bonobo: The Forgotten Ape.* Berkeley: University of California Press.

———. 1999. Anthropomorphism and anthropodenial: Consistency in our thinking about humans and other animals. *Philosophical Topics* 27: 255–280.

———. 2000. Primates: A natural heritage of conflict resolution. *Science* 289: 586–590.

———. 2001. *The Ape and the Sushi Master: Cultural Reflections by a Primatologist.* New York: Basic Books.

———. 2003a. Darwin's legacy and the study of primate visual communication. In *Emotions Inside Out: 130 Years After Darwin's* "The Expression of the Emotions in Man and Animals," ed. P. Ekman, J. J. Campos, R. J. Davidson, and F. B. M. de Waal, 7–31. New York: New York Academy of Sciences.

———. 2003b. Silent invasion: Imanishi's primatology and cultural bias in science. *Animal Cognition* 6: 293–299.

———. 2005. *Our Inner Ape.* New York: Riverhead.

———. 2007 [orig. 1982]. *Chimpanzee Politics: Power and Sex Among Apes.* Baltimore: Johns Hopkins University Press.

———. 2008. Putting the altruism back into altruism: The evolution of empathy. *Annual Review of Psychology* 59: 279–300.

———. 2009a. *The Age of Empathy: Nature's Lessons for a Kinder Society.* New York: Harmony.

———. 2009b. Darwin's last laugh. *Nature* 460: 175.

de Waal, F. B. M., and M. Berger. 2000. Payment for labour in monkeys. *Nature* 404: 563.

de Waal, F. B. M., C. Boesch, V. Horner, and A. Whiten. 2008. Comparing children and apes not so simple. *Science* 319: 569.

de Waal, F. B. M. , and K. E. Bonnie. 2009. In tune with others: The social side of primate culture. In *The Question of Animal Culture* , ed. K. Laland and B. G. Galef, 19 – 39. Cambridge, MA: Harvard University Press.

de Waal, F. B. M. , and S. F. Brosnan. 2006. Simple and complex reciprocity in primates. In *Cooperation in Primates and Humans: Mechanisms and Evolution* , ed. P. M. Kappeler and C. van Schaik, 85 – 105. Berlin: Springer.

de Waal, F. B. M. , M. Dindo, C. A. Freeman, and M. Hall. 2005. The monkey in the mirror: Hardly a stranger. *Proceedings of the National Academy of Sciences USA* 102: 11140 – 11147.

de Waal, F. B. M. , and P. F. Ferrari. 2010. Towards a bottom-up perspective on animal and human cognition. *Trends in Cognitive Sciences* 14: 201 – 207.

de Waal, F. B. M. , and D. L. Johanowicz. 1993. Modification of reconciliation behavior through social experience: An experiment with two macaque species. *Child Development* 64: 897 – 908.

de Waal, F. B. M. , and J. Pokorny. 2008. Faces and behinds: Chimpanzee sex perception. *Advanced Science Letters* 1: 99 – 103.

de Waal, F. B. M. , and P. L. Tyack, eds. 2003. *Animal Social Complexity: Intelligence, Culture, and Individualized Societies.* Cambridge, MA: Harvard University Press.

de Waal, F. B. M. , and J. van Hooff. 1981. Side-directed communication and agonistic interactions in chimpanzees. *Behaviour* 77: 164 – 198.

Dewsbury, D. A. 2000. Comparative cognition in the 1930s. *Psychonomic Bulletin and Review* 7: 267 – 283.

———. 2006. *Monkey Farm: A History of the Yerkes Laboratories of Primate Biology, Orange Park, Florida, 1930—1965.* Lewisburg, PA: Bucknell University Press.

Dindo, M. , A. Whiten, and F. B. M. de Waal. 2009. In-group conformity sustains different foraging traditions in capuchin monkeys (*Cebus apella*). *Plos ONE* 4: e7858.

Dinets, V. , J. C. Brueggen, and J. D. Brueggen. 2013. Crocodilians use tools for hunting. *Ethology Ecology and Evolution* 27: 74 – 78.

Dingfelder, S. D. 2007. Can rats reminisce? *Monitor on Psychology* 38: 26.

Domjan, M. , and B. G. Galef. 1983. Biological constraints on instrumental and classical conditioning: Retrospect and prospect. *Animal Learning and Behavior* 11: 151 – 161.

Ducheminsky, N. , P. Henzi, and L. Barrett. 2014. Responses of vervet monkeys in large troops to terrestrial and aerial predator alarm calls. *Behavioral Ecol-*

ogy 25: 1474 – 1484.

Dunbar, R. 1998a. *Grooming, Gossip, and the Evolution of Language.* Cambridge, MA: Harvard University Press.

———. 1998b. The social brain hypothesis. *Evolutionary Anthropology* 6: 178 – 190. Emery, N. J. , and N. S. Clayton. 2001. Effects of experience and social context on prospective caching strategies by scrub jays. *Nature* 414: 443 – 446.

———. 2004. The mentality of crows: Convergent evolution of intelligence in corvids and apes. *Science* 306: 1903 – 1907.

Epstein, R. 1987. The spontaneous interconnection of four repertoires of behavior in a pigeon. *Journal of Comparative Psychology* 101: 197 – 201.

Epstein, R. , R. P. Lanza, and B. F. Skinner. 1981. "Self-awareness" in the pigeon. *Science* 212: 695 – 696.

Evans, T. A. , and M. J. Beran. 2007. Chimpanzees use self-distraction to cope with impulsivity. *Biology Letters* 3: 599 – 602.

Falk, J. L. 1958. The grooming behavior ofthe chimpanzee as a reinforcer. *Journal of the Experimental Analysis of Behavior* 1: 83 – 85.

Fehr, E. , and U. Fischbacher. 2003. The nature of human altruism. *Nature* 425: 785 – 791.

Ferris, C. F. , et al. 2001. Functional imaging of brain activity in conscious monkeys responding to sexually arousing cues. *Neuroreport* 12: 2231 – 2236.

Finn, J. K. , T. Tregenza, and M. D. Norman. 2009. Defensive tool use in a coconut-carrying octopus. *Current Biology* 19: R1069 – 1070.

Fodor, J. 1975. *The Language of Thought.* New York: Crowell.

Foerder, P. , et al. 2011. Insightful problem solving in an Asian elephant. *Plos ONE* 6(8): e23251.

Foote, A. L. , and J. D. Crystal. 2007. Metacognition in the rat. *Current Biology* 17: 551 – 555.

Foster, M. W. , et al. 2009. Alpha male chimpanzee grooming patterns: Implications for dominance "style." *American Journal of Primatology* 71: 136 – 144.

Fragaszy, D. M. , E. Visalberghi, and L. M. Fedigan. 2004. *The Complete Capuchin: The Biology of the Genus* Cebus. Cambridge: Cambridge University Press.

Frankfurt, H. G. 1971. Freedom of the will and the concept of a person. *Journal of Philosophy* 68: 5 – 20.

Fuhrmann, D. , A. Ravignani, S. Marshall-Pescini, and A. Whiten. 2014. Synchrony and motor mimicking in chimpanzee observational learning. *Scientific Reports* 4: 5283.

Gácsi, M. , et al. 2009. Explaining dog wolf differences in utilizing human pointing gestures: Selection for synergistic shifts in the development of some social skills. *Plos ONE* 4: e6584.

Galef, B. G. 1990. The question of animal culture. *Human Nature* 3: 157 – 178.

Gallup, G. G. 1970. Chimpanzees: Self-recognition. *Science* 167: 86 – 87.

Garcia, J., D. J. Kimeldorf, and R. A. Koelling. 1955. Conditioned aversion to saccharin resulting from exposure to gamma radiation. *Science* 122: 157 – 158.

Gardner, R. A., M. H. Scheel, and H. L. Shaw. 2011. Pygmalion in the laboratory. *American Journal of Psychology* 124: 455 – 461.

Garstang, M., et al. 2014. Response of African elephants (*Loxodonta africana*) to seasonal changes in rainfall. *Plos ONE* 9: e108736.

Gaulin, S. J. C., and R. W. Fitzgerald. 1989. Sexual selection for spatial-learning ability. *Animal Behaviour* 37: 322 – 331.

Geissmann, T., and M. Orgeldinger. 2000. Therelationship between duet songs and pair bonds in siamangs, *Hylobates syndactylus. Animal Behaviour* 60: 805 – 809.

Goodall, J. 1967. *My Friends the Wild Chimpanzees.* Washington, DC: National Geographic Society.

———. 1971. *In the Shadow of Man.* Boston: Houghton Mifflin.

———. 1986. *The Chimpanzees of Gombe: Patterns of Behavior.* Cambridge, MA: Belknap.

Gould, J. L., and C. G. Gould. 1999. *The Animal Mind*. New York: W. H. Freeman.

Gouzoules, S., H. Gouzoules, and P. Marler. 1984. Rhesus monkey (*Macaca mulatta*) screams: Representational signaling in the recruitment of agonistic aid. *Animal Behaviour* 32: 182 – 193.

Griffin, D. R. 1976. *The Question of Animal Awareness: Evolutionary Continuity of Mental Experience*. New York: Rockefeller University Press.

———. 2001. Return to the magic well: Echolocation behavior of bats and responses of insect prey. *Bioscience* 51: 555 – 556.

Gruber, T., Z. Clay, and K. Zuberbühler. 2010. A comparison of bonobo and chimpanzee tool use: Evidence for a female bias in the Pan lineage. *Animal Behaviour* 80: 1023 – 1033.

Guldberg, H. 2010. *Just Another Ape?* Exeter, UK: Imprint Academic.

Gumert, M. D., M. Kluck, and S. Malaivijitnond. 2009. The physical characteristics and usage patterns of stone axe and pounding hammers used by long-tailed macaques in the Andaman Sea region of Thailand. *American Journal of Primatology* 71: 594 – 608.

Günther, M. M. , and C. Boesch. 1993. Energetic costs of nut-cracking behaviour in wild chimpanzees. In *Hands of Primates,* ed. H. Preuschoft and D. J. Chivers, 109 – 129. Vienna: Springer.

Gupta, A. S. , M. A. A. van der Meer, D. S. Touretzky, and A. D. Redish. 2010. Hippocampal replay is not a simple function of experience. *Neuron* 65: 695 – 705.

Guthrie, E. R. , and G. P. Horton. 1946. *Cats in a Puzzle Box.* New York: Rinehart.

Hall, K. , et al. 2014. Using cross correlations to investigate how chimpanzees use conspecific gaze cues to extract and exploit information in a foraging competition. *American Journal of Primatology* 76: 932 – 941.

Hamilton, G. 2012. Crows can distinguish faces in a crowd. National Wildlife Federation, Nov. 7, http: //bit. ly/1IqkWaN.

Hampton, R. R. 2001. Rhesus monkeys know when they remember. *Proceedings of the National Academy of Sciences USA* 98: 5359 – 5362.

Hampton, R. R. , A. Zivin, and E. A. Murray. 2004. Rhesus monkeys (*Macaca mulatta*) discriminate between knowing and not knowing and collect information as needed before acting. *Animal Cognition* 7: 239 – 254.

Hanlon, R. T. 2007. Cephalopod dynamic camouflage. *Current Biology* 17: R400 – 404.

———. 2013. Camouflaged octopus makes marine biologist scream bloody murder (video). *Discover* , Sept. 13, http: //bit. ly/1RScdid.

Hanlon, R. T. , and J. B. Messenger. 1996. *Cephalopod Behaviour* . Cambridge: Cambridge University Press.

Hanlon, R. T. , J. W. Forsythe, and D. E. Joneschild. 1999. Crypsis, conspicuousness, mimicry and polyphenism as antipredator defences of foraging octopuses on indo-pacific coral reefs, with a method of quantifying crypsis from video tapes. *Biological Journal of the Linnean Society* 66: 1 – 22.

Hanus, D. , N. Mendes, C. Tennie, and J. Call. 2011. Comparing the performances of apes (*Gorilla gorilla* , *Pan troglodytes* , *Pongo pygmaeus*) and human children (*Homo sapiens*) in the floating peanut task. *PLos ONE* 6: e19555.

Hare, B. , M. Brown, C. Williamson, and M. Tomasello. 2002. The domestication of social cognition in dogs. *Science* 298: 1634 – 1636.

Hare, B. , J. Call, and M. Tomasello 2001. Do chimpanzees know what conspecifics know? *Animal Behaviour* 61: 139 – 151.

Hare, B. , and M. Tomasello. 2005. Human-like social skills in dogs? *Trends in Cognitive Sciences* 9: 440 – 445.

Hare, B. , and V. Woods. 2013. *The Genius of Dogs: How Dogs Are Smarter*

Than You Think. New York: Dutton.

Harlow, H. F. 1953. Mice, monkeys, men, and motives. *Psychological Review* 60: 23 – 32.

Hattori, Y. , F. Kano, and M. Tomonaga. 2010. Differential sensitivity to conspecific and allospecific cues in chimpanzees and humans: A comparative eye-tracking study. *Biology Letters* 6: 610 – 613.

Hattori, Y. , K. Leimgruber, K. Fujita, and F. B. M. de Waal. 2012. Food-related tolerance in capuchin monkeys (*Cebus apella*) varies with knowledge of the partner's previous food-consumption. *Behaviour* 149: 171 – 185.

Heisenberg, W. 1958. *Physics and Philosophy: The Revolution in Modern Science.* London: Allen and Unwin.

Herculano-Houzel, S. 2009. The human brain in numbers: A linearly scaled-up primate brain. *Frontiers in Human Neuroscience* 3 (2009): 1 – 11.

———. 2011. Brains matter, bodies maybe not: The case for examining neuron numbers irrespective of body size. *Annals of the New York Academy of Sciences* 1225: 191 – 199.

Herculano-Houzel, S. , et al. 2014. The elephant brain in numbers. *Neuroanatomy* 8: 10. 3389/fnana. 2014. 00046.

Herrmann, E. , et al. 2007. Humans have evolved specialized skills of social cognition: The cultural intelligence hypothesis. *Science* 317: 1360 – 1366.

Herrmann, E. , V. Wobber, and J. Call. 2008. Great apes' (*Pan troglodytes* , *P. paniscus* , *Gorilla gorilla* , *Pongo pygmaeus*) understanding of tool functional properties after limited experience. *Journal of Comparative Psychology* 122: 220 – 230.

Heyes, C. 1995. Self-recognition in mirrors: Further reflections create a hall of mirrors. *Animal Behaviour* 50: 1533 – 1542.

Hillemann, F. , T. Bugnyar, K. Kotrschal, and C. A. F. Wascher. 2014. Waiting for better, not for more: Corvids respond to quality in two delay maintenance tasks. *Animal Behaviour* 90: 1 – 10.

Hirata, S. , K. Watanabe, and M. Kawai. 2001. "Sweet-potato washing" revisited. In *Primate Origins of Human Cognition and Behavior* , ed. T. Matsuzawa, 487 – 508. Tokyo: Springer.

Hobaiter, C. , and R. Byrne. 2014. The meanings of chimpanzee gestures. *Current Biology* 24: 1596 – 1600.

Hodos, W. , and C. B. G. Campbell. 1969. *Scala naturae:* Why there is no theory in comparative psychology. *Psychological Review* 76: 337 – 350.

Hopper, L. M. , S. P. Lambeth, S. J. Schapiro, and A. Whiten. 2008. Observational learning in chimpanzees and children studied through "ghost" conditions. *Proceedings of the Royal Society of London B* 275: 835 – 840.

Horner, V., et al. 2010. Prestige affects cultural learning in chimpanzees. *Plos ONE* 5: e10625.

Horner, V., D. J. Carter, M. Suchak, and F. B. M. de Waal. 2011. Spontaneous prosocial choice by chimpanzees. *Proceedings of the Academy of Sciences, USA* 108: 13847 – 13851.

Horner, V., and F. B. M. de Waal. 2009. Controlled studies of chimpanzee cultural transmission. *Progress in Brain Research* 178: 3 – 15.

Horner, V., A. Whiten, E. Flynn, and F. B. M. de Waal. 2006. Faithful replication of foraging techniques along cultural transmission chains by chimpanzees and children. *Proceedings of the National Academy of Sciences USA* 103: 13878 – 13883.

Horowitz, A. 2010. *Inside of a Dog: What Dogs See, Smell, and Know.* New York: Scribner.

Hostetter, A. B., M. Cantero, and W. D. Hopkins. 2001. Differential use of vocal and gestural communication by chimpanzees (*Pan troglodytes*) in response to the attentional status of a human (*Homo sapiens*). *Journal of Comparative Psychology* 115: 337 – 343.

Howell, T. J., S. Toukhsati, R. Conduit, and P. Bennett. 2013. The perceptions of dog intelligence and cognitive skills (PoDIaCS) survey. *Journal of Veterinary Behavior: Clinical Applications and Research* 8: 418 – 424.

Huffman, M. A. 1996. Acquisition of innovative cultural behaviors in nonhuman primates: A case study of stone handling, a socially transmitted behavior in Japanese macaques. In *Social Learning in Animals: The Roots of Culture,* ed. C. M. Heyes and B. Galef, 267 – 289. San Diego: Academic Press.

Hume, D. 1985 [orig. 1739]. *A Treatise of Human Nature.* Harmondsworth, UK: Penguin.

Hunt, G. R. 1996. The manufacture and use of hook tools by New Caledonian crows. *Nature* 379: 249 – 251.

Hunt, G. R., et al. 2007. Innovative pandanus-folding by New Caledonian crows. *Australian Journal of Zoology* 55: 291 – 298.

Hunt, G. R., and R. D. Gray. 2004. The crafting of hook tools by wild New Caledonian crows. *Proceedings of the Royal Society of London* B 271: S88 – S90.

Hurley, S., and M. Nudds. 2006. *Rational Animals?* Oxford: Oxford University Press.

Imanishi, K. *Man*. 1952. Tokyo: Mainichi-Shinbunsha.

Inman, A. , and S. J. Shettleworth. 1999. Detecting metamemory in nonverbal subjects: A test with pigeons. *Journal of Experimental Psychology: Animal Behavior Processes* 25: 389 – 395.

Inoue, S. , and T. Matsuzawa. 2007. Working memory of numerals in chimpanzees. *Current Biology* 17: R1004 – R1005.

Inoue-Nakamura, N. , and T. Matsuzawa. 1997. Development of stone tool use by wild chimpanzees. *Journal of Comparative Psychology* 111: 159 – 173.

Itani, J. , and A. Nishimura. 1973. The study of infrahuman culture in Japan: A review. In *Precultural Primate Behavior,* ed. E. Menzel, 26 – 50. Basel: Karger.

Jabr, F. 2014. The science is in: Elephants are even smarter than we realized. *Scientific American,* Feb. 26.

Jackson, R. R. 1992. Eight-legged tricksters. *Bioscience* 42: 590 – 598 .

Jacobs, L. F. , and E. R. Liman. 1991. Grey squirrels remember the locations of buried nuts. *Animal Behaviour* 41: 103 – 110.

Janik, V. M. , L. S. Sayigh, and R. S. Wells. 2006. Signature whistle contour shape conveys identity information to bottlenose dolphins. *Proceedings of the National Academy of Sciences USA* 103: 8293 – 8297.

Janmaat, K. R. L. , L. Polansky, S. D. Ban, and C. Boesch. 2014. Wild chimpanzees plan their breakfast time, type, and location. *Proceedings of the National Academy of Sciences USA* 111: 16343 – 16348.

Jelbert, S. A. , et al. 2014. Using the Aesop's fable paradigm to investigate causal understanding of water displacement by New Caledonian crows. *Plos ONE* 9: e92895.

Jorgensen, M. J. , S. J. Suomi, and W. D. Hopkins. 1995. Using a computerized testing system to investigate the preconceptual self in nonhuman primates and humans. In *The Self in Infancy: Theory and Research,* ed. P. Rochat, 243 – 256. Amsterdam: Elsevier.

Judge, P. G. 1991. Dyadic and triadic reconciliation in pigtail macaques (*Macaca nemestrina*). *American Journal of Primatology* 23: 225 – 237.

Judge, P. G. , and S. H. Mullen. 2005. Quadratic postconflict affiliation among bystanders in a hamadryas baboon group. *Animal Behaviour* 69: 1345 – 1355.

Kagan, J. 2000. Human morality is distinctive. *Journal of Consciousness Studies* 7: 46 – 48.

———. 2004. The uniquely human in human nature. *Daedalus* 133: 77 – 88.

Kaminski, J. , J. Call, and J. Fischer. 2004. Word learning in a domestic dog: evidence for fast mapping. *Science* 304: 1682 – 1683.

Kendal, R. , et al. 2015. Chimpanzees copy dominant and knowledgeable individuals: Implications for cultural diversity. *Evolution and Human Behavior* 36: 65–72.

Kinani, J.-F., and D. Zimmerman. 2015. Tool use for food acquisition in a wild mountain gorilla (*Gorilla beringei beringei*). *American Journal of Primatology* 77: 353–357.

King, S. L., and V. M. Janik. 2013. Bottlenose dolphins can use learned vocal labels to address each other. *Proceedings of the National Academy of Sciences USA* 110: 13216–13221.

King, S. L., et al. 2013. Vocal copying of individually distinctive signature whistles in bottlenose dolphins. *Proceedings of the Royal Society* B 280: 20130053.

Kitcher, P. 2006. Ethics and evolution: How to get here from there. In *Primates and Philosophers: How Morality Evolved*, ed. S. Macedo and J. Ober, 120–139. Princeton, NJ: Princeton University Press.

Koepke, A. E., S. L. Gray, and I. M. Pepperberg. 2015. Delayed gratification: A grey parrot (*Psittacus erithacus*) will wait for a better reward. *Journal of Comparative Psychology*. In press.

Köhler, W. 1925. *The Mentality of Apes.* New York: Vintage.

Koyama, N. F. 2001. The long-term effects of reconciliation in Japanese macaques (*Macaca fuscata*). *Ethology* 107: 975–987.

Koyama, N. F., C. Caws, and F. Aureli. 2006. Interchange of grooming and agonistic support in chimpanzees. *International Journal of Primatology* 27: 1293–1309.

Kruuk, H. 2003. *Niko's Nature: The Life of Niko Tinbergen and His Science of Animal Behaviour.* Oxford: Oxford University Press.

Kummer, H. 1971. *Primate Societies: Group Techniques of Ecological Adaptions.* Chicago: Aldine.

———. 1995. *In Quest of the Sacred Baboon: A Scientist's Journey.* Princeton, NJ: Princeton University Press.

Kummer, H., V. Dasser, and P. Hoyningen-Huene. 1990. Exploring primate social cognition: Some critical remarks. *Behaviour* 112: 84–98.

Kuroshima, H., et al. 2003. A capuchin monkey recognizes when people do and do not know the location of food. *Animal Cognition* 6: 283–291.

Ladygina-Kohts, N. 2002 [orig. 1935]. *Infant Chimpanzee and Human Child: A Classic 1935 Comparative Study of Ape Emotions and Intelligence*, ed. F. B. M. de Waal. Oxford: Oxford University Press.

Langergraber, K. E., J. C. Mitani, and L. Vigilant. 2007. The limited impact of kinship on cooperation in wild chimpanzees. *Proceedings of the Academy of Sciences USA* 104: 7786 – 7790.

Lanner, R. M. 1996. *Made for Each Other: A Symbiosis of Birds and Pines.* New York: Oxford University Press.

Leavens, D. A. , F. Aureli, W. D. Hopkins, and C. W. Hyatt. 2001. Effects of cognitive challenge on self-directed behaviors by chimpanzees (*Pan troglodytes*). *American Journal of Primatology* 55: 1 – 14.

Leavens, D. , W. D. Hopkins, and K. A. Bard. 1996. Indexical and referential pointing in chimpanzees (*Pan troglodytes*). *Journal of Comparative Psychology* 110 (1996): 346 – 353.

Lehrman, D. 1953. A critique of Konrad Lorenz's theory of instinctive behavior. *Quarterly Review of Biology* 28: 337 – 363.

Lethmate, J. 1982. Tool-using skills of orangutans. *Journal of Human Evolution* 11: 49 – 50.

Lethmate, J. , and G. Dücker. 1973. Untersuchungen zum Selbsterkennen im Spiegel bei Orang-Utans und einigen anderen Affenarten. *Zeitschrift für Tierpsychologie* 33: 248 – 269.

Liebal, K. , B. M. Waller, A. M. Burrows, and K. E. Slocombe. 2013. *Primate Communication: A Multimodal Approach.* Cambridge: Cambridge University Press.

Limongelli, L. , S. Boysen, and E. Visalberghi. 1995. Comprehension of causeeffect relations in a tool-using task by chimpanzees (*Pan troglodytes*). *Journal of Comparative Psychology* 109: 18 – 26.

Lindauer, M. 1987. Introduction. In*Neurobiology and Behavior of Honeybees* , ed. R. Menzel and A. Mercer, 1 – 6. Berlin: Springer.

Lonsdorf, E. V. , L. E. Eberly, and A. E. Pusey. 2004. Sex differences in learning in chimpanzees. *Nature* 428: 715 – 716.

Lorenz, K. Z. 1941. Vergleichende Bewegungsstudien an Anatinen. *Journal für Ornithologie* 89 (1941): 194 – 294.

———. 1952. *King Solomon's Ring.* London: Methuen, 1952.

———. 1981. *The Foundations of Ethology.* New York: Simon and Schuster.

Malcolm, N. 1973. Thoughtless brutes. *Proceedings and Addresses of the American Philosophical Associatio* n 46: 5 – 20.

Marais, E. 1969. *The Soul of the Ape.* New York: Atheneum.

Marks, J. 2002. *What It Means to Be 98% Chimpanzee: Apes, People, and Their Genes.* Berkeley: University of California Press.

Martin, C. F. , et al. 2014. Chimpanzee choice rates in competitive games match equilibrium game theory predictions. *Scientfic Reports* 4: 5182.

Martin-Ordas, G. , D. Berntsen, and J. Call. 2013. Memory for distant past events in chimpanzees and orangutans. *Current Biology* 23: 1438 – 1441.

Martin-Ordas, G. , J. Call, and F. Colmenares. 2008. Tubes, tables and traps: Great apes solve two functionally equivalent trap tasks but show no evidence of transfer across tasks. *Animal Cognition* 11: 423 – 430.

Marzluff, J. M. , et al. 2010. Lasting recognition of threatening people by wild American crows. *Animal Behaviour* 79: 699 – 707.

Marzluff, J. M. , and T. Angell. 2005. *In the Company of Crows and Ravens.* New Haven, CT: Yale University Press.

Marzluff, J. M. , R. Miyaoka, S. Minoshima, and D. J. Cross. 2012. Brain imaging reveals neuronal circuitry underlying the crow's perception of human faces. *Proceedings of the National Academy of Sciences USA* 109: 15912 – 15917.

Mason, W. A. 1976. Environmental models and mental modes: Representational processes in the great apes and man. *American Psychologist* 31: 284 – 294.

Massen, J. J. M. , A. Pašukonis, J. Schmidt, and T. Bugnyar. 2014. Ravens notice dominance reversals among conspecifics within and outside their social group. *Nature Communications* 5: 3679.

Massen, J. J. M. , G. Szipl, M. Spreafico, and T. Bugnyar. 2014. Ravens intervene in others' bonding attempts. *Current Biology* 24: 2733 – 2736.

Mather, J. A. , and R. C. Anderson. 1999. Exploration, play, and habituation in octopuses (*Octopus dofleini*). *Journal of Comparative Psychology* 113: 333 – 338.

Mather, J. A. , R. C. Anderson, and J. B. Wood. 2010. *Octopus: The Ocean's Intelligent Invertebrate.* Portland, OR: Timber Press.

Matsuzawa, T. 1994. Field experiments on use of stone tools by chimpanzees in the wild. In *Chimpanzee Cultures,* ed. R. W. Wrangham, W. C. McGrew,

F. B. M. de Waal, and P. Heltne, 351 – 370. Cambridge, MA: Harvard University Press.

———. 2009. Symbolic representation of number in chimpanzees. *Current Opinion in Neurobiology* 19: 92 – 98.

Matsuzawa, T. , et al. 2001. Emergence of culture in wild chimpanzees: education by master-apprenticeship. In *Primate Origins of Human Cognition and Behavior* , ed. T. Matsuzawa, 557 – 574. New York: Springer.

Mayr, E. 1982. *The Growth of Biological Thought.* Cambridge, MA: Harvard University Press.

McComb, K. , et al. 2011. Leadership in elephants: The adaptive value of age. *Proceedings of the Royal Society B* 274: 2943 – 2949.

McComb, K. , G. Shannon, K. N. Sayialel, and C. Moss. 2014. Elephants can determine ethnicity, gender and age from acoustic cues in human voices. *Proceedings of the National Academy of Sciences USA* 111: 5433 – 5438.

McGrew, W. C. 2010. Chimpanzee technology. *Science* 328: 579 – 580.

———. 2013. Is primate tool use special? Chimpanzee and New Caledonian crow compared. *Philosophical Transactions of the Royal Society B* 368: 20120422.

McGrew, W. C., and C. E. G. Tutin. 1978. Evidence for a social custom in wild chimpanzees? *Man* 13: 243 – 251.

Melis, A. P., B. Hare, and M. Tomasello. 2006a. Chimpanzees recruit the best collaborators. *Science* 311: 1297 – 1300.

———. 2006b. Engineering cooperation in chimpanzees: Tolerance constraints on cooperation. *Animal Behaviour* 72: 275 – 286.

Mendes, N., D. Hanus, and J. Call. 2007. Raising the level: Orangutans use water as a tool. *Biology Letters* 3: 453 – 455.

Mendres, K. A., and F. B. M. de Waal. 2000. Capuchins do cooperate: The advantage of an intuitive task. *Animal Behaviour* 60: 523 – 529.

Menzel, E. W. 1972. Spontaneous invention of ladders in a group of young chimpanzees. *Folia primatologica* 17: 87 – 106.

———. 1974. A group of young chimpanzees in a one-acre field. In*Behavior of Non-Human Primates*, ed. A. M. Schrier and F. Stollnitz, 5: 83 – 153. New York: Academic Press.

Mercader, J., et al. 2007. 4, 300-year-old chimpanzee sites and the origins of percussive stone technology. *Proceedings of the National Academy of Sciences USA* 104: 3043 – 3048.

Miklósi, Á., et al. 2003. A simple reason for a big difference: Wolves do not look back at humans, but dogs do. *Current Biology* 13: 763 – 766.

Mischel, W., and E. B. Ebbesen. 1970. Attention in delay of gratification. *Journal of Personality and Social Psychology* 16: 329 – 337.

Mischel, W., E. B. Ebbesen, and A. R. Zeiss. 1972. Cognitive and attentional mechanisms in delay of gratification. *Journal of Personality and Social Psychology* 21: 204 – 218.

Moore, B. R. 1973. The role of directed pavlovian responding in simple instrumental learning in the pigeon. In *Constraints on Learning,* ed. R. A. Hinde and J. S. Hinde, 159 – 187. London: Academic Press.

———. 1992. Avian movement imitation and a new form of mimicry: Tracing the evoluting of a complex form of learning. *Behaviour* 122: 231 – 263.

———. 2004. The evolution of learning. *Biological Review* 79: 301 – 335.

Moore, B. R., and S. Stuttard. 1979. Dr. Guthrie and*Felis domesticus* or: Tripping over the cat. *Science* 205: 1031 – 1033.

Morell, V. 2013. *Animal Wise: The Thoughts and Emotions of Our Fellow Creatures.* New York: Crown.

Morgan, C. L. 1894. *An Introduction to Comparative Psychology* . London: Scott.

———. 1903. *An Introduction to Comparative Psychology* , new ed. London: Scott.

Morris, D. 2010. Retrospective: Beginnings. In*Tinbergen's Legacy in* Behaviour: *Sixty Years of Landmark Stickleback Papers* , ed. F. Von Hippel, 49 – 53. Leiden, Netherlands: Brill.

Morris, R., and D. Morris. 1966. *Men and Apes.* New York: McGraw-Hill.

Mulcahy, N. J., and J. Call. 2006. Apes save tools for future use. *Science* 312: 1038 – 1040.

Nagasawa, M., et al. 2015. Oxytocin-gaze positive loop and the co-evolution of human-dog bonds. *Science* 348: 333 – 336.

Nagel, T. 1974. What is it like to be a bat? *Philosophical Review* 83: 435 – 450.

Nakamura, M., W. C. McGrew, L. F. Marchant, and T. Nishida. 2000. Social scratch: Another custom in wild chimpanzees? *Primates* 41: 237 – 248.

Neisser, U. 1967. *Cognitive Psychology.* Englewood Cliffs, NJ: Prentice-Hall.

Nielsen, R., et al. 2005. A scan for positively selected genes in the genomes of humans and chimpanzees. *Plos Biology* 3: 976 – 985.

Nishida, T. 1983. Alpha status and agonistic alliances in wild chimpanzees. *Primates* 24: 318 – 336.

Nishida, T., et al. 1992. Meat-sharing as a coalition strategy by an alpha male chimpanzee? In *Topics of Primatology* , ed. T. Nishida, 159 – 174. Tokyo: Tokyo Press.

Nishida, T., and K. Hosaka. 1996. Coalition strategies among adult male chimpanzees of the Mahale Mountains, Tanzania. In *Great Ape Societies* ed.

W. C. McGrew, L. F. Marchant, and T. Nishida, 114 – 134. Cambridge: Cambridge University Press.

O'Connell, C. 2015. *Elephant Don: The Politics of a Pachyderm Posse.* Chicago: University of Chicago Press.

Ostojić, L., R. C. Shaw, L. G. Cheke, and N. S. Clayton. 2013. Evidence suggesting that desire-state attribution may govern food sharing in Eurasian jays. *Proceedings of the National Academy of Sciences USA* 110: 4123 – 4128.

Osvath, M. 2009. Spontaneous planning for stone throwing by a male chimpanzee. *Current Biology* 19: R191 – 192.

Osvath, M., and G. Martin-Ordas. 2014. The future of future-oriented cognition in non-humans: Theory and the empirical case of the great apes. *Philosophical Transactions of the Royal Society B* 369: 20130486.

Osvath, M., and H. Osvath. 2008. Chimpanzee (*Pan troglodytes*) and orangutan (*Pongo abelii*) forethought: Self-control and pre-experience in the face of future tool use. *Animal Cognition* 11: 661 – 674.

Ottoni, E. B., and M. Mannu. 2001. Semifree-ranging tufted capuchins (*Cebus apella*) spontaneously use tools to crack open nuts. *International Journal of Primatology* 22: 347 – 358.

Overduin-de Vries, A. M., B. M. Spruijt, and E. H. M. Sterck. 2013. Longtailed macaques (*Macaca fascicularis*) understand what conspecifics can see in a competitive situation. *Animal Cognition* 17: 77 – 84.

Parr, L., and F. B. M. de Waal. 1999. Visual kin recognition in chimpanzees. *Nature* 399: 647-648.

Parvizi, J. 2009. Corticocentric myopia: Old bias in new cognitive sciences. *Trends in Cognitive Sciences* 13: 354 – 359.

Paxton, R., et al. 2010. Rhesus monkeys rapidly learn to select dominant individuals in videos of artificial social interactions between unfamiliar conspecifics. *Journal of Comparative Psychology* 124: 395 – 401.

Pearce, J. M. 2008. *Animal Learning and Cognition: An Introduction*, 3rd ed. East Sussex, UK: Psychology Press.

Penn, D. C., and D. J. Povinelli. 2007. On the lack of evidence that non-human animals possess anything remotely resembling a "theory of mind." *Philosophical Transactions of the Royal Society B* 362: 731 – 744.

Pepperberg, I. M. 1999. *The Alex Studies: Cognitive and Communicative Abilities of Grey Parrots.* Cambridge, MA: Harvard University Press.

———. 2008. *Alex and Me.* New York: Collins.

———. 2012. Further evidence for addition and numerical competence by a grey parrot (*Psittacus erithacus*). *Animal Cognition* 15: 711 – 717.

Perdue, B. M., R. J. Snyder, Z. Zhihe, M. J. Marr, and T. L. Maple. 2011. Sex differences in spatial ability: A test of the range size hypothesis in the order Carnivora. *Biology Letters* 7: 380 – 383.

Perry, S. 2008. *Manipulative Monkeys: The Capuchins of Lomas Barbudal.* Cambridge, MA: Harvard University Press.

———. 2009. Conformism in the food processing techniques of white-faced capuchin monkeys (*Cebus capucinus*). *Animal Cognition* 12: 705 – 716.

Perry, S. , H. Clark Barrett, and J. H. Manson. 2004. White-faced capuchin monkeys show triadic awareness in their choice of allies. *Animal Behaviour* 67: 165 – 170.

Pfenning, A. R. , et al. 014. Convergent transcriptional specializations in the brains of humans and song-learning birds. *Science* 346: 1256846.

Pfungst, O. 1911. *Clever Hans (The Horse of Mr. von Osten): A Contribution to Experimental Animal and Human Psychology* . New York: Henry Holt.

Plotnik, J. M. , et al. 2014. Thinking with their trunks: Elephants use smell but not sound to locate food and exclude nonrewarding alternatives. *Animal Behaviour* 88: 91 – 98.

Plotnik, J. M. , F. B. M. de Waal, and D. Reiss. 2006. Self-recognition in an Asian elephant. *Proceedings of the National Academy of Sciences USA* 103: 17053 – 17057.

Plotnik, J. M. , R. C. Lair, W. Suphachoksakun, and F. B. M. de Waal. 2011. Elephants know when they need a helping trunk in a cooperative task. *Proceedings of the Academy of Sciences USA* 108: 516 – 521.

Pokorny, J. , and F. B. M. de Waal. 2009. Monkeys recognize the faces of group mates in photographs. *Proceedings of the National Academy of Sciences USA* 106: 21539 – 21543.

Pollick, A. S. , and F. B. M. de Waal. 2007. Ape gestures and language evolution. *Proceedings of the National Academy of Sciences USA* 104: 8184 – 8189.

Povinelli, D. J. 1987. Monkeys, apes, mirrors and minds: The evolution of self-awareness in primates. *Human Evolution* 2: 493 – 509.

———. 1989. Failure to find self-recognition in Asian elephants (*Elephas maximus*) in contrast to their use of mirror cues to discover hidden food. *Journal of Comparative Psychology* 103: 122 – 131.

———. 1998. Can animals empathize? *Scientific American Presents: Exploring Intelligence* 67: 72 – 75.

———. 2000. *Folk Physics for Apes: The Chimpanzee's Theory of How the World Works.* Oxford: Oxford University Press.

Povinelli, D. J. , et al. 1997. Chimpanzees recognize themselves in mirrors. *Animal Behaviour* 53: 1083 – 1088.

Premack, D. 2007. Human and animal cognition: Continuity and discontinuity. *Proceedings of the National Academy of Sciences USA* 104: 13861 – 13867.

———. 2010. Why humans are unique: Three theories. *Perspectives on Psychological Science* 5: 22 – 32.

Premack, D. , and A. J. Premack. 1994. Levels of causal understanding in chimpanzees and children. *Cognition* 50: 347 – 362.

Premack, D. , and G. Woodruff. 1978. Does the chimpanzee have a theory of mind? *Behavioral and Brain Sciences* 4: 515 – 526.

Preston, S. D. 2013. The origins of altruism in offspring care. *Psychological Bulletin* 139: 1305 – 1341.

Price, T. 2013. *Vocal Communication within the Genus* Chlorocebus: *Insights into Mechanisms of Call Production and Call Perception.* Unpublished thesis, Univerity of Göttingen, Germany.

Prior, H. , A. Schwarz, and O. Güntürkün. 2008. Mirror-induced behavior in the magpie (*Pica pica*): Evidence of self-recognition. *Plos Biology* 6: e202.

Proctor, D. , R. A. Williamson, F. B. M. de Waal, and S. F. Brosnan. 2013.

Chimpanzees play the ultimatum game. *Proceedings of the National Academy of Sciences USA* 110: 2070 – 2075.

Proust, M. 1913 – 27. *Remembrance of Things Past* , vol. 1, *Swann's Way and Within a Budding Grove.* New York: Vintage Press.

Pruetz, J. D. , and P. Bertolani. 2007. Savanna chimpanzees, *Pan troglodytes verus,* hunt with tools. *Current Biology* 17: 412 – 417.

Raby, C. R. , D. M. Alexis, A. Dickinson, and N. S. Clayton. 2007. Planning for the future by western scrub-jays. *Nature* 445: 919 – 921.

Rajala, A. Z. , K. R. Reininger, K. M. Lancaster, and L. C. Populin. 2010. Rhesus monkeys (*Macaca mulatta*) do recognize themselves in the mirror: Implications for the evolution of self-recognition. *Plos ONE* 5: e12865.

Range, F. , L. Horn, Z. Viranyi, and L. Huber. 2008. The absence of reward induces inequity aversion in dogs. *Proceedings of the National Academy of Sciences USA* 106: 340 – 345.

Range, F. , and Z. Virányi. 2014. Wolves are better imitators of conspecifics than dogs. *Plos ONE* 9: e86559.

Reiss, D. , and L. Marino. 2001. Mirror self-recognition in the bottlenose dolphin: A case of cognitive convergence. *Proceedings of the National Academy of Sciences USA* 98: 5937 – 5942.

Roberts, A. I. , S. -J. Vick, S. G. B. Roberts, and C. R. Menzel. 2014. Chimpanzees modify intentional gestures to coordinate a search for hidden food. *Nature Communications* 5: 3088.

Roberts, W. A. 2012. Evidence for future cognition in animals. *Learning and Motivation* 43: 169 – 180.

Rochat, P. 2003. Five levels of self-awareness as they unfold early in life. *Con-*

sciousness and Cognition 12: 717 – 731.

Röell, R. 1996. *De Wereld van Instinct: Niko Tinbergen en het Ontstaan van de Ethologie in Nederland (1920—1950).* Rotterdam: Erasmus.

Romanes, G. J. 1882. *Animal Intelligence.* London: Kegan, Paul, and Trench.

———. 1884. *Mental Evolution in Animals.* New York: Appleton.

Sacks, O. 1985. *The Man Who Mistook His Wife for a Hat.* London: Picador.

Saito, A. , and K. Shinozuka. 2013. Vocal recognition of owners by domestic cats (*Felis catus*). *Animal Cognition* 16: 685 – 690.

Sanz, C. M. , C. Schöning, and D. B. Morgan. 2010. Chimpanzees prey on army ants with specialized tool set. *American Journal of Primatology* 72: 17 – 24.

Sapolsky, R. 2010. Language. May 21, http: //bit. ly/1BUEv9L.

Satel, S. , and S. O. Lilienfeld. 2013. *Brain Washed: The Seductive Appeal of Mindless Neuroscience.* New York: Basic Books.

Savage-Rumbaugh, S. , and R. Lewin. 1994. *Kanzi: The Ape at the Brink of the Human Mind.* New York: Wiley.

Sayigh, L. S. , et al. 1999. Individual recognition in wild bottlenose dolphins: A field test using playback experiments. *Animal Behaviour* 57: 41 – 50.

Schel, M. A. , et al. 2013. Chimpanzee alarm call production meets key criteria for intentionality. *Plos ONE* 8: e76674.

Schusterman, R. J. , C. Reichmuth Kastak, and D. Kastak. 2003. Equivalence classification as an approach to social knowledge: From sea lions to simians. In *Animal Social Complexity* , ed. F. B. M. de Waal and P. L. Tyack, 179 – 206. Cambridge, MA: Harvard University Press.

Semendeferi, K. , A. Lu, N. Schenker, and H. Damasio. 2002. Humans and great apes share a large frontal cortex. *Nature Neuroscience* 5: 272 – 276.

Sheehan, M. J. , and E. A. Tibbetts. 2011. Specialized face learning is associated with individual recognition in paper wasps. *Science* 334: 1272 – 1275.

Shettleworth, S. J. 1993. Varieties of learning and memory in animals. *Journal of Experimental Psychology: Animal Behavior Processes* 19: 5 – 14.

———. 2007. Planning for breakfast. *Nature* 445: 825 – 826.

———. 2010. Q&A. *Current Biology* 20: R910 – 911.

———. 2012. *Fundamentals of Comparative Cognition.* Oxford: Oxford University Press.

Siebenaler, J. B. , and D. K. Caldwell. 1956. Cooperation among adult dolphins. *Journal of Mammalogy* 37: 126 – 128.

Silberberg, A. , and D. Kearns. 2009. Memory for the order of briefly presented numerals in humans as a function of practice. *Animal Cognition* 12: 405 – 407.

Skinner, B. F. 1938. *The Behavior of Organisms* . New York: Appleton- Century-Crofts.

———. 1956. A case history of the scientific method. *American Psychologist* 11: 221 - 233.

———. 1969. *Contingencies of Reinforcement.* New York: Appleton-Century-Crofts.

Slocombe, K. , and K. Zuberbühler. 2007. Chimpanzees modify recruitment screams as a function of audience composition. *Proceedings of the National Academy of Sciences USA* 104: 17228 - 17233.

Smith, A. 1976 [orig. 1759]. *A Theory of Moral Sentiments* , ed. D. D. Raphael and A. L. Macfie. Oxford: Clarendon.

Smith, J. D. , et al. 1995. The uncertain response in the bottlenosed dolphin (*Tursiops truncatus*). *Journal of Experimental Psychology: General* 124: 391 - 408.

Sober, E. 1998. Morgan's canon. In*The Evolution of Mind* , ed. D. D. Cummins and Colin Allen, 224 - 242. Oxford: Oxford University Press.

Soltis, J. , et al. 2014. African elephant alarm calls distinguish between threats from humans and bees. *Plos ONE* 9: e89403.

Sorge, R. E. , et al. 2014. Olfactory exposure to males, including men, causes stress and related analgesia in rodents. *Nature Methods* 11: 629 - 632.

Spocter, M. A. , et al. 2010. Wernicke's area homologue in chimpanzees (*Pan troglodytes*) and its relation to the appearance of modern human language. *Proceedings of the Royal Society B* 277: 2165 - 2174.

St. Amant, R. , and T. E. Horton. 2008. Revisiting the definition of animal tool use. *Animal Behaviour* 75: 1199 - 1208.

Stenger, V. J. 1999. The anthropic coincidences: A natural explanation. *Skeptical Intelligencer* 3: 2 - 17.

Stix, G. 2014. The "it" factor. *Scientific American* , Sept. , pp. 72 - 79.

Suchak, M. , and F. B. M. de Waal. 2012. Monkeys benefit from reciprocity without the cognitive burden. *Proceedings of the National Academy of Sciences USA* 109: 15191 - 15196.

Suchak, M. , T. M. Eppley, M. W. Campbell, and F. B. M. de Waal. 2014. Ape duos and trios: Spontaneous cooperation with free partner choice in chimpanzees. *PeerJ* 2: e417.

Suddendorf, T. 2013. *The Gap: The Science of What Separates Us from Other Animals.* New York: Basic Books.

Suzuki, T. N. 2014. Communication about predator type by a bird using discrete, graded and combinatorial variation in alarm call. *Animal Behaviour* 87: 59 – 65.

Tan, J. , and B. Hare. 2013. Bonobos share with strangers. *Plos ONE* 8: e51922.

Taylor, A. H. , et al. 2014. Of babies and birds: Complex tool behaviours are not sufficient for the evolution of the ability to create a novel causal intervention. *Proceedings of the Royal Society B* 281: 20140837.

Taylor, A. H. , and R. D. Gray. 2009. Animal cognition: Aesop's fable flies from fiction to fact. *Current Biology* 19: R731 – 732.

Taylor, A. H. , G. R. Hunt, J. C. Holzhaider, and R. D. Gray. 2007. Spontaneous metatool use by New Caledonian crows. *Current Biology* 17: 1504 – 1507.

Taylor, J. 2009. *Not a Chimp: The Hunt to Find the Genes That Make Us Human.* Oxford: Oxford University Press.

Terrace, H. S. , L. A. Petitto, R. J. Sanders, and T. G. Bever. 1979. Can an ape create a sentence? *Science* 206: 891 – 902.

Thomas, R. K. 1998. Lloyd Morgan's Canon. In*Comparative Psychology: A Handbook,* ed. G. Greenberg and M. M. Haraway, 156 – 163. New York: Garland.

Thompson, J. A. M. 2002. Bonobos of the Lukuru Wildlife Research Project. In *Behavioural Diversity in Chimpanzees and Bonobos,* ed. C. Boesch, G. Hohmann, and L. Marchant, 61 – 70. Cambridge: Cambridge University Press.

Thompson, R. K. R. , and C. L. Contie. 1994. Further reflections on mirror usage by pigeons: Lessons from Winnie-the-Pooh and Pinocchio too. In *Self-Awareness in Animals and Humans,* ed. S. T. Parker et al. , 392 – 409. Cambridge: Cambridge University Press.

Thorndike, E. L. 1898. Animal intelligence: An experimental study of the associate processes in animals. *Psychological Reviews, Monograph Supplement* 2.

Thorpe, W. H. 1979. *The Origins and Rise of Ethology: The Science of the Natural Behaviour of Animals.* London: Heineman.

Tinbergen, N. 1953. *The Herring Gull's World.* London: Collins.

———. 1963. On aims and methods of ethology. *Zeitschrift für Tierpsychologie* 20: 410 – 440.

Tinbergen, N. , and W. Kruyt. 1938. Über die Orientierung des Bienenwolfes (*Philanthus triangulum* Fabr.). III. Die Bevorzugung bestimmter Wegmarken. *Zeitschrift für Vergleichende Physiologie* 25: 292 – 334.

Tinklepaugh, O. L. 1928. An experimental study of representative factors in monkeys. *Journal of Comparative Psychology* 8: 197 – 236.

Toda, K. , and S. Watanabe. 2008. Discrimination of moving video images of self by pigeons (*Columba livia*). *Animal Cognition* 11: 699 – 705.

Tolman, E. C. 1927. A behaviorist's definition of consciousness. *Psychological Review* 34: 433 – 439.

Tomasello, M. 2014. *A Natural History of Human Thinking.* Cambridge, MA: Harvard University Press.

———. 2008. Origins of human cooperation. Tanner Lecture, Stanford University, Oct. 29 – 31.

Tomasello, M. , and J. Call. 1997. *Primate Cognition.* New York: Oxford University Press.

Tomasello, M. , A. C. Kruger, and H. H. Ratner. 1993. Cultural learning. *Behavioral and Brain Sciences* 16: 495 – 552.

Tomasello, M. , E. S. Savage-Rumbaugh, and A. C. Kruger. 1993. Imitative learning of actions on objects by children, chimpanzees, and enculturated chimpanzees. *Child Development* 64: 1688 – 1705.

Tramontin, A. D. , and E. A. Brenowitz. 2000. Seasonal plasticity in the adult brain. *Trends in Neurosciences* 23: 251 – 258.

Troscianko, J. , et al. 2012. Extreme binocular vision and a straight bill facilitate tool use in New Caledonian crows. *Nature Communications* 3: 1110.

Tsao, D. , S. Moeller, and W. A. Freiwald. 2008. Comparing face patch systems in macaques and humans. *Proceedings of the National Academy of Sciences USA* 105: 19514 – 19519.

Tulving, E. 2005. Episodic memory and autonoesis: Uniquely human? In*The Missing Link in Cognition,* ed. H. Terrace and J. Metcalfe, 3 – 56. Oxford: Oxford University Press.

———. 1972. Episodic and semantic memory. In*Organization of Memory* , ed. E. Tulving and W. Donaldson, 381 – 403. New York: Academic Press.

———. 2001. Origin of autonoesis in episodic memory. In*The Nature of Remembering: Essays in Honor of Robert G. Crowder* , ed. H. L. Roediger et al. , 17 – 34. Washington, DC: American Psychological Association.

Uchino, E. , and S. Watanabe. 2014. Self-recognition in pigeons revisited. *Journal of the Experimental Analysis of Behavior* 102: 327 – 334.

Udell, M. A. R. , N. R. Dorey, and C. D. L. Wynne. 2008. Wolves outperform dogs in following human social cues. *Animal Behaviour* 76: 1767 – 1773.

———. 2010. What did domestication do to dogs? A new account of dogs' sensitivity to human actions. *Biological Review* 85: 327 – 345.

Uexküll, J. von. 1909. *Umwelt und Innenwelt der Tiere.* Berlin: Springer.

———. 1957 [orig. 1934]. A stroll through the worlds of animals and men.

A picture book of invisible worlds. In *Instinctive Behavior* , ed. C. Schiller, 5 – 80. London Methuen.

Vail, A. L. , A. Manica, and R. Bshary. 2014. Fish choose appropriately when and with whom to collaborate. *Current Biology* 24: R791 – 793.

van de Waal, E. , C. Borgeaud, and A. Whiten. 2013. Potent social learning and conformity shape a wild primate's foraging decisions. *Science* 340: 483 – 485.

van Hooff, J. A. R. A. M. 1972. A comparative approach to the phylogeny of laughter and smiling. In *Non-Verbal Communication,* ed. R. A. Hinde, 209 – 241. Cambridge: Cambridge University Press.

van Leeuwen, E. J. C. , K. A. Cronin, and D. B. M. Haun. 2014. A group-specific arbitrary tradition in chimpanzees (*Pan troglodytes*). *Animal Cognition* 17: 1421 – 1425.

van Leeuwen, E. J. C. , and D. B. M. Haun. 2013. Conformity in nonhuman primates: Fad or fact? *Evolution and Human Behavior* 34: 1 – 7.

van Schaik, C. P. , L. Damerius, and K. Isler. 2013. Wild orangutan males plan and communicate their travel direction one day in advance. *Plos ONE* 8: e74896.

van Schaik, C. P. , R. O. Deaner, and M. Y. Merrill. 1999. The conditions for tool use in primates: Implications for the evolution of material culture. *Journal of Human Evolution* 36: 719 – 741.

Varki, A. , and D. Brower. 2013. *Denial: Self-Deception, False Beliefs, and the Origins of the Human Mind.* New York: Twelve.

Vasconcelos, M. , K. Hollis, E. Nowbahari, and A. Kacelnik. 2012. Pro-sociality without empathy. *Biology Letters* 8: 910 – 912.

Vauclair, J. 1996. *Animal Cognition: An Introduction to Modern Comparative Psychology.* Cambridge, MA: Harvard University Press.

Visalberghi, E. , and L. Limongelli. 1994. Lack of comprehension of cause-effect relations in tool-using capuchin monkeys (*Cebus apella*). *Journal of Comparative Psychology* 108: 15 – 22.

Visser, I. N. , et al. 2008. Antarctic peninsula killer whales (*Orcinus orca*) hunt seals and a penguin on floating ice. *Marine Mammal Science* 24: 225 – 234.

Wade, N. 2014. *A Troublesome Inheritance: Genes, Race and Human History.* New York: Penguin.

Wallace, A. R. 1869. Sir Charles Lyell on geological climates and the origin of species. *Quarterly Review* 126: 359 – 394.

Wascher, C. A. F. , and T. Bugnyar. 2013. Behavioral responses to inequity in reward distribution and working effort in crows and ravens. *Plos ONE* 8: e56885.

Wasserman, E. A. 1993. Comparative cognition: Beginning the second century of the study of animal intelligence. *Psychological Bulletin* 113: 211 – 228.

Watanabe, A., U. Grodzinski, and N. S. Clayton. 2014. Western scrub-jays allocate longer observation time to more valuable information. *Animal Cognition* 17: 859 – 867.

Watson, S. K., et al. 2015. Vocal learning in the functionally referential food grunts of chimpanzees. *Current Biology* 25: 1 – 5.

Weir, A. A., J. Chappell, and A. Kacelnik. 2002. Shaping of hooks in New Caledonian crows. *Science* 297: 981.

Wellman, H. M., A. T. Phillips, and T. Rodriguez. 2000. Young children's understanding of perception, desire, and emotion. *Child Development* 71: 895 – 912.

Wheeler, B. C., and J. Fischer. 2012. Functionally referential signals: A promising paradigm whose time has passed. *Evolutionary Anthropology* 21: 195 – 205.

White, L. A. 1959. The*Evolution of Culture.* New York: McGraw-Hill.

Whitehead, H., and L. Rendell. 2015. *The Cultural Lives of Whales and Dolphins.* Chicago: University of Chicago Press.

Whiten, A., V. Horner, and F. B. M. de Waal. 2005. Conformity to cultural norms of tool use in chimpanzees. *Nature* 437: 737 – 740.

Wikenheiser, A., and A. D. Redish. 2012. Hippocampal sequences link past, present, and future. *Trends in Cognitive Sciences* 16: 361 – 362.

Wilcox, S., and R. R. Jackson. 2002. Jumping spider tricksters: Deceit, predation, and cognition. In the *Cognitive Animal: Empirical and Theoretical Perspectives on Animal Cognition , ed. M. Bekoff, C. Allen, and G. Burghardt, 27 –33. Cambridge, MA: MIT Press.*

Wilfried, E. E. G., and J. Yamagiwa. 2014. Use of tool sets by chimpanzees for multiple purposes in Moukalaba-Doudou National Park, Gabon. Primates 55: 467 – 442.

Wilson, E. O. 1975. *Sociobiology: The New Synthesis.* Cambridge, MA: Belknap Press.

———. 2010. *Anthill: A Novel.* New York: Norton.

Wilson, M. L., et al. 2014. Lethal aggression in *Pan* is better explained by adaptive strategies than human impacts. *Nature* 513: 414 – 417.

Wittgenstein, L. 1958 [orig. 1953]. *Philosophical Investigations* , 2nd ed. Oxford: Blackwell.

Wohlgemuth, S., I. Adam, and C. Scharff. 2014. FOXP2 in songbirds. *Current Opinion in Neurobiology* 28: 86 – 93.

Wynne, C. D., and M. A. R. Udell. 2013. *Animal Cognition: Evolution, Behavior and Cognition.* 2nd. ed. New York: Palgrave Macmillan.

Yamakoshi, G. 1998. Dietary responses to fruit scarcity of wild chimpanzees at Bossou, Guinea: Possible implications for ecological importance of tool use. *American Journal of Physical Anthropology* 106: 283 – 295.

Yamamoto, S. , T. Humle and M. Tanaka. 2009. Chimpanzees help each other upon request. *Plos One* 4: e7416.

Yerkes, R. M. 1925. *Almost Human.* New York: Century.

———. 1943. *Chimpanzees: A Laboratory Colony.* New Haven, CT: Yale University Press.

Zahn-Waxler, C. , M. Radke-Yarrow, E. Wagner, and M. Chapman. 1992. Development of concern for others. *Developmental Psychology* 28: 126 – 136.

Zylinski, S. 2015. Fun and play in invertebrates. *Current Biology* 25: R10 – 12.

名词释义
Glossary

名词释义
Glossary

比较心理学（comparative psychology）：心理学的分支，致力于找到动物和人类行为的通用原则，或者，在更狭义的意义上，用动物作为模型来研究人类的学习和心理。

聪明汉斯效应（Clever Hans Effect）：实验者给出的无意识线索的影响，会引起明显的认知性的行为。

否定类人论（anthropodenial）：对其他动物中类人的特征或人类中类似动物的特征的先验否认。

洞察力（insight）：从前的信息碎片的突然结合（啊！经验），用以在头脑中想出对新问题的新解决办法。

动物行为学（ethology）：由康拉德·洛伦茨和尼科·廷贝亨引进的一种研究动物和人类行为的生物学方法，强调物种特有的行为，将其视为对自然环境的适应。

功能（function）：性状存在的目的，以该性状带来的优势作为衡量标准。

观点采择（perspective taking）：从其他个体的视角观察某一情境的能力。

过度模仿（overimitation）：在所模仿的动作对于达到目的毫无帮助时依然对榜样的每个动作都进行模仿。

合作拉绳范式（cooperative pulling paradigm）：一种实验范式，其中两个或两个以上的个体通过一台无法独自成功操作的装置将奖励拉向他们。

加西亚效应（Garcia Effect）：在恶心和呕吐之类的负面结果之后对某种特定食物产生的厌恶，这些负面结果甚至可能发生在食用该食物很长一段时间以后。参见“生物准备性学习”。

基于关系与认同的观察式学习（Bonding-and Identification-based Observational

Learning, BIOL）：主要基于对归属感渴望和对社会榜样的遵奉的社会学习。

镜子记号测试（mirror mark test）：一个实验，用于确定某生物是否会注意到其身体上只能通过其镜像才能看到的记号。

具身认知（embodied cognition）：一种对认知的看法，强调身体（不仅是大脑）及身体与环境的互动的作用。

了解你的动物法则（know-thy-animal rule）：这一法则认为，任何人若是质疑关于某一物种的认知性论断，那么他必须要么对该物种非常熟悉，要么努力证明相反的论断。

魔法水井（magic well）：任何生物中特化认知能力没有尽头的复杂性。

摩根法规（Morgan's Canon）：一个建议，认为只要低级认知能力可能解释观察到的现象，就不应假设更高级的认知能力的参与。

拟人论（anthropomorphism）：认为其他物种具有与人类相似的特征和经验的（错误）认识。

皮格马利翁效应（Pygmalion Effect）：对某一给定物种进行测试的方法通常反映出了认知上的不公平。在比较测试中，皮格马利翁效应尤为明显，表现为测试方法对我们人类更有利。

批判性拟人论（critical anthropomorphism）：用人类对于某一物种的直觉来提出客观上可供检验的观点的方法。

匹配样本范式（matching-to-sample paradigm）：一种实验框架，其中受试者首先拿到一个物品，而后必须从两个或更多选项中找出与该物品匹配的那个。

情景记忆（episodic memory）：对过去特定经历的回想，如那些经历的内容、地点和时间。

趋同演化（convergent evolution）：在亲缘关系并不接近的物种由于相似的环境压力而各自独立地演化出相似的性状或能力的演化过程。参见“同功性”。

人类中心主义（anthropocentrism）：一种以人类这一物种为中心的世界观。

认知（Cognition）：将感官输入转化为关于环境的知识的过程，以及对这种知识的运用。

认知动物行为学（cognitive ethology）：唐纳德·格里芬给对认知的生物学研究

的标签。

认知涟漪规则（cognitive ripple rule）：这一规则认为，每种认知能力其实都比起初认为的要更为古老，分布得也更加广泛。

三角关系意识（triadic awareness）：甲不仅知道自己与乙和丙的关系，还知道乙和丙二者之间的关系。

扫兴陈述（killjoy account）：通过提出看上去更简单的解释而对关于更高等心理过程的论断致以的打击。

社会脑假说（Social Brain Hypothesis）：该假说认为，灵长动物较大的大脑体积可以用其社会的复杂性和其处理社会信息的需求来解释。

生态位（ecological niche）：某一物种在某一生态系统中的作用，以及该物种所引来的自然资源。

生物准备性学习（biologically prepared learning）：某一物种对为适应其生态环境并帮助其生存而演化出来的能力和偏好的学习。参见"加西亚效应"。

署名式口哨（signature whistle）：海豚自己修饰过的叫声，即每个个体都有一个独特且可以辨认的"旋律"。

替换活动（displcement activity）：由于某个受挫的动机或多个无法共存的动机（如战斗和逃跑）间的冲突而似乎突然出现的与当前情境无关的活动。

同功性（analogy）：由于对相同环境的适应而各自独立地演化出来的结构和功能上相似的性状（如鱼类和海豚的流线型体形）。参见"趋同演化"。

同物种方法（conspecific approach）：用受试动物同一物种的模型或搭档来进行测试以降低人类的影响的方法。

同源性（homology）：两个物种中相似的性状，可以用该性状存在于这两者的共同祖先中来解释。

推论性推理（inferential reasoning）：用可用信息构造一个无法直接观察的现实的过程。

文化（culture）：对来自其他个体的习惯和传统的学习，会导致同一物种中的不同群体做出不同的行为。

心理时间旅行（mental time travel）：个体对自己过去和未来的觉察。

心智理论（theory of mind）：了解他人具有怎样的精神状态（如知识、动机和信念）的能力。

行为主义（behaviorism）：由 B. F. 斯金纳和约翰·沃森（John Watson）引入的心理学研究方法，强调可供观察的行为和学习。在其更为极端的形式中，行为主义将行为简化为习得的关联，并对内在的认知过程予以否认。

休谟的试金石（Hume's Touchstone）：大卫·休谟的要求，表示应将同样的假说应用在人类和动物的心理功能上。

选择性模仿（selective imitation）：只对为达到目标有帮助的动作进行模仿，同时对其他行为予以忽略的模仿行为。

延迟满足（delay gratification）：拒绝即时奖励以便在将来获得更好的奖励的能力。

元认知（metacognition）：对某个自身记忆的监视，以便了解自己知道什么。

演化认知学（evolutionaray cognition）：从一个演化的角度对一切人类和动物中的认知的研究。

真模仿（true imitation）：模仿的子类型，能反映出对其他个体的方法和目标的理解。

针对性协助（targeted helping）：某一个体基于观点采择（如对对方特定情境和需要的判断）而对另一个个体提供的帮助。

智能（intelligence）：成功运用信息和认知来解决问题的能力。

周遭世界（***Umwelt***）：某生物的主观知觉世界。

自然阶梯（***scala naturae***）：古希腊人对所有生物从低到高进行分级的自然阶梯，其中人类是最接近天使的。

自我意识（self-awareness）：对自我的意识，有些人认为这是生物通过镜子记号测试所必需的，但其他人相信自我意识是一切生命形式都具有的特征。

遵奉偏差（conformist bias）：个体偏好群体中大多数个体解决问题的方法和偏爱事物的倾向。

致谢
Acknowledgements

致谢
Acknowledgements

我将认知视为一个演化特征，并对其深深着迷。这使我成了一名动物行为学家。我对所有影响过我早期职业生涯的荷兰动物行为学家们深怀感激之情。我的研究生学习始于荷兰的格罗宁根大学。当时我的导师是赫拉德·巴伦兹，他是尼科·廷贝亨的第一位学生。后来，我在扬·范霍夫(Jan van Hooff)的指导下在乌得勒支大学(University of Utrecht)完成了我关于灵长动物行为的毕业论文。范霍夫是面部表情和情绪方面的专家。我接触到比较心理学——研究动物行为的另一个方法——主要是我远渡重洋来到美国之后的事。同时，两个学派的思想对于创建演化认知学这一新领域都是非常关键的。本书讲述了我自己在这一领域逐渐成为动物行为研究前沿的过程中，一路走来的旅程和见闻。

我非常感谢一路伴我走来的许多人，从我的同事及合作者到我的学生和博士后。在此我仅列出了在过去几年间陪我走过的人：萨拉·布罗斯南、金伯莉·伯克(Kimberly Burke)、萨拉·凯尔卡特(Sarah Calcutt)、马修·坎贝尔(Matthew Campbell)、德文·卡特(Devyn Carter)、赞纳·克莱、玛丽埃塔·丹福思(Marietta Danforth)、蒂姆·埃普利(Tim Eppley)、凯蒂·埃普利(Katie Eppley)、皮耶尔·弗朗切斯科·费拉里(Pier Francesco Ferrari)、服部裕子、维多利亚·霍纳、乔舒亚·普洛特尼克、斯蒂芬妮·普雷斯顿

(Stephanie Preston)、达比·普罗克特(Darby Proctor)、特雷莎·罗梅罗(Teresa Romero)、玛莉妮·苏恰克、朱莉娅·瓦策克(Julia Watzek)、克里斯蒂娜·韦布(Christine Webb)、安德鲁·怀滕。我非常感谢耶基斯国家灵长类研究中心和埃默里大学提供机会让我们进行研究，也非常感谢参与了实验并成为我生活一部分的许多猴子和猿类。

我写作本书的初衷是想对灵长动物认知方面的最新发现做一个相对简短的概述，但笔下文字的覆盖面不断扩大，字数也不断增长，于是便成了它现在的样子。将其他物种囊括进来是最主要的，因为动物认知领域已经变得要比过去 20 年丰富多彩得多。这个概述显然是不完整的，不过我的主要目的在于传递对演化认知学的热情，并阐明这一学科是如何在严密观察和实验的基础上成长为一门值得敬重的科学的。由于这本书涉及了太多不同的方面和物种，我请我的同事们对其中的部分进行了阅读。我要感谢以下这些同事宝贵的反馈意见：迈克尔·贝兰、格雷戈里·伯恩斯、雷杜安·布斯哈里、赞纳·克莱、哈罗德·盖尔祖斯(Harold Gouzoules)、罗素·格雷(Russell Gray)、罗杰·汉隆、罗伯特·汉普顿、文森特·雅尼克、卡莱·扬迈特、赫马·马丁-奥尔达斯、杰拉尔德·马西(Gerald Massey)、珍妮弗·马瑟、松沢哲郎、凯特琳·奥康奈尔、艾琳·佩珀伯格、邦尼·珀杜、苏珊·佩里、乔舒亚·普洛特尼克、丽贝卡·斯奈德(Rebecca Snyder)、玛莉妮·苏恰克。

我要感谢我的出版代理人米歇尔·特斯勒(Michelle Tessler)一直以来的支持，还要感谢诺顿出版社的编辑约翰·格拉斯曼(John

Glusman）对我的手稿的阅读和意见。我的妻子兼头号粉丝凯瑟琳（Catherine）一如既往地怀着极大热情阅读了我每天所写的手稿，并在文体上为我提供了帮助。她给我的爱让我深怀感激。

索引
Index

索引[1]
Index

A

［1］ 此处标识的页码数均为英文原版中的页码，即本书的页边码，若页码数为斜体，则表明该词出现在插图中，该页码数为英文原版插图的页码。

B

C

D

E

F

G

H

J

K

L

M

N

O

P

Q

R

S

T

W

X

Y

Z